“双高计划” 高水平专业群
机电设备维修与管理专业重点课程配套教材
高等职业教育机电类专业 “互联网+” 创新教材

UG 机械设计实例教程

主　编　毛丹丹　曾　林
副主编　邓海英　叶　青　徐　皓
参　编　欧艳华　梁永江　林　泉　谷礼双
　　　　刘光浩　黄应勇　李　成
主　审　关意鹏

机 械 工 业 出 版 社

本书分为机构建模与运动模拟实例、机械部件的虚拟装配设计实例和机械部件的工程图设计实例三篇，共 13 章，主要内容有 UG NX8.5 基础、曲柄滑块机构建模与运动仿真、凸轮机构的建模与运动仿真、齿轮造型与运动仿真、带传动建模与运动仿真、十字滑块建模与运动仿真、飞机起落架建模与运动仿真、槽轮机构设计与运动仿真、螺旋机构设计与运动仿真、推进器的虚拟装配设计实例、减速器的虚拟装配设计实例、装配爆炸图与装配序列、工程图设计案例。本书选取了多个典型的设计实例，将机械设计基础与计算机辅助设计知识融入其中，突出了学习过程的基础性、实用性。

本书采用双色印刷，突出了重点内容，并有大量视频教学内容以二维码形式置于相关知识点处，学生通过手机扫码即可观看，便于学习和理解。此外，本书还配套有电子课件、教案、模拟试卷等教学资源，凡使用本书作为教材的教师可登录机械工业出版社教育服务网 www.cmpedu.com 注册后免费下载。咨询电话：010-88379375。

本书可作为高职院校机械类专业、近机械类专业教材，也可作为 UG NX8.5 软件应用认证指导用书，还可供相关工程技术人员参考。

图书在版编目（CIP）数据

UG 机械设计实例教程/毛丹丹，曾林主编. —北京：机械工业出版社，2021.9（2024.6 重印）

高等职业教育机电类专业“互联网+”创新教材

ISBN 978-7-111-68964-5

Ⅰ.①U… Ⅱ.①毛… ②曾… Ⅲ.①机械设计-计算机辅助设计-应用软件-高等职业教育-教材 Ⅳ.①TH122

中国版本图书馆 CIP 数据核字（2021）第 166034 号

机械工业出版社（北京市百万庄大街 22 号　邮政编码 100037）
策划编辑：刘良超　责任编辑：刘良超
责任校对：肖　琳　封面设计：马若濛
责任印制：常天培
北京机工印刷厂有限公司印刷
2024 年 6 月第 1 版第 4 次印刷
184mm×260mm · 13 印张 · 318 千字
标准书号：ISBN 978-7-111-68964-5
定价：44.80 元

电话服务　　　　　　　　　网络服务
客服电话：010-88361066　　机　工　官　网：www.cmpbook.com
　　　　　010-88379833　　机　工　官　博：weibo.com/cmp1952
　　　　　010-68326294　　金　　书　　网：www.golden-book.com
封底无防伪标均为盗版　　机工教育服务网：www.cmpedu.com

前言

随着高等职业教育教学改革的不断深入，各院校开始推行“1+X”证书培养机制，本书正是顺应这一改革趋势而编写的。

本书综合了高等职业院校学生的学习特点和德国 AHK 职业培训考证体系，以国家职业标准为依据，以综合职业能力培养为目标，以典型工作任务为载体，以学生为中心，遵循六对接、三融通原则，根据典型工作任务和工作过程设计教材内容，培养学生的综合职业能力。

本书以典型工作任务为载体，按照工作过程对每个实践项目的知识和技能进行了详细阐述，同时对不同项目任务进行分析与总结，搭建出整个课程知识、技能的脉络。本书围绕计算机辅助设计这一主题，第 1 篇以机构建模与运动模拟实例组织教学内容，包括了 UG 建模入门、草图绘制、机构运动仿真和装配，主要目的是帮助学生掌握扎实的建模基础；第 2 篇、第 3 篇以机械部件的虚拟装配设计实例为主，包括机械部件的虚拟装配设计、工程图、爆炸图等内容，帮助学生有效学习、提升建模能力，其核心目标是通过任务引导学生掌握学习方法，为其在实际工作中完成设计任务打下基础。

本书是机电设备维修与管理双高专业群重点建设平台课程“机械设计基础”教学资源库的配套教材。本书采用双色印刷，突出了重点内容，并有大量视频教学内容以二维码形式置于相关知识点处，学生通过手机扫码即可观看，便于学习和理解。书中结合课程内容，融入了文化自信、工匠精神、绿色环保、责任意识等育人元素。

党的二十大报告指出，“推进教育数字化，建设全民终身学习的学习型社会、学习型大国。”为落实二十大精神，本书在多媒体课件基础上，增加了电子教案、模拟试卷等教学资源，并在“学银在线”平台上开设在线开放课程，电脑端访问网址为 https://www.xueyinonline.com/detail/216680596，力求打通纸质教材与数字化教学资源之间的通道，实现“线上+线下”混合教学。

本书由柳州职业技术学院毛丹丹、曾林担任主编，其中毛丹丹编写第 2 章、第 4 章，曾林编写第 1 章、第 3 章，邓海英编写第 10 章、第 11 章，叶青编写第 13 章，梁永江编写第 6 章和第 7 章，欧艳华编写第 9 章，林泉编写第 8 章中的 8.1 和 8.2，谷礼双编写第 8 章中 8.3，刘光浩编写第 12 章中的 12.1 和 12.2，黄应勇编写第 12 章中的 12.3 和 12.4，李成编写第 12 章中的 12.5，重庆工程职业技术学院徐皓编写第 5 章。全书由毛丹丹负责统稿。柳州职业技术学院关意鹏审阅了全稿，在此表示衷心感谢。

由于编者水平有限，书中难免存在不妥之处，敬请广大读者批评指正。

编　者

二维码索引

名称	二维码	页码	名称	二维码	页码
曲柄滑块对心机构装配		24	【3D接触】运动仿真		50
曲柄滑块机构运动仿真		28	耦合运动模拟		53
凸轮创建		33	新建装配管理文件		56
凸轮机构的装配		36	带传动的装配及带的创建		61
凸轮机构的运动仿真		44	带传动的运动仿真		63
齿轮建模		45	十字滑块的装配		74
齿轮传动的装配		48	十字滑块运动仿真		77

（续）

名称	二维码	页码	名称	二维码	页码
十字滑块运动仿真分析		77	螺纹连接件的调用和装配		128
飞机起落架机构装配		93	键的装配建模		149
飞机起落架机构运动仿真		98	箱体建模		158
槽轮机构的设计		103	自动爆炸视图		164
槽轮机构的运动仿真		104	手动爆炸视图和追踪线的创建		166
正交孔的构建		107	装配序列动画		168
千斤顶装配		110	导出至电影		169
千斤顶运动仿真		111	插入基本视图		175
下罩壳的建模		120	剖视图		175

（续）

名称	二维码	页码	名称	二维码	页码
断面图		177	图框调用的修改		190
局部放大视图		177	装配图出图及视图中非剖切视图		191
局部剖视图		178	调整零件明细栏		193
轴测全剖		181	装配图零件明细栏的调用和修改		194
半轴测剖		182	自动符号的标注和排序		194
装配组件属性		188	修改自动符号标注格式和格式刷的使用		195
创建图框		189			

目 录

Part 1

第 1 篇

机构建模与运动模拟实例

UG NX8.5基础

1.1　UG NX8.5 绘图环境

首先运行 UG NX8.5（图 1-1），选择菜单【文件】→【新建】命令，或者直接在工具条上选择【新建】图标 。

在弹出的对话框中可以选择建立【模型】【图纸】【仿真】等类型的文件（图 1-2），其中【模型】用于三维建模。【图纸】用于绘制二维工程图，【仿真】用于有限元分析。

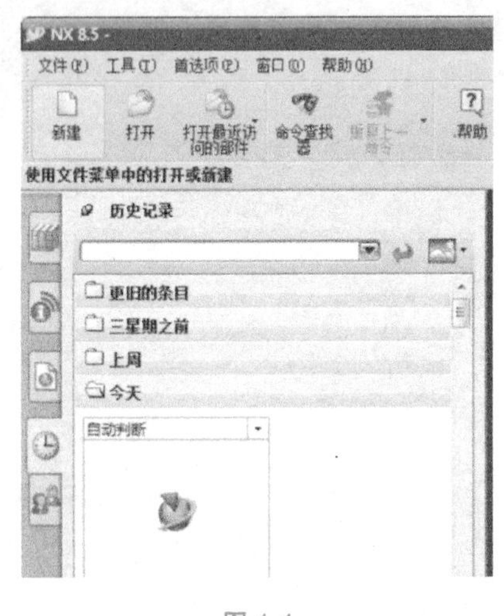

图 1-1

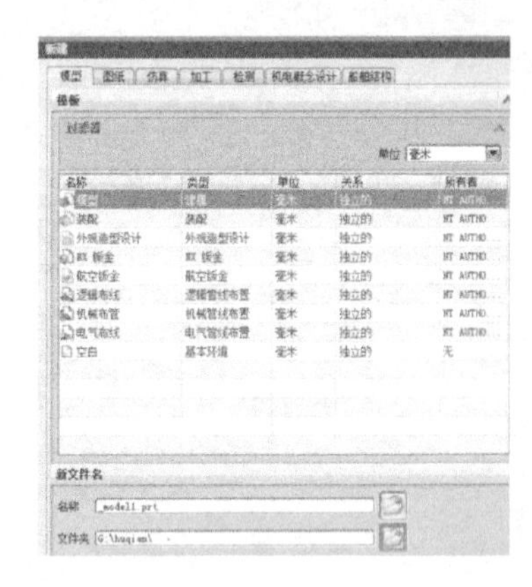

图 1-2

对于新建的文件，UG NX8.5 提供了多种可供选用的模板，例如常用的【模型】模板，可用于进行零部件的三维建模。选定模板后，需要填写【名称】，默认文件名为“model1.prt”，model1 是模型的文件名称，扩展名 .prt 表示该文件是一个 UG 文件。【文件夹】能够显示最近使用过的文件路径，可以根据需要改变文件的存放路径。

注意：【名称】和【文件夹】的填写均不能使用中文，否则会报错。

单击【确定】按钮，进入 UG NX8.5 建模状态，如图 1-3 所示。界面左上角显示“NX8.5-建模（11_model1.prt）”，表示进入的是 UG 的【建模】模块，此时，可看到菜单和工具条。

菜单上显示的是 UG 操作命令，同一命令也可以在工具条上找到并执行，但是工具条是浮动的，可拖动到任意位置。在工具条上单击右键可以定制显示和隐藏各种工具条，如【标准】【视图】【实用工具】等，如图 1-4 所示。

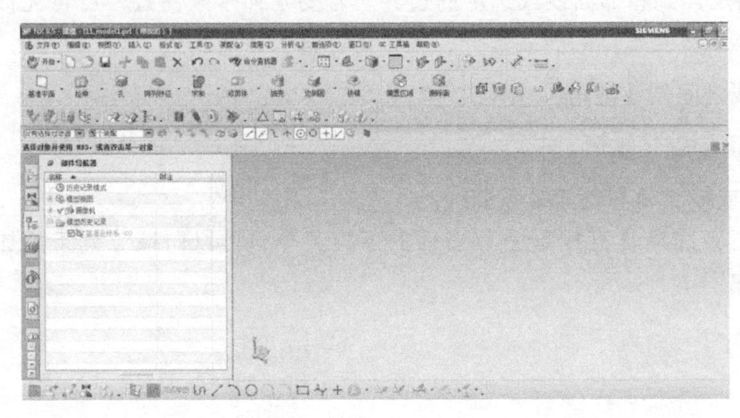

图 1-3

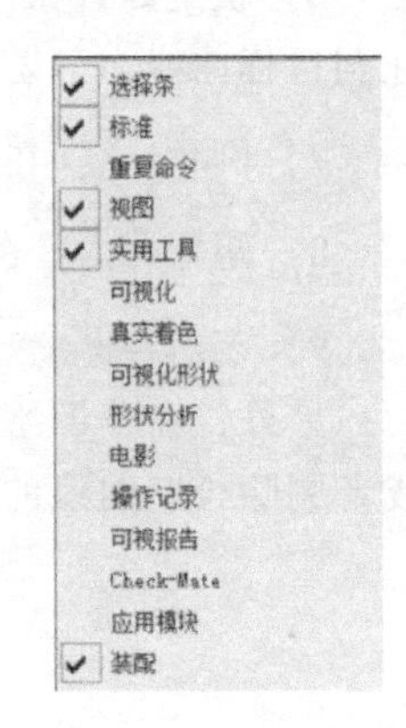

图 1-4

1.2 草图绘制

草图绘制是利用丰富的曲线绘图命令，通过尺寸约束和几何约束的操作，方便快捷地获得准确的二维图形，通过拉伸、回转和扫掠等特征操作，得到零件的三维实体模型。

（1）创建草图　在建模状态下，选择【插入】→【草图】命令，或者选择工具条上的图标，弹出如图 1-5 所示的对话框。新建草图时直接单击【确定】按钮，采用默认的 XY 平面作为草图绘图平面，也可以根据建模需要选择 XZ 平面、YZ 平面或者其他已有的平面。

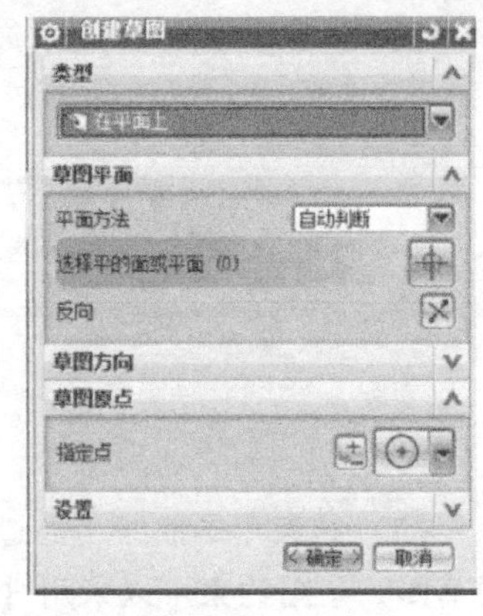

图 1-5

（2）绘制草图曲线　绘制草图曲线可以采用【草图曲线】工具条上的命令完成，如图 1-6 所示。主要有以下几种：

1）轮廓：创建一系列相连的直线或线串模式的圆弧，即上一条曲线的终点，变成下一条曲线的起点，用来绘制零件轮廓比较方便。

图 1-6

2）直线：创建具有平行、垂直等约束条件的线条。

3）圆弧：通过三点或通过指定圆心和端点创建圆弧。

4）圆：通过三点或通过指定圆心和直径创建圆。

5）快速修剪：将曲线修剪到任一方向上最近的交点，通过按住鼠标左键并进行拖动来修剪多条曲线，或者通过将光标移到要修剪的曲线上来预览 NX 将要修剪的曲线部分。如果修剪没有交点的曲线，则该曲线会被删除。

6）快速延伸：将曲线延伸到相邻曲线或选定的边界。若要延伸多条曲线，可将光标拖到目标曲线上。若要预览 NX 将要延伸的曲线部分，就将光标移到该曲线上。

7）圆角：在两条曲线之间创建圆角。

8）矩形：在草图平面上创建矩形。

9）艺术样条：用点或极点动态创建样条曲线。

另外，在草图绘制状态下，选择【直接草图】右面的下拉菜单，可以向该工具条添加或者删除绘制曲线的命令，如图 1-7 所示。

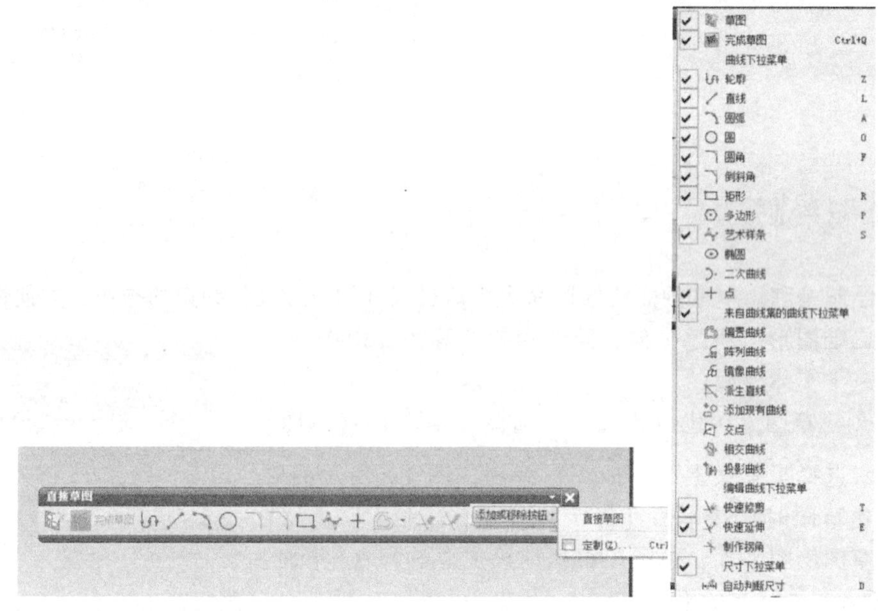

图 1-7

（3）约束草图曲线　通过对草图曲线添加尺寸约束和几何约束，可以快速地获得精确的草图。草图约束可以采用【草图约束】工具条上的命令完成，如图 1-8 所示。主要命令有以下几种。

图 1-8

1）自动判断尺寸：给草图曲线添加尺寸约束，允许系统基于光标位置和选定的草图曲线对象，智能地自动判断尺寸类型。例如，如果选择已有水平约束的直线，系统会自动创建一个平行的尺寸；如果选择一个圆弧，系统会自动创建一个径向尺寸约束；如果选择一个圆，系统会自动创建一个直径尺寸约束。

2）显示草图约束：切换显示或隐藏草图中的约束符号。

3）显示/移除约束：显示与选定草图几何体相关的几何约束，还可以删除指定的约束，或列出有关所有几何约束的信息。

4）约束 ：给草图添加几何约束，主要几何约束有以下几种（图 1-9a）。

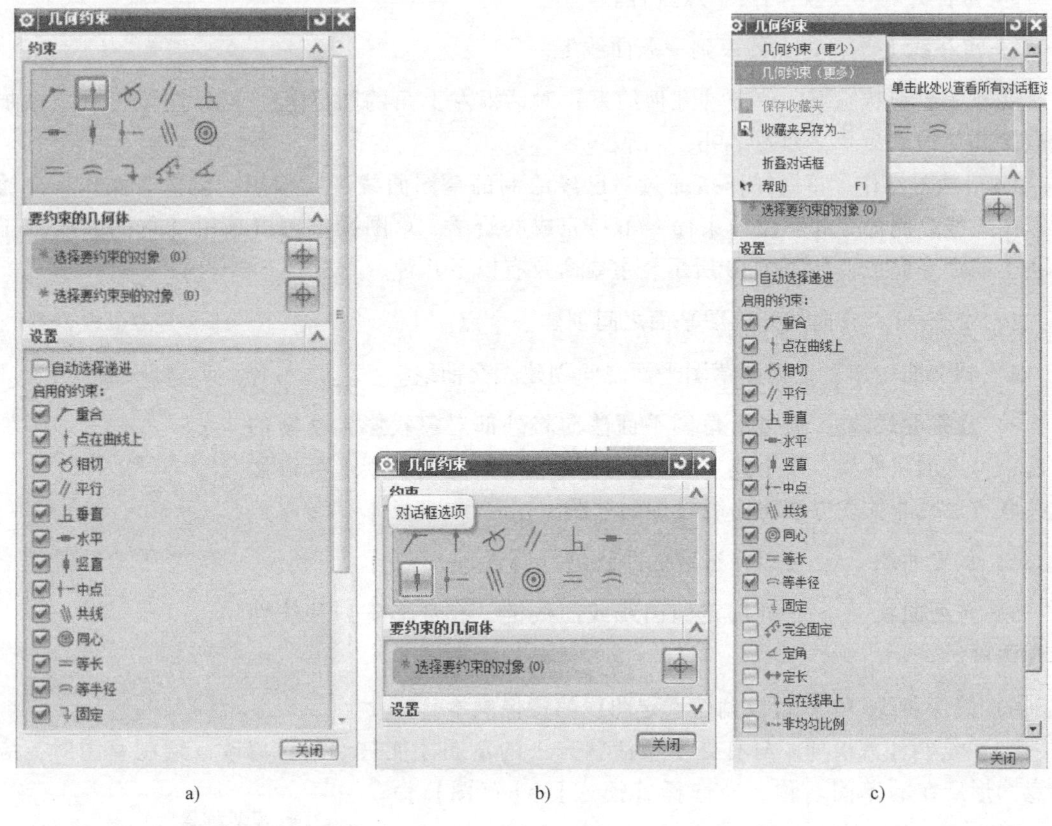

a)　　b)　　c)

图 1-9

① 固定 ：根据选定几何体的类型，定义几何体的固定特性。例如，对点，固定其位置；对直线，固定其角度；对圆弧或圆，固定其半径和圆心的位置。

② 完全固定 ：创建足够的约束，以便通过一个步骤来完全定义草图几何形状的位置和方向。

③ 水平 ：使选定的草图直线水平。

④ 竖直 ：使选定的草图直线竖直。

⑤ 平行 ：使选定的草图直线平行。

⑥ 等长 ：使选定的草图直线长度相等，可以是多条直线。

⑦ 同心 ：使选定的圆（或圆弧）同心。

⑧ 相切 ：约束两条曲线，使其相切。

⑨ 等半径 ：使选定的圆或圆弧等半径。

⑩ 共线 ：使选定的草图直线共线。

⑪ 垂直 ：使选定的草图直线垂直。

⑫ 中点：约束点使其与某条直线的中点对齐。

⑬ 重合：使选定的两个点重合。

⑭ 点在线上：将点约束到一条曲线上。

在草图绘制状态下，单击【几何约束】对话框左上角的图标，可以向该工具条添加或删除几何约束命令，如图 1-9b、c 所示。

（4）草图操作　草图操作指通过对已经绘制的草图曲线进行编辑、镜像等操作，完成用草图曲线绘制命令和草图约束命令不易完成的绘图。草图操作可以采用【草图曲线】工具条上的命令完成，如图 1-10 所示。主要命令有以下几种。

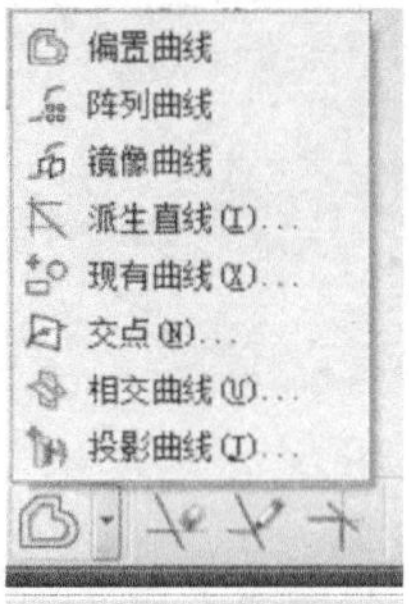

1）交点：在曲线和草图平面之间创建一个点。

2）相交曲线：在面和草图平面之间创建相交曲线。

3）投影曲线：通过沿草图平面法向将外部对象投影到草图的方法，可以创建曲线、线串或点。投影的线串是固定的曲线。可以通过关联方法或非关联方法将曲线投影到草图上。

4）偏置曲线：可以将选定的曲线进行偏置。

5）阵列曲线：阵列选定的曲线或曲线链，有圆形阵列和线性阵列两种形式。

图 1-10

6）镜像曲线：可以创建选定曲线的镜像副本。

（5）绘制注意事项　只有处于激活状态下的草图才能被编辑、修改。绘制草图时，应注意图形所在的草图名称。当选择【插入】→【草图】命令，或者选择工具条上的，开始绘制草图时，系统默认该草图名为“SKETCH_000”，部件导航器显示“草图（1）SKETCH_000”。单击图标，将停用并退出该草图。再次新绘制草图时，系统将默认设置为另一新草图“SKETCH_001”，部件导航器显示“草图（2）SKETCH_001”，此时，草图（1）SKETCH_000 将处于未激活状态，不可编辑。可以通过双击某个图形来激活该草图（图 1-11）。

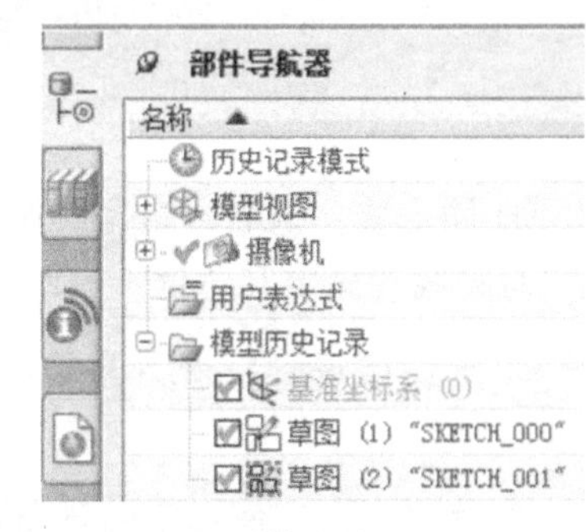

图 1-11

1.3　特征操作

创建特征是将已经完成的平面草图曲线“轮廓”通过不同的特征命令，生成三维模型。例如，可以将草图曲线绘制的一个圆，拉伸成一个三维圆柱体，或者围绕一条直线旋转生成一个圆环等。常用特征工具条如图 1-12 所示。

图 1-12

（1）拉伸 使用拉伸命令可以将拉伸对象沿指定矢量方向拉伸一段直线距离，以此得到三维实体或片体。拉伸对象可以是草图、曲线等。

完成并退出草图后，选择特征工具条上的或在菜单中选择【插入】→【设计特征】→【拉伸】命令，弹出如图 1-13 所示对话框，其中，带星号“＊”选项是必做步骤。

1）＊选择曲线：选择截面几何图形。

2）＊指定矢量：指定拉伸的方向矢量。

3）距离：指定拉伸的开始距离（位置）和结束距离（位置）。

（2）回转 使用回转命令可以使截面曲线绕指定轴回转一个角度，以此创建一个三维实体。

选择特征工具条上的，或在菜单中选择【插入】→【设计特征】→【回转】命令，弹出如图 1-14 所示的对话框，其中，带星号“＊”选项是必做步骤。

1）＊选择曲线：选择截面几何图形。

2）＊指定矢量：指定旋转轴。

3）＊指定点：当使用某种矢量方法指定旋转轴且要求提供单独选择的第二点（如平面方法）时，才需要选择此项，否则在完成【指定矢量】步骤后，将自动完成此选项。

4）角度：指定回转的开始角度和结束角度。

（3）扫掠 扫掠命令可以通过沿着一条或多条引导线串扫掠一个或多个截面线串，来创建实体或片体。选择特征工具条上的或在菜单中选择【插入】→【扫掠】命令，弹出如图 1-15 所示的对话框，其中，带星号“＊”选项是必做步骤。

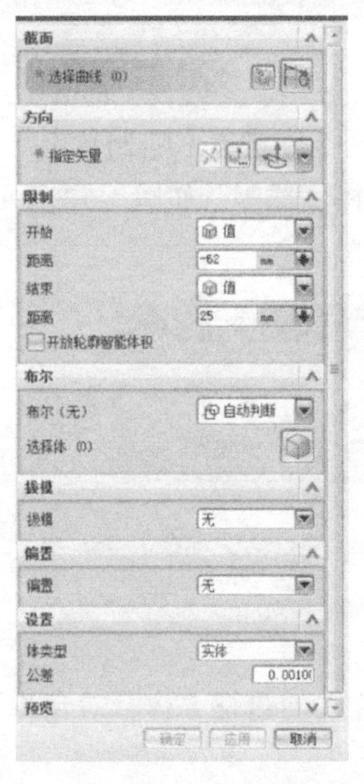

图 1-13

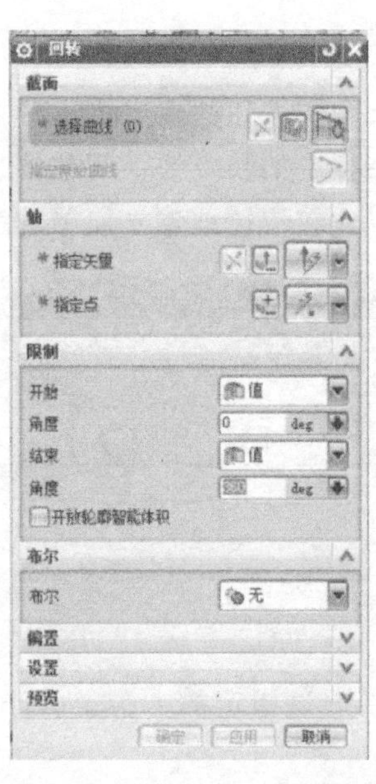

图 1-14

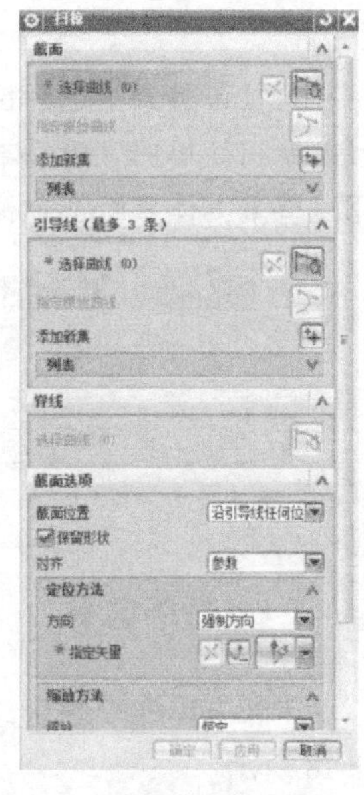

图 1-15

1）＊选择曲线（截面轮廓线）：选择截面线串。截面线串可以由一个对象或多个对象组成，并且每个对象既可以是曲线、实体边，也可以是实体面。

2）＊选择曲线（引导线）：最多可以选择三个引导线串。引导线串控制扫掠体的方位和比例。引导线串可以由一个对象或多个对象组成，并且每个对象既可以是曲线、实体边，也可以是实体面。每条引导线串的所有对象必须光顺而且连续。注意：在完成【截面】的【选择曲线】步骤后，要用鼠标单击该项，然后再选择作为引导线的曲线。

（4）沿引导线扫掠 使用沿引导线扫掠命令，可以通过沿着一条或多条引导线串扫掠一个或多个截面线串，来创建实体或片体。这个命令类似于扫掠命令，但比扫掠命令简单。

选择特征工具条上的 或在菜单中选择【插入】→【扫掠】→【沿引导线扫掠】命令，弹出如图1-16所示的对话框，其中，带星号“＊”选项是必做步骤。

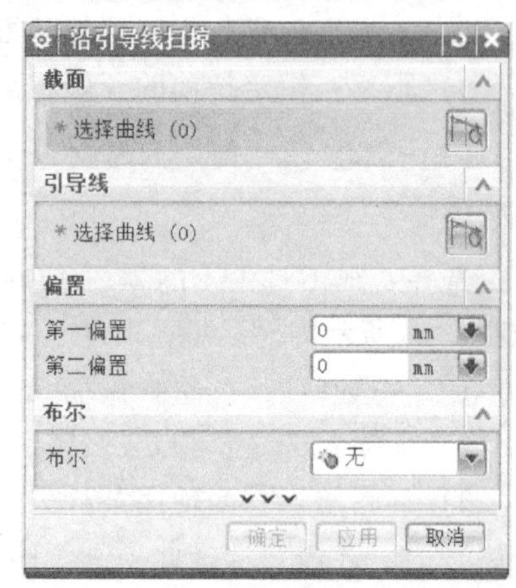

图 1-16

1）＊选择曲线（截面轮廓线）：选择截面线串。截面线串可以由一个对象或多个对象组成。

2）＊选择曲线（引导线）：选择一个引导线串。引导线串可以由一个对象或多个对象组成，每条引导线串的所有对象必须光顺而且连续。注意：在完成【截面】的【选择曲线】步骤后，要用鼠标单击该项，然后再选择作为引导线的曲线。

3）偏置：默认值为0，扫掠结果跟【扫掠】命令一样，扫掠生成的实体截面形状与截面曲线形状相同；如输入数值，二者之差的绝对值为扫掠生成实体的厚度。

1.4 基本体素特征操作

在特征工具条上选择位于右上角的按钮，可以添加特征命令。可以不绘制草图，而直接绘制出简单的三维基本体素特征，如长方体、圆柱体、圆锥体、球等，如图1-17所示。采用这些基本体素特征建模，可以比较快捷地建立简单的三维模型。

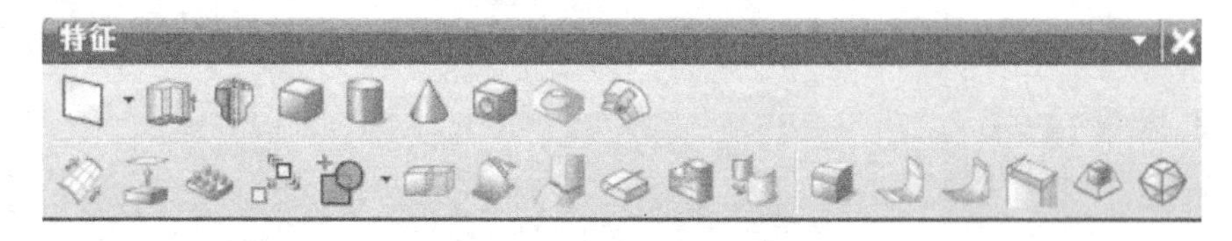

图 1-17

1.4.1 创建长方体

单击长方体命令图标，可以通过指定的方位、大小和位置来创建长方体，对话框如图1-18所示。

（1）类型

1）：通过定义每条边的长度和顶点来创建长方体。

2）：通过定义底面的两个对角点和高度来创建长方体。

3) ：通过定义体的对角点来创建长方体。

(2) 尺寸

1) 长度（XC）：允许指定长方体长度（XC）的值。

2) 宽度（YC）：允许指定长方体宽度（YC）的值。

3) 高度（ZC）：允许指定长方体高度（ZC）的值。

(3) 布尔操作　为新建的长方体指定标准“布尔操作”，以确定其与一个或多个目标实体的作用方式，如图 1-19 所示。

1) 无：创建与任何现有的实体无关的新长方体。

2) 求和：将新建的长方体与两个或多个体合并起来。

3) 求差：从目标体上减去新建的长方体。

4) 求交：创建包含两个不同体的共有体积的长方体。

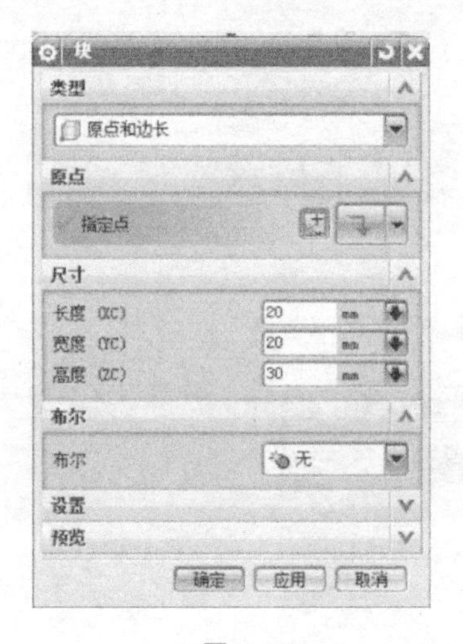

图 1-18

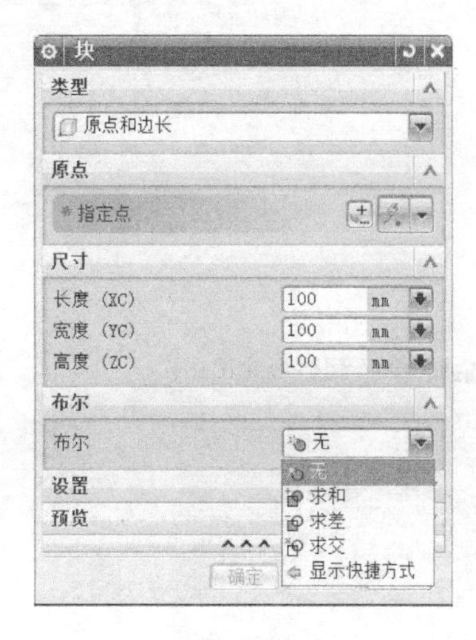

图 1-19

1.4.2　创建圆柱体和球体

选择【文件】→【新建】命令，建立一个模型文件，输入名称为“yuanzhuti_model1.prt”，保存该文件，如图 1-20 所示。

在特征工具条上，单击圆柱命令图标或选择【插入】→【设计特征】→【圆柱】命令（图 1-21），通过指定方位（矢量）、位置（点）和大小（直径和高度）来创建圆柱。

在图 1-21 所示对话框中，单击选择【指定矢量】，在弹出的对话框中选择 YC 轴。然后再单击选择【指定点】，在弹出如图 1-22 所示对话框中输入矢量起始点（底面圆心）坐标，单击【确定】按钮，创建一个直径为 35mm、高度为 20mm 的圆柱体。

选择【插入】→【设计特征】→【球】命令，在图 1-23 所示的对话框中，选择“中心点和直径”选项，通过指定直径和圆心创建球体。【直径】设置为 100mm，选择【指定点】选项，鼠标拾取圆柱体底面圆心，单击【确定】按钮。在对话框中，若选择“求和”布尔运算，则得到图 1-24a 所示图形；若选择“求交”布尔运算，则得到图 1-24b 所示图形；若选择“求差”布尔运算，则得到图 1-24c 所示图形。

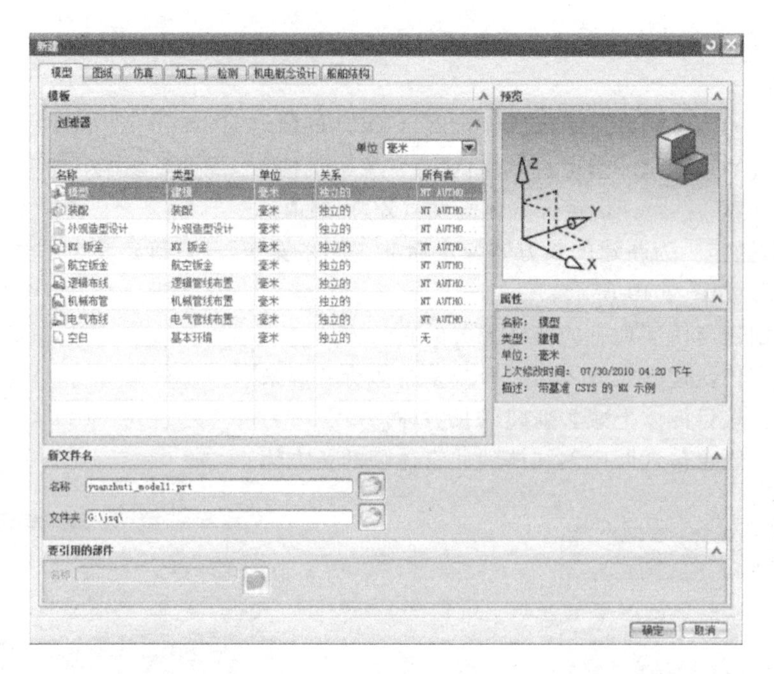

图 1-20

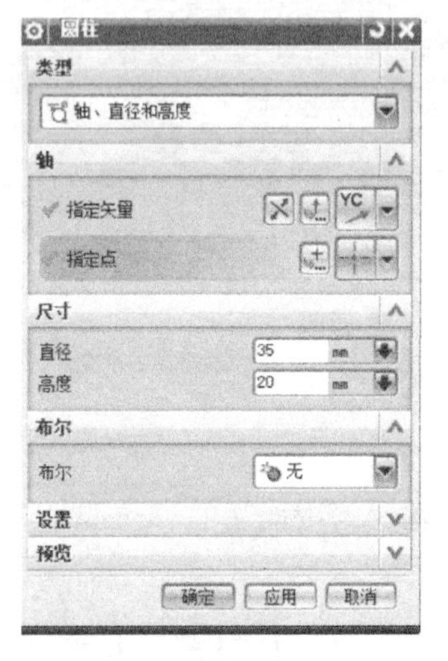

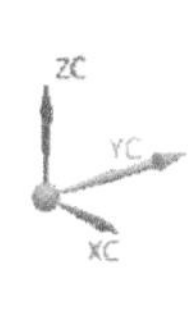

图 1-21

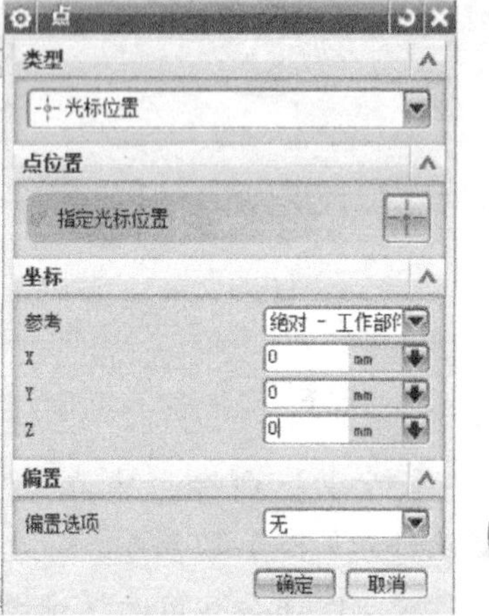

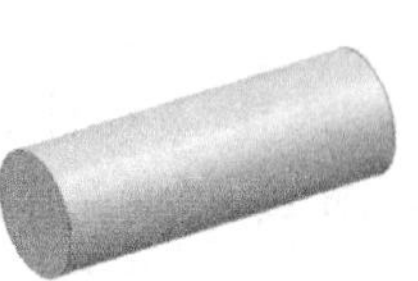

图 1-22

图 1-23

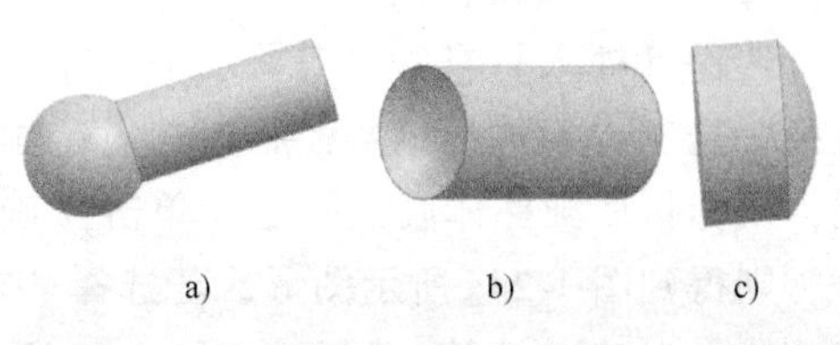

a) b) c)

图 1-24

1.4.3 基本体特征修改模型

直接在图中双击要修改的模型，在弹出的对话框中修改参数，三维模型立即改变。

1.5 装配

“装配”是NX中集成的一个应用模块，它方便了部件装配的构造、装配关联中各部件的建模以及装配图样中零件明细栏的生成。

1.5.1 建立装配文件

运行UG NX8.5，选择菜单【文件】→【新建】命令，在弹出的图1-25所示对话框中选择【装配】模板文件，进行部件零件装配。需要填写【名称】，默认文件名是“_asm1. prt”，读者可以根据需求重命名，但是建议保留“asm1”这个装配标志；【文件夹】能够显示最近使用过的文件路径，可以根据需要改变文件存放路径。

单击【确定】按钮，进入UG NX8.5基本环境状态，在工具条上的【开始】菜单中勾选【装配】(图1-26)，进入装配应用模块，出现装配工具条，如图1-27所示。

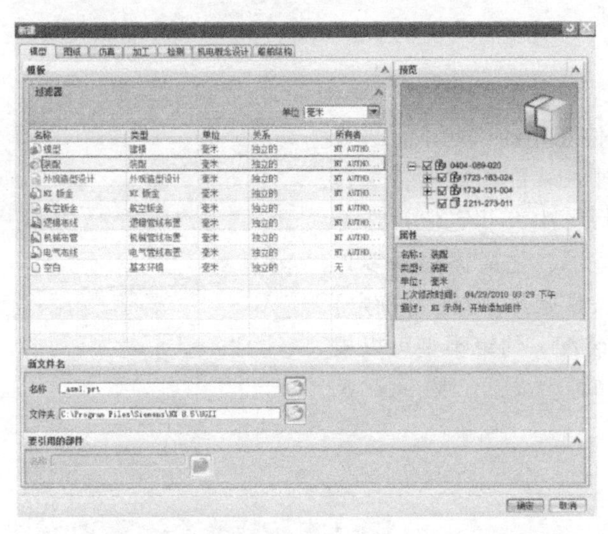

图1-25

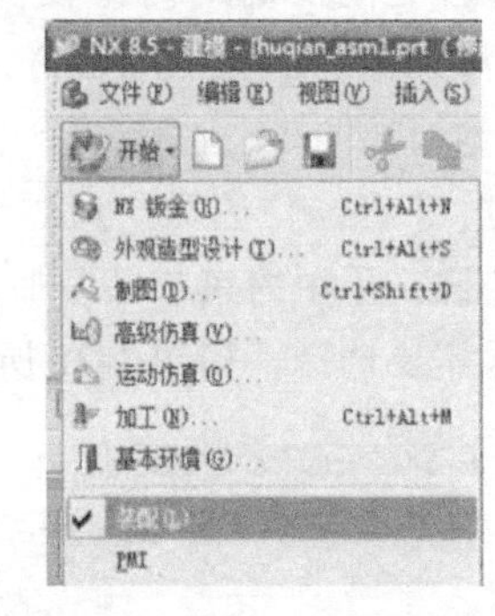

图1-26

图1-27

在菜单中选择【装配】→【组件】→【添加组件】命令（图1-28），或在装配工具条上单击图标，显示添加组件对话框，将要装配的零件或部件添加进来，如图1-29所示。

选择【打开】，到文件夹中选择待装配的部件文件。放置中的【定位】选项，用来确定部件在图中的放置位置，包含下面几个选项（图1-30）：

1）绝对原点：将添加进来的部件放在绝对坐标原点上。

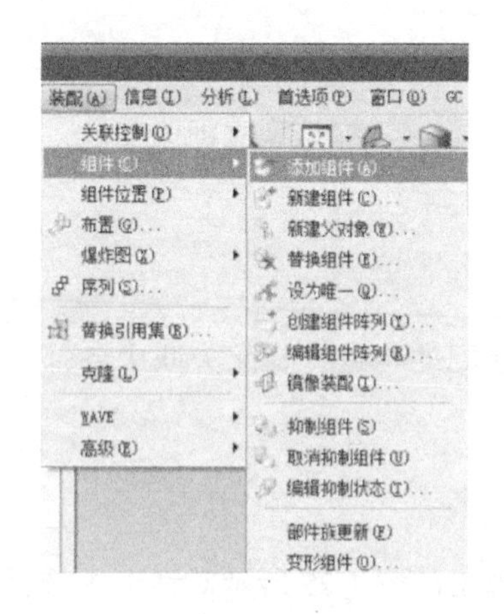

图 1-28

图 1-29

2）选择原点：将添加进来的部件放在指定坐标或者鼠标选定的位置。

3）通过约束：在部件加入之前，直接采用约束与已经加入的部件进行装配。

4）移动：重新指定载入部件的位置。

1.5.2 配对组件

配对的实质是把已经造型完毕的零件互相约束起来，进行零件之间的配对。比较快速的方法是进入装配图之后，选择【添加组件】（图 1-30），在弹出的对话框中，【定位】选择“绝对原点”，把第一个零件添加进装配图，之后添加新零件时，【定位】选择“通过约束”，如图 1-31 所示，单击【确定】按钮，采用约束与已经加入的零件进行装配，约束类型可以根据需要选择，如图 1-32 所示。

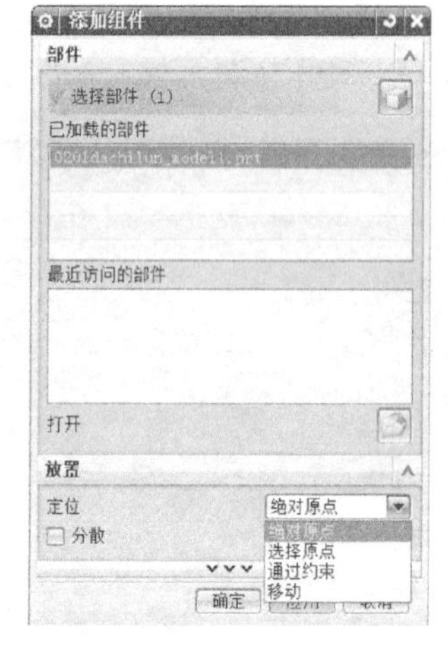

图 1-30

图 1-31

图 1-32

（1）接触对齐　用于约束两个组件彼此接触或配对，该选项下的定位有三种方式：

1）接触：用于定位两个对象，以便它们重合。对于平面、圆柱面、圆锥面、圆环面等进行接触配对，图标中两个三角形尖点相对，表示配对的两个面的法向矢量方向相反。

2）自动判断中心：使得配对的两个要素中心线共线。

3）对齐：表示配对的两个面的法向矢量方向相同。对于平面对象，可以通过此选项将两个对象定位，使它们共面且相邻，配对的两个面的法向矢量方向相同，也可以使线与面对齐。

（2）角度　指定面和边之间的角度，面与面之间的角度。

（3）平行　通过将要约束配对的两组件中的面、线等对象或其方向矢量定义为平行，来对这些对象进行约束。

（4）垂直　通过将要约束配对的两组件中的面、线等对象或其方向矢量定义为垂直，来对这些对象进行约束。

（5）中心　将要被配对的组件对象居中到要配对到的组件。

（6）距离　指定 3D 空间中选定对象之间的最小间隔。偏置距离可为正值或负值，从而可以控制配对对象的不同侧面偏置。

（7）相切　使要被配对的组件对象与要配对到的组件选定对象之间物理相切，可在一点上相切，也可沿一条线相切。

装配时，如果不方便观察或选择面，可以在工具条上选择移动命令图标（图 1-33），来改变要装配和待装配的组件的观察方位（图 1-34）。

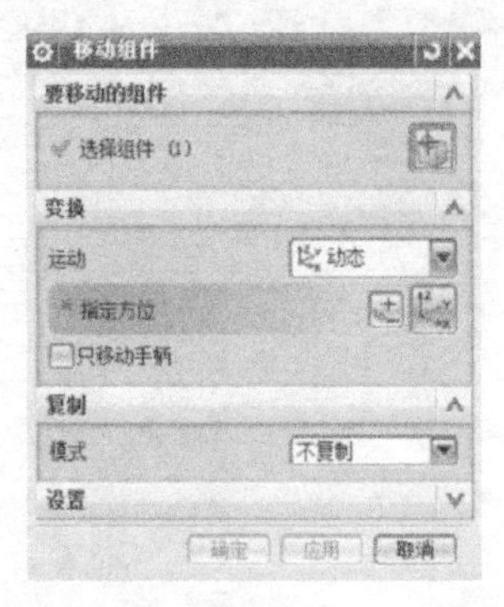

图 1-33

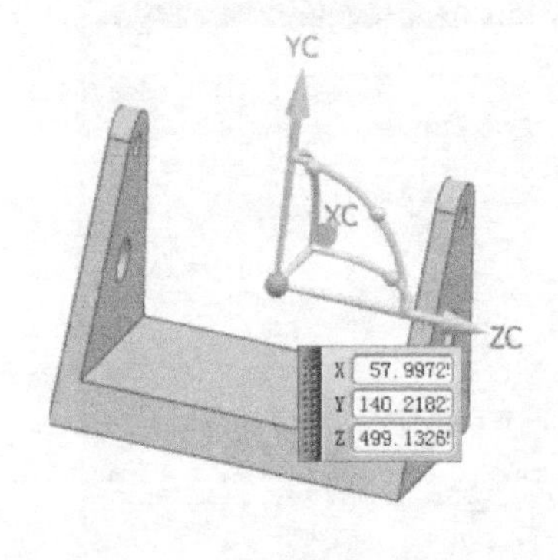

图 1-34

1.6　UG NX8.5 运动仿真模块简介

UG NX8.5 机构运动仿真模块 Motion 提供了机构仿真分析功能，可在 UG 环境中定义机构，包括连杆、运动副、弹簧、阻尼、初始运动条件、添加驱动阻力等，然后直接在 UG 中进行分析，仿真机构运动，得到构件的位移速度、加速度、力和力矩等。分析结果可以用来指导修改结构设计，得到更合理的机构设计方案。本节主要介绍运动仿真模块的基本功能和使用方法。

1.6.1 进入运动仿真模块

运行 UG NX8.5，打开一个已经完成的装配图或部件图，选择菜单【开始】→【运动仿真】，如图 1-35 所示。

在资源工具条上选择【运动导航器】，鼠标右键单击图形文件名，选择【新建仿真】（图 1-36）。选中默认的【动力学】分析，单击【确定】按钮（图 1-37），进入运动仿真模块。默认的运动仿真方案名称为“motion_1”，同时出现运动仿真工具条，如图 1-38 所示。

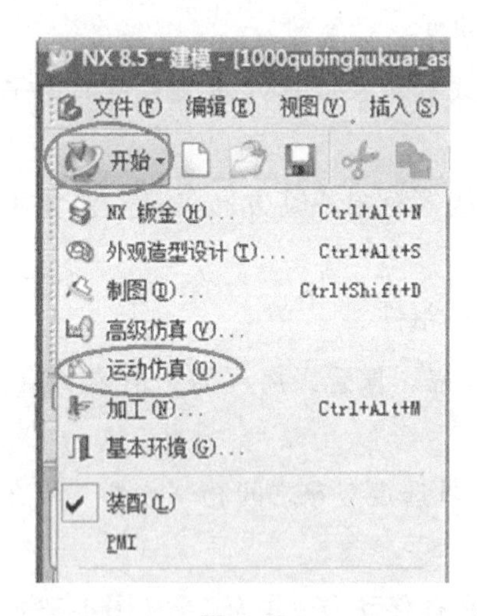

图 1-35

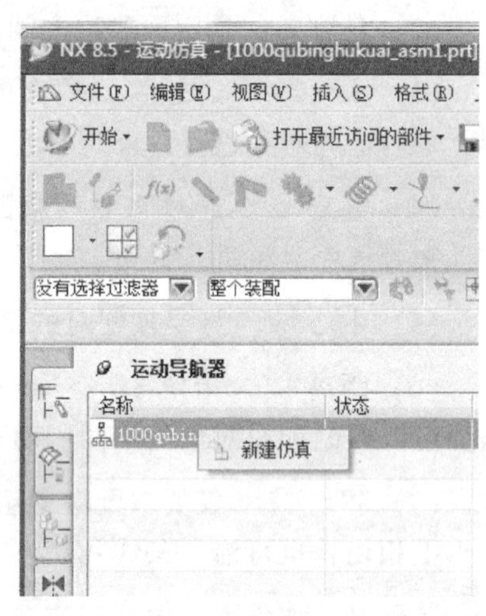

图 1-36

图 1-37

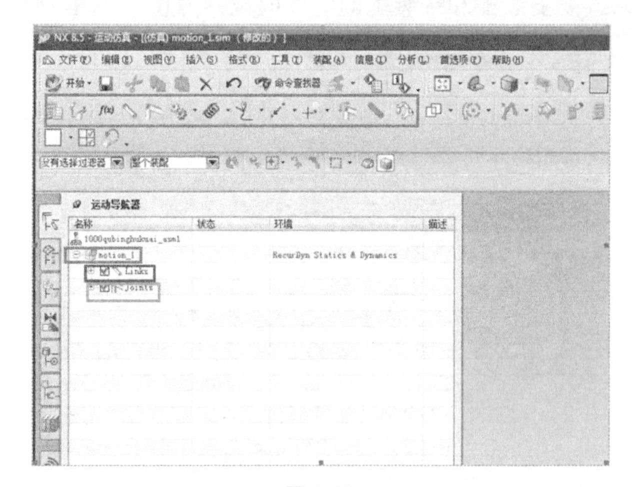

图 1-38

1.6.2 定义连杆

连杆指机构中的运动单元，机构中每个运动零件均应定义为连杆（又称为构件）。创建连杆的步骤如下：选择【插入】→【连杆】，或单击运动工具条中的图标 （图 1-39a），弹出【连杆】对话框（图 1-39b），默认的连杆名称为“L001”。

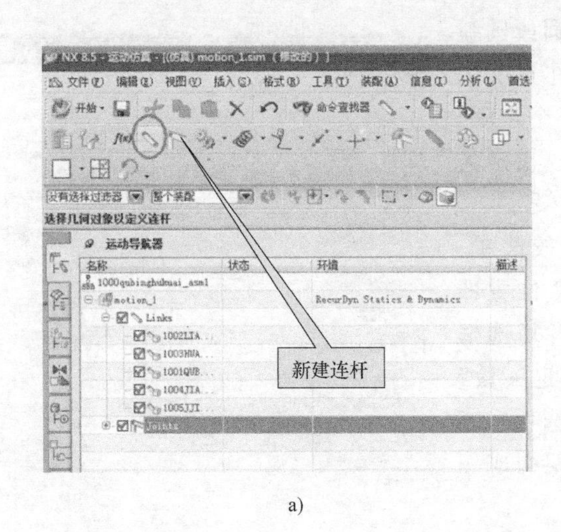

a)

b)

图 1-39

1.6.3 运动副

创建连杆后，每一个独立的空间连杆具有 6 个自由度，需要用运动副将各连杆之间连接起来，在各连杆之间形成一定的约束，使连杆构成的运动链具有确定的运动，从而构建一个机构。运动副和约束如图 1-40 所示。下面介绍几种常见的运动副。

1. 旋转副

旋转副用来连接两连杆，使其可以绕某轴旋转，如图 1-41 所示，旋转副使两构件绕着 Z 轴转动。被连接的两连杆相互之间不允许任何方向的移动。旋转副是应用非常广泛的运动副。

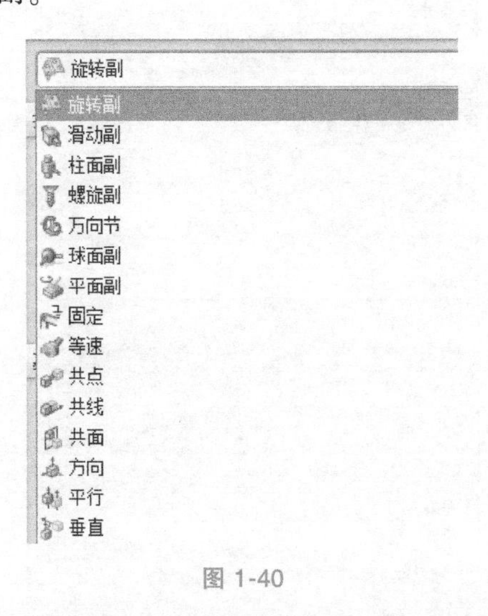

图 1-40

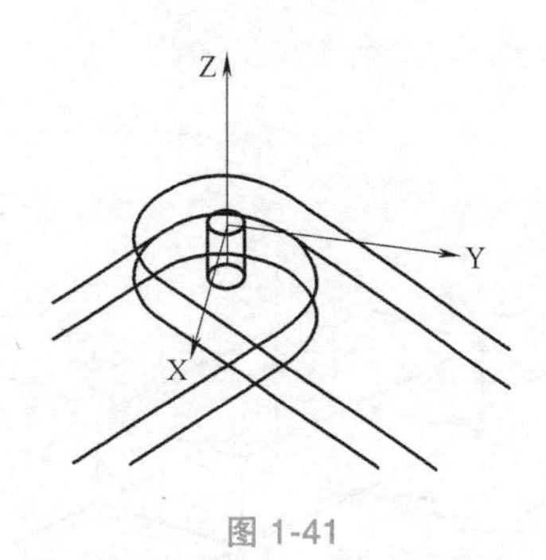

图 1-41

选择【插入】→【运动副】命令或单击工具条上的图标，弹出如图 1-42 所示的【运动副】对话框，在【类型】中选择“旋转副”。

1）第一个连杆/＊选择连杆：用鼠标选择构成旋转副的第一个连杆。选择时要注意技巧。在一般情况下，要选择构成旋转副的圆或圆弧的圆周线（图 1-43），这样就能一次完成图 1-42 中“选择连杆”“指定原点”“指定矢量”三个步骤。选择完毕后，“选择连杆”“指定原点”“指定矢量”三个选项前面的红色 * 号变成绿色的√号。

2）第二个连杆：选择第二个连杆比较简单，一般只需要用鼠标选择第二个连杆的任意位置即可，不需要指定原点和指定矢量。只有当复选框“啮合连杆”被选中后，“指定原点”“指定矢量”才变为可选状态。注意：第二个连杆为可选项，若不选择第二个连杆，则是第一个连杆与机架构成一个旋转副。

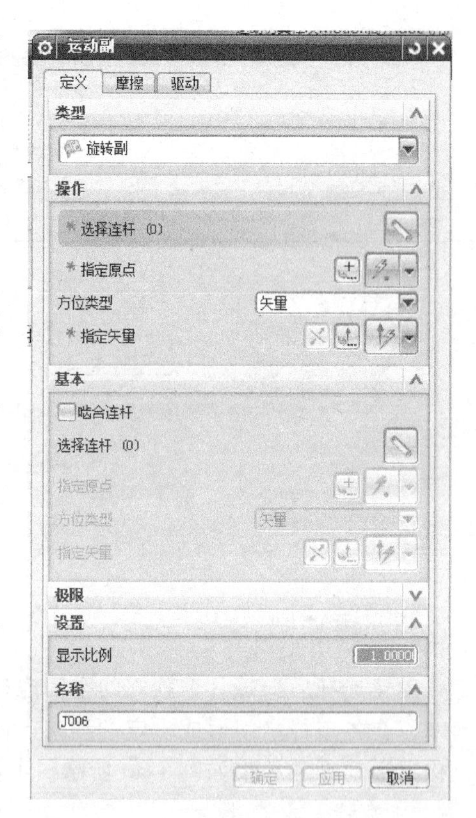

图 1-42

2. 滑动副

滑动副用来连接两连杆，使其可以在某一方向上做相对移动。如图 1-44 所示，被连接的两连杆之间不允许转动，只允许有沿 Z 轴方向的一个移动自由度。

选择【插入】→【运动副】命令，或在工具条上单击图标，弹出如图 1-45 所示的【运动副】对话框，在【类型】中选择“滑动副”。

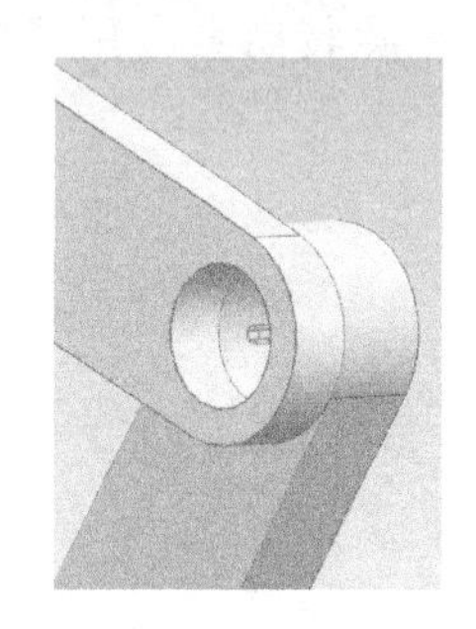

图 1-43

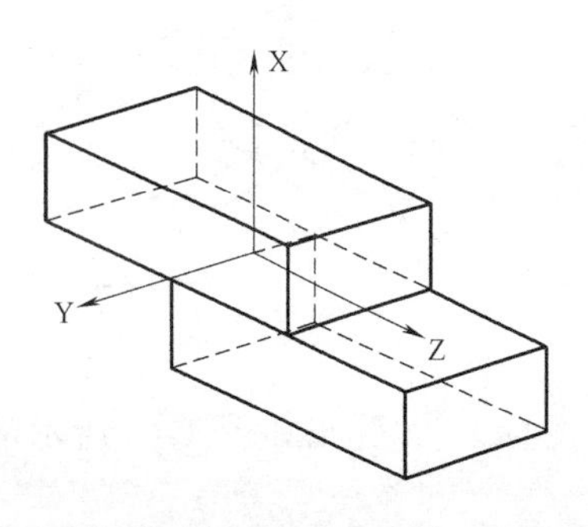

图 1-44

图 1-45

滑动副的创建对话框中各选项与旋转副一样。只需要在选择第一个连杆时，用鼠标选择滑动连杆上与移动方向相同的一条边线，就能一次完成“选择连杆”“指定原点”“指定方位”三个选项的操作。创建的滑动副图标位于“指定原点”，滑动副将使得连杆沿着所选择的边线方向滑动。

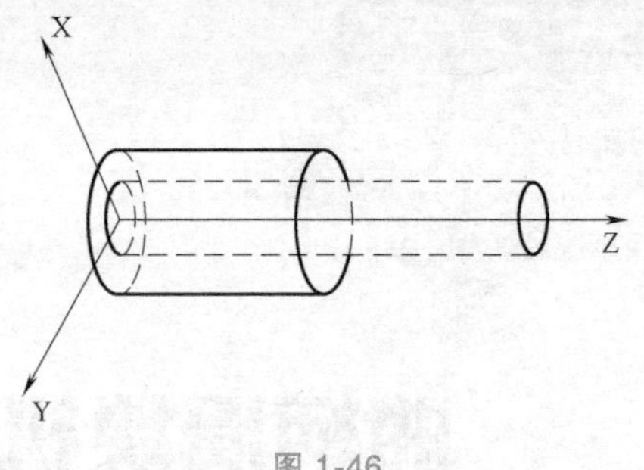

图 1-46

3. 柱面副

柱面副用来连接两连杆，使其可以绕 Z 轴旋转，并可以沿 Z 轴做相对移动，如图 1-46 所示。可见，柱面副与旋转副相比，只是多了一个 Z 轴方向上的移动。

4. 齿轮副

齿轮副是一种比较常用的运动副，用来模拟一对齿轮传动的运动。在 UG NX 菜单中选择【插入】→【传动副】→【齿轮副】命令，或在工具条上单击图标，弹出如图 1-47 所示的【齿轮副】对话框，各选项意义如下。

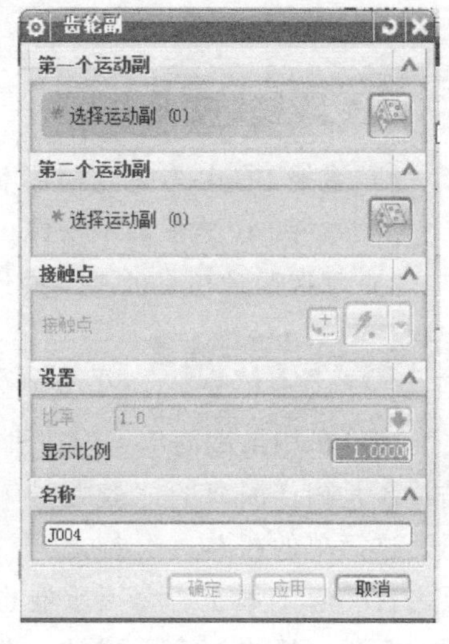

图 1-47

1）第一个运动副是选择第一个齿轮中心的旋转副。

2）第二个运动副是选择第二个齿轮中心的旋转副。

3）比率是确定齿轮传动比。

注意：建立齿轮副首先要将两个齿轮以旋转副连接在同一个零件上（如连接在机架上），即形成的两个运动副必须有一个共同的连杆，否则不能建立齿轮副。

其他运动副将在后续章节中再详细介绍。

第2章

曲柄滑块机构建模与运动仿真

【学习目标】

1）掌握 UG 基本体建模基本方法。

2）掌握 UG 装配基本操作。

3）掌握运动仿真的基本操作。

【任务引入】

四杆机构虽然简单，但在机械设备中应用极为广泛，无论是九天之上的“天宫”空间站，还是徜徉深海的“蛟龙号”潜水器，都离不开这简单的机构。合抱之木，生于毫末；九层之台，起于累土。大国重器也是由一个个普通的零件、机构组合而成的。曲柄滑块机构就是四杆机构的一种典型形式，对其进行建模和运动仿真，有助于加深同学们对四杆机构的理解，为日后设计复杂机构打下坚实基础。

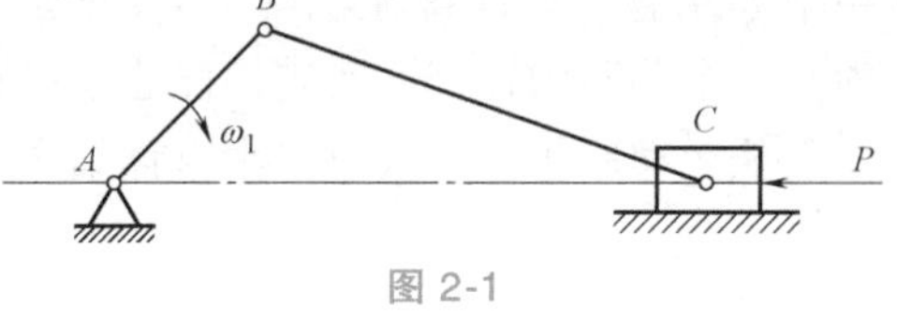

图 2-1

图 2-1 所示为对心曲柄滑块机构，曲柄 *AB* 顺时针方向旋转，经过连杆 *BC* 带动滑块 *C* 在机架 *AC* 上往复移动。请根据运动简图，给构件做简单的造型、建模并装配，然后模拟其运动规律，输出运动动画。

【任务实施】

2.1 零件造型

2.1.1 机架建模

1）新建文件。选择【文件】→【新建】→【模型】，如图 2-2 所示，输入名称为“jijia_model1. prt”，然后单击【确定】按钮。

2）设置草图环境。选择【首选项】→【草图】，弹出对话框（图 2-3a），在弹出的【草图首选项】对话框中，【尺寸标签】设置为“值”，取消勾选【连续自动标注尺寸】，如图 2-3b 所示。

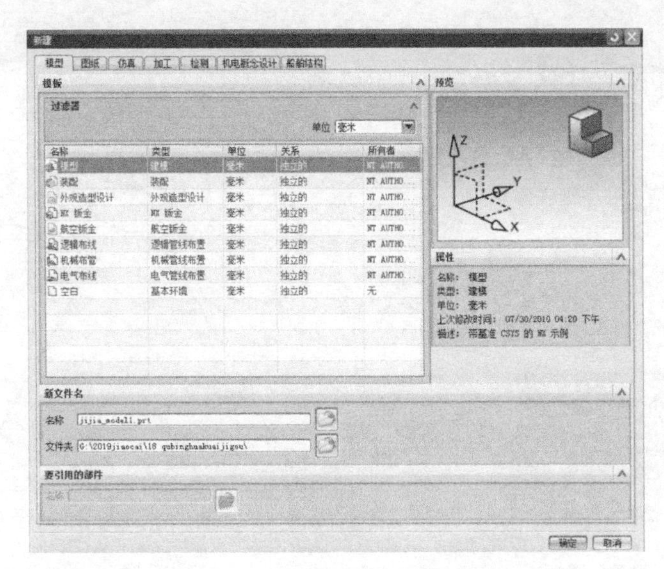

图 2-2

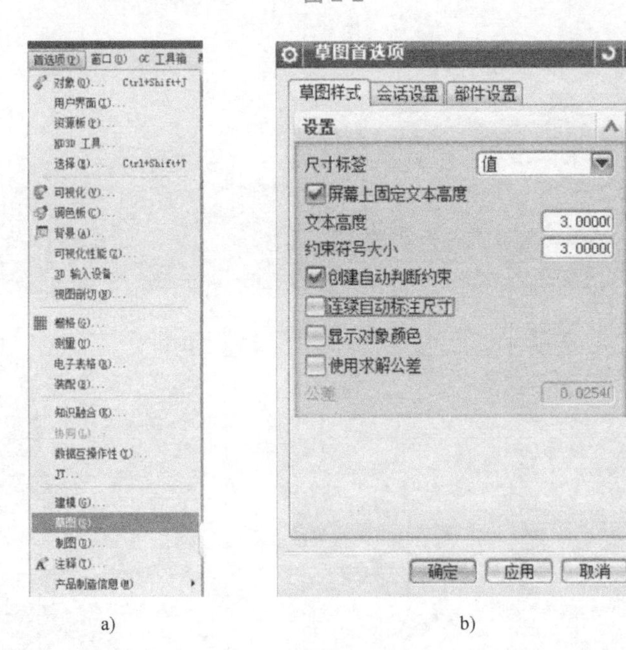

a)　　　　　　　　b)

图 2-3

3）单击图标，创建草图，弹出对话框，其中【类型】选择“在平面上”，【平面方法】选择“自动判断”，【指定点】选择（0，0，0），然后单击【确定】按钮（图 2-4a）。绘制如图 2-4b 所示的草图，然后单击完成草图。

4）选择拉伸命令图标，弹出对话框（图 2-5a），其中【选择曲线】选项框选刚绘制好的草图，【指定矢量】选择 Z 方向（图 2-5b），【开始距离】设置为 0mm，【结束距离】设置为 7mm，单击【确定】按钮，在锐边倒斜角 C0. 5，得到如图 2-5c 所示的结构。

5）单击图标，创建草图，弹出的对话框中，【平面方法】选择“创建平面”，并选

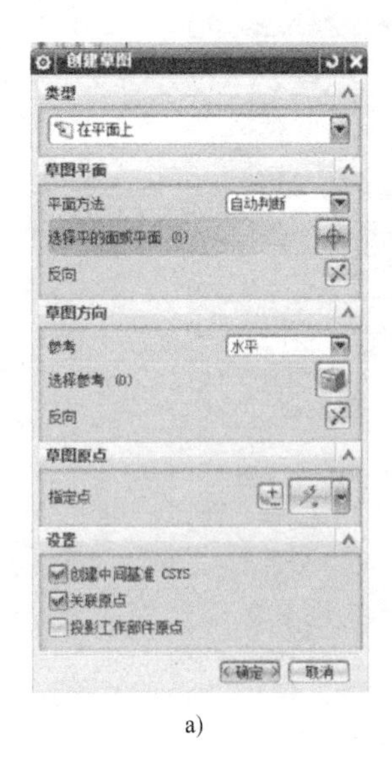

a)

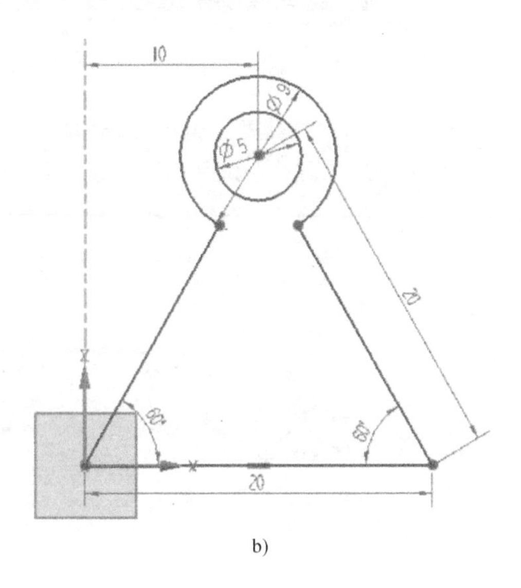

b)

图 2-4

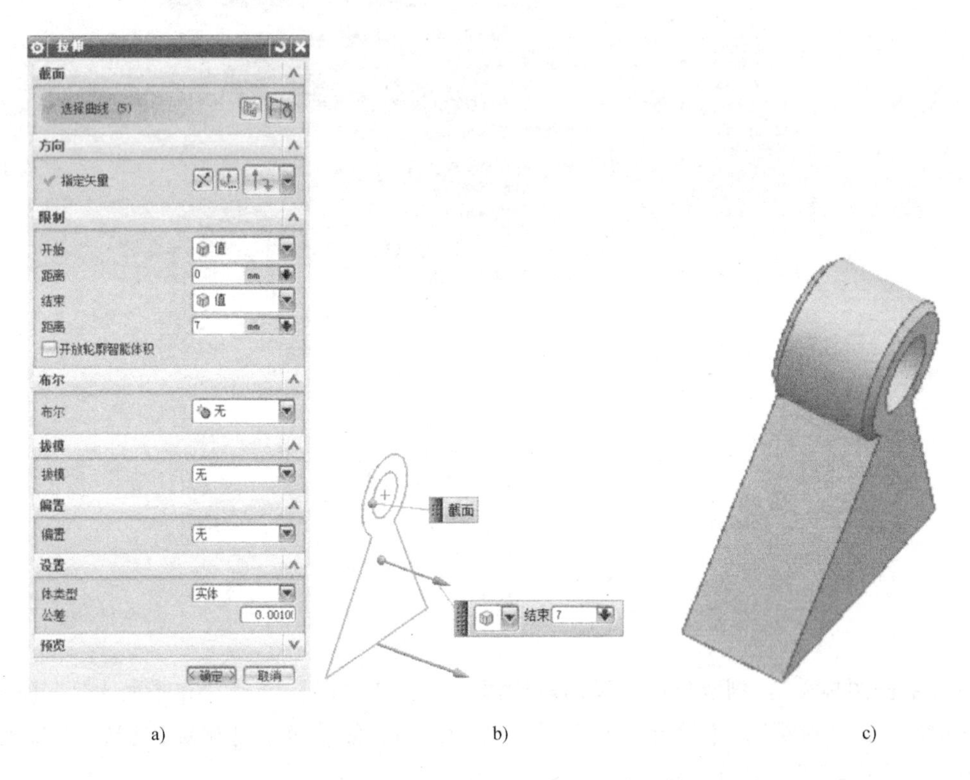

a) b) c)

图 2-5

择 YC-ZC 平面（图 2-6a）。【草图原点】选择图 2-6b 所示的边线中点，单击【确定】按钮，绘制草图。

6）添加草图，绘制如图 2-7a 所示的草图，拉伸、贯穿、切除，单击【保存】按钮，得到机架（图 2-7b）。

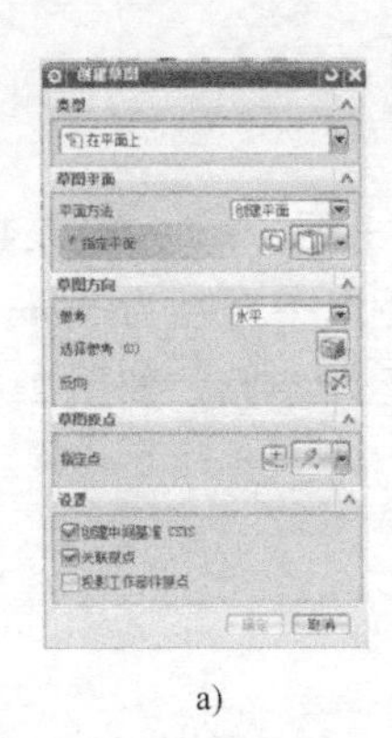

a)

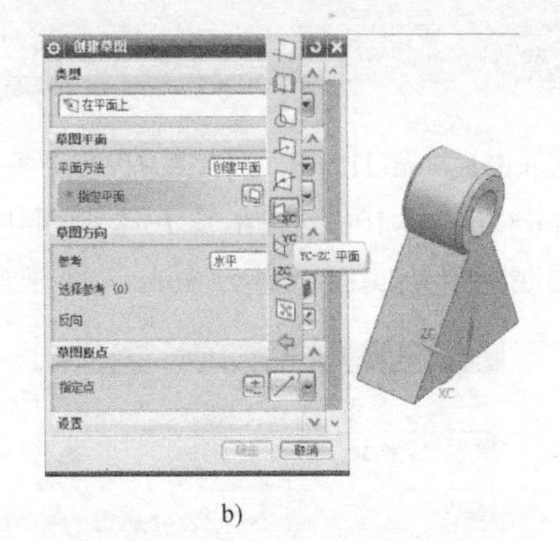

b)

图 2-6

2.1.2　曲柄建模

新建文件“qubing_model1. prt”，根据图 2-8a 所示曲柄参考尺寸，绘制草图，拉伸，厚度为 5mm，然后单击【保存】按钮，得到如图 2-8b 所示的曲柄。

2.1.3　连杆建模

选择【文件】→【另存为】，把曲柄文件“qubing_model1. prt”另存为“liangan_model1. prt”，将其长度加长（图 2-9），得到连杆。

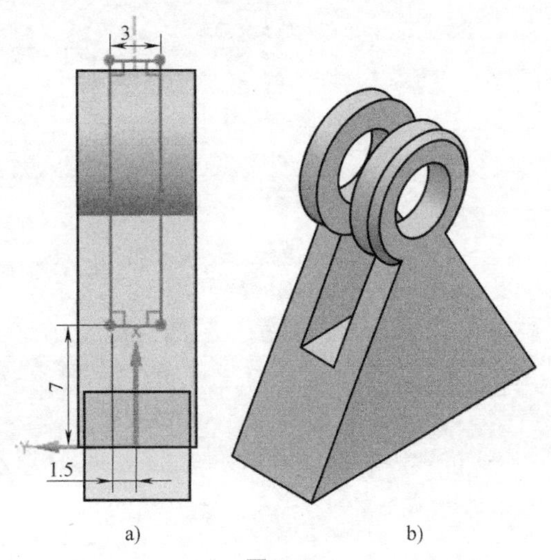

a)　　b)

图 2-7

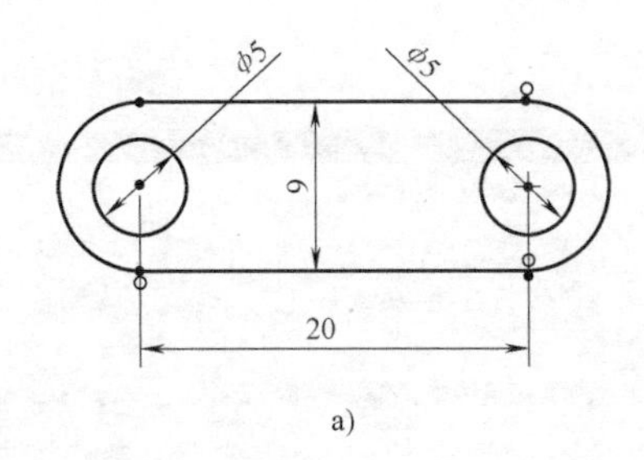

a)

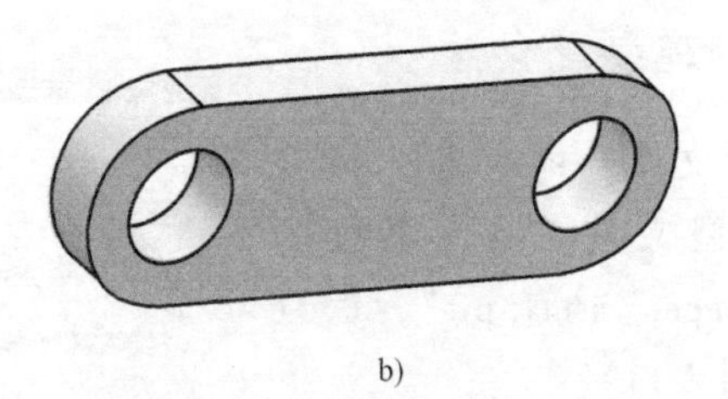

b)

图 2-8

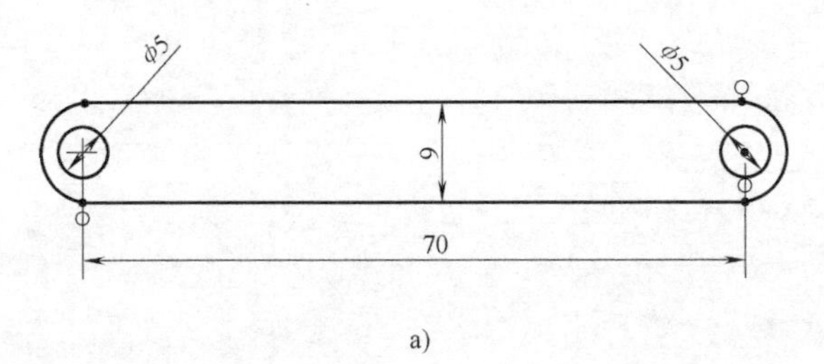

a)

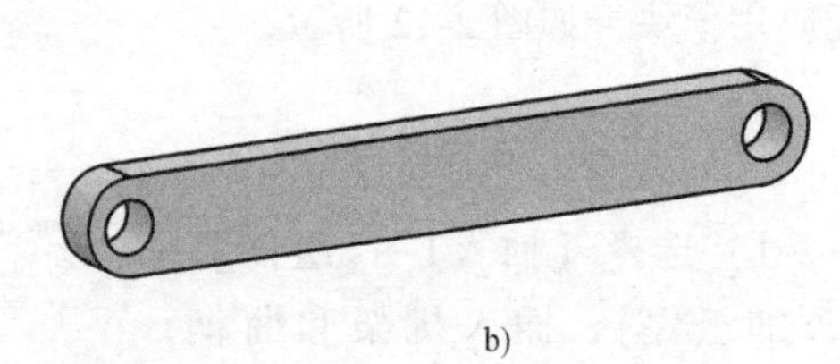

b)

图 2-9

2.1.4 滑块建模

新建文件“huakuai_model1. prt”，在特征工具条中单击图标，输入数值（图 2-10a），得到一长方体 20mm×20mm×10mm。在长方体表面中心处作一直径为 5mm 的贯穿孔，侧面贯穿槽宽 5mm，槽底到滑块底面距离为 3mm，用于连杆运动空间，如图 2-10b 所示。

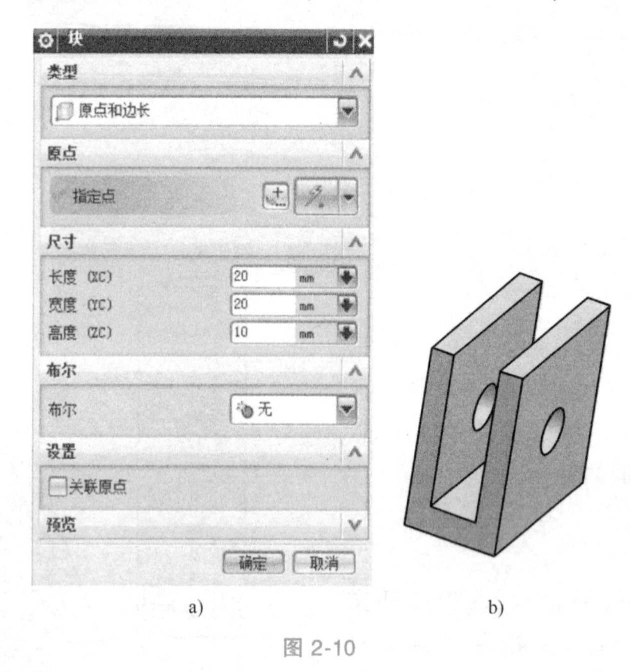

a)　　　　　　b)

图 2-10

2.2 装配

2.2.1 新建装配文件

选择【文件】→【新建】，建立一个新模型文件，输入名称为“qbhkzhuangpei_asm1. prt”，保存该文件（图 2-11）。

【开始】→【装配】，或者在工具条中单击装配按钮，打开装配应用模块，如图 2-12 所示。

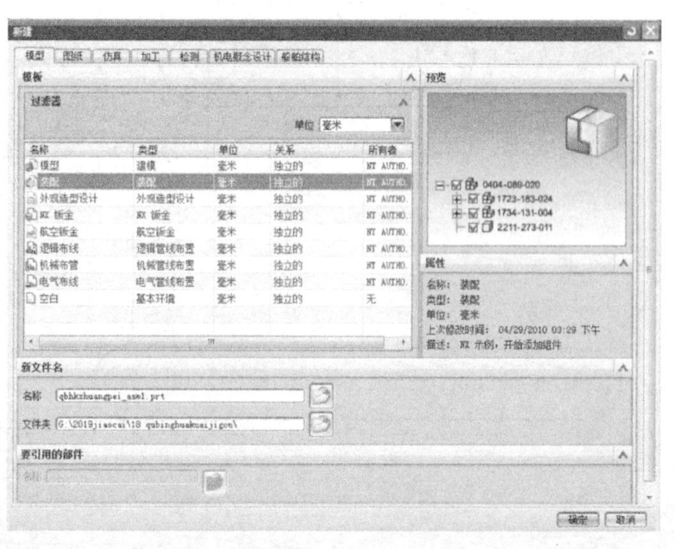

图 2-11

2.2.2 曲柄滑块机构的装配

1）选择【插入】→【组件】→【添加组件】，插入机架和曲柄。单击装配按钮进行【配对】装配，如图 2-13 所示，【类型】选择“接触对齐”，【方位】选择“自动判断中心”，分别选择机架孔的中心线和曲柄孔中心线，单击【确定】按钮，完成两孔中心线对齐装配。

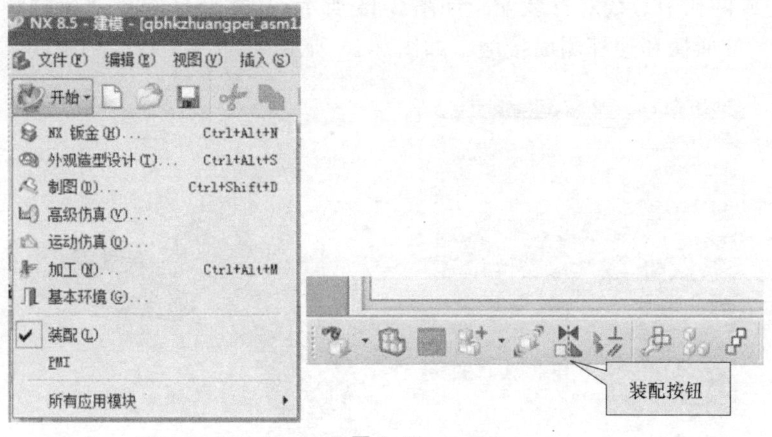

图 2-12

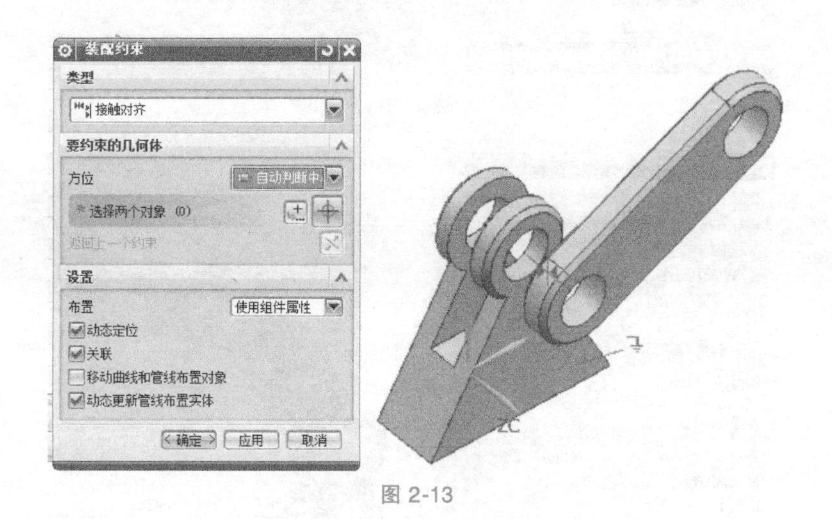

图 2-13

2）选择“中心”→“2 对 2”，并分别选择机架和曲柄的两个侧面，如图 2-14 所示进行中心装配。

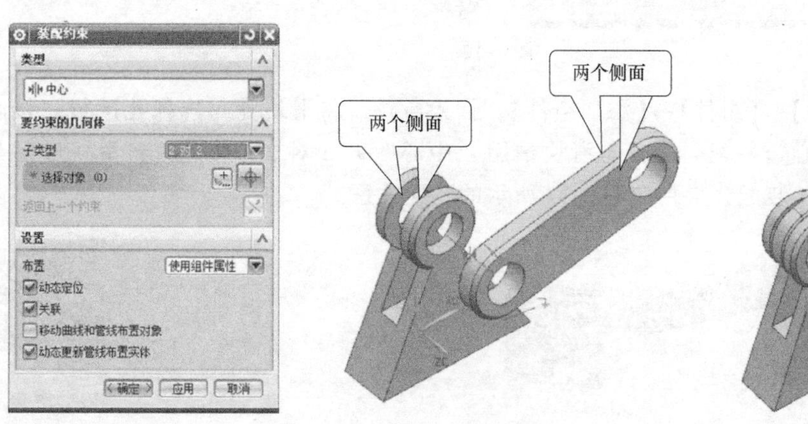

图 2-14

3）选择【插入】→【组件】→【添加组件】，插入连杆。【类型】选择“接触对齐”，【方位】选择“自动判断中心”，对象分别选择曲柄孔中心线和连杆孔中心线，然后单击【应用】按钮，完成两孔中心线对齐装配，如图 2-15 所示。【类型】选择“接触对齐”，【方位】选择“接触”，使曲柄和连杆侧面接触，如图 2-16 所示。

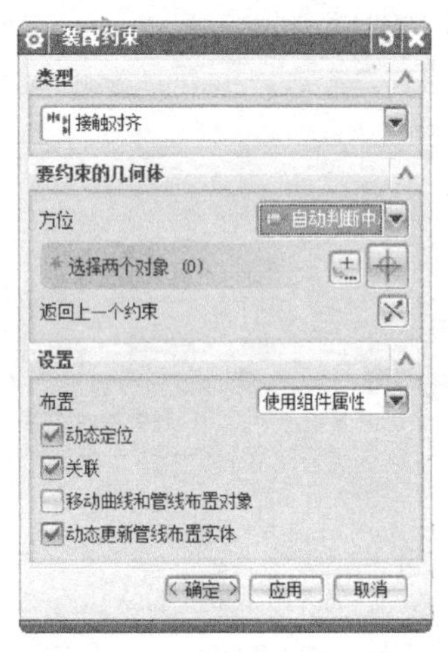

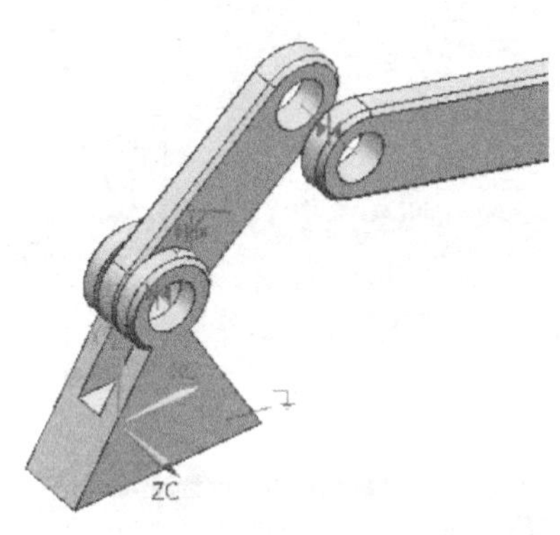

图 2-15

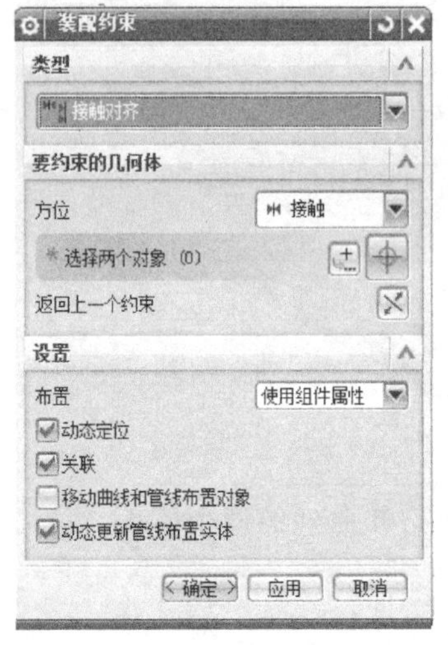

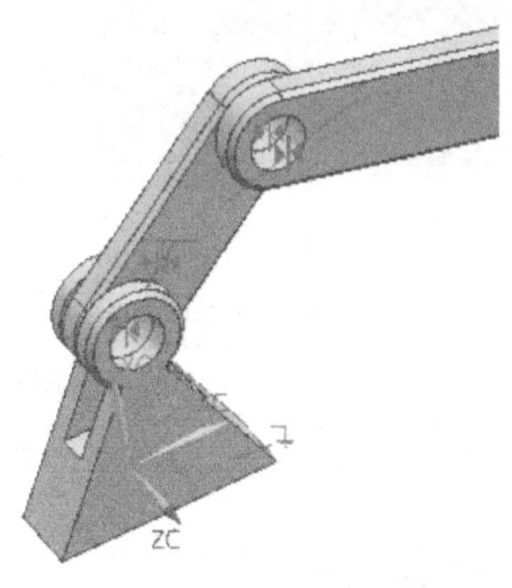

图 2-16

4）选择【插入】→【组件】→【添加组件】，插入滑块。将滑块孔与连杆孔进行“接触对齐”→“自动判断中心”装配，连杆与滑块槽用“中心”→“2 对 2”装配，将滑块底面与机架底面进行【平行】装配，得到如图 2-17 所示的装配关系。

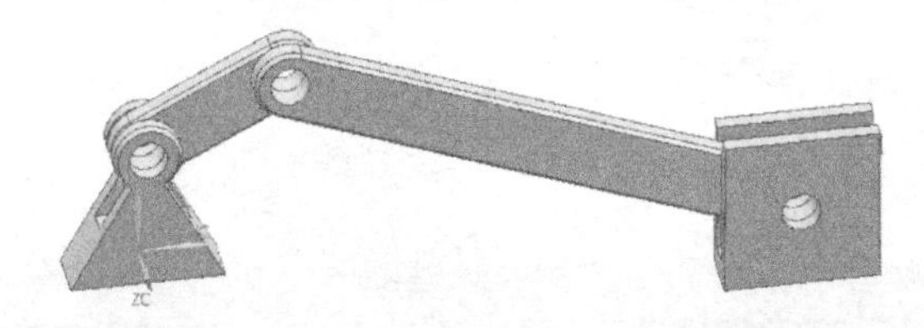

图 2-17

曲柄滑块对心机构装配

5）选择“中心”→“1 对 2”，分别选择机架孔中心线、滑块上表面、滑块下表面，单击【确定】按钮，这样就保证了曲柄滑块机构为对心曲柄滑块机构。

2.3　运动规律仿真

运动仿真的基本流程是：

1）确定运动构件。

2）确定两构件间的运动副类型。

3）确定原动件，即驱动运动副。

4）确定驱动参数，求解。

操作案例如下。

在【开始】菜单中选择【运动仿真】，进入仿真模块。右键单击【运动导航器】上的装配文件名，选择【新建仿真】，如图 2-18 所示。在弹出的【环境】对话框中选择【动力学】，单击【确定】按钮（图 2-19），在弹出的【机构运动副向导】对话框（图 2-20）中单击【确定】按钮，把装配图中的构件自动转换成连杆，装配关系映射成仿真模块里的运动副。

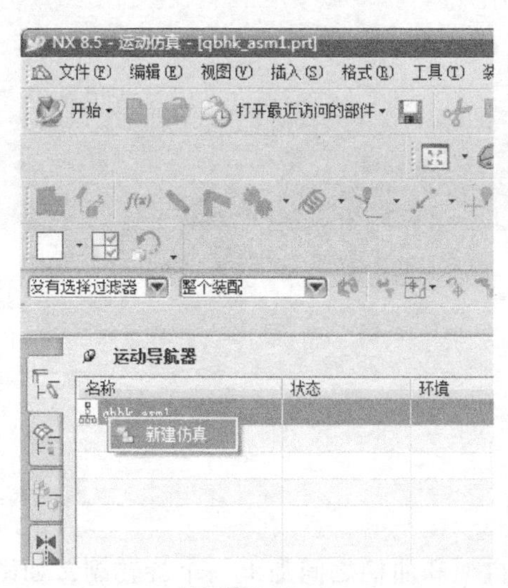

图 2-18

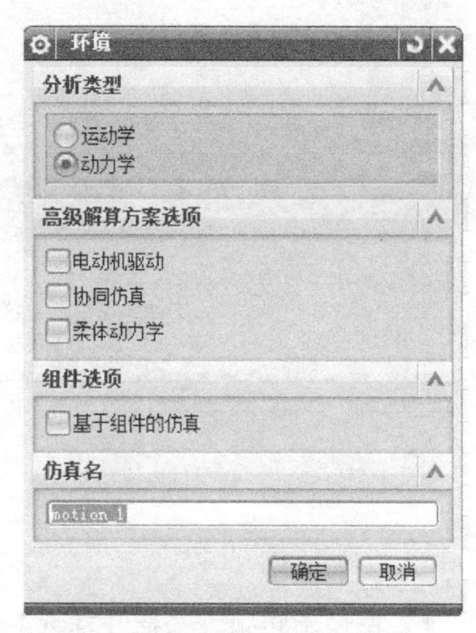

图 2-19

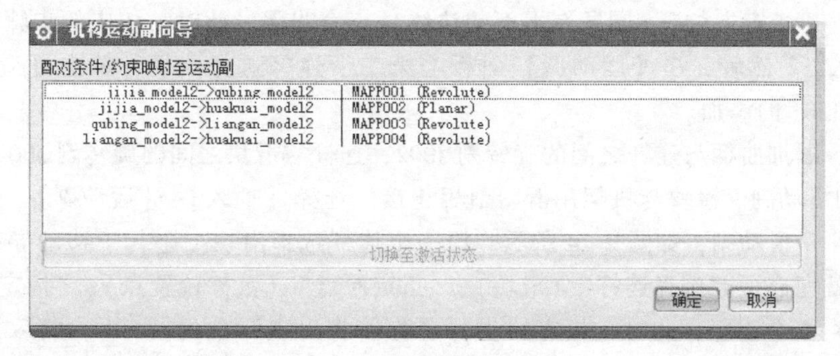

图 2-20

在弹出的【主模型到仿真的配对条件转换】对话框中，如果选择【是(Y)】，则设置机架连杆接地；如果选择【否（N)】，则需要将机架补充设置为固定连杆。

2.3.1 添加连杆

1）选择【插入】→【连杆】，或单击工具条中的图标，弹出【连杆】对话框(图2-21)，选择连杆对象，双击选择机架，名称L001，然后单击【应用】按钮，完成第一个连杆设置。

2）双击选择曲柄，名称L002，然后单击【应用】按钮，完成第二个连杆设置。

3）双击选择连杆，名称L003，然后单击【应用】按钮，完成第三个连杆设置。

4）双击选择滑块，名称L004，然后单击【应用】按钮，完成第四个连杆设置，如图2-22所示。

图 2-21

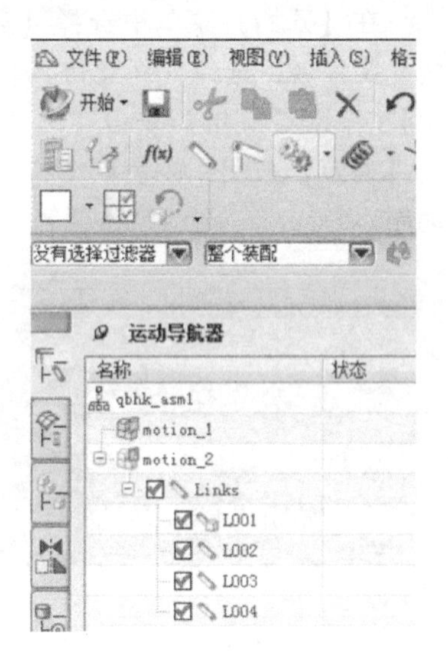

图 2-22

2.3.2 添加运动副

1）添加旋转副。选择【插入】→【运动副】，给机架和曲柄之间加上一个旋转副，如图2-23所示。第一个连杆选择机架孔的圆周，这样就完成了"选择连杆"（机架)、"指定原点"（圆心)、"指定方位"（圆所在平面的法线）三个步骤，此时，相应的步骤名称前将出现绿色的"√"。然后，在【运动副】面板上第二个连杆选择曲柄，单击【应用】按钮，完成旋转副J001的添加。

同样地，添加曲柄与连杆之间的旋转副J002，连杆与滑块之间的旋转副J003。

2）添加滑动副。滑块与机架用滑动副相连接。选择【插入】→【运动副】，给滑块与机架之间加上一个滑动副，如图2-24所示。第一个连杆选择滑块上平行于移动导路的一条直棱边，这样就完成了"选择连杆"（滑块)、"指定原点"（鼠标位置点)、"指定方位"（滑块移动方向）三个步骤，此时，相应的步骤名称前将出现绿色的"√"。然后，在【运动副】面板上第二个连杆选择机架，单击【应用】按钮，就完成了滑动副J004的添加。

2.3.3　设置机架

双击 L001，在弹出的对话框中勾选【固定连杆】，将 L001 设置为固定，如图 2-25 所示。

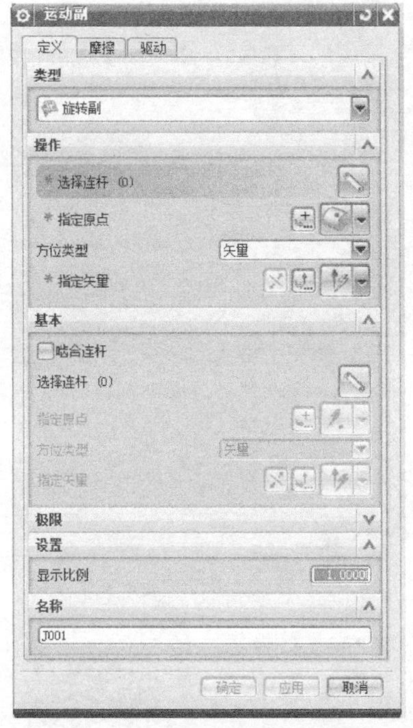

图 2-23

图 2-24

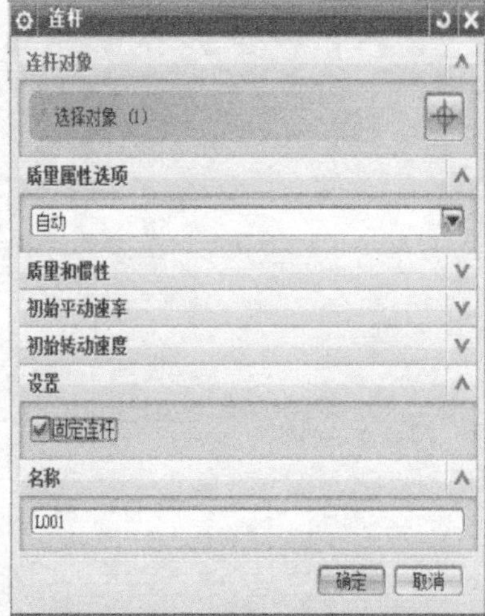

图 2-25

2.3.4　添加驱动

右键单击机架与曲柄的旋转副 J001，选择【编辑】，在【驱动】选项卡中，【旋转】选择“恒定”，【初速度】设置为 10degrees/sec，然后单击【确定】按钮，如图 2-26 所示。

2.3.5　仿真计算

右键单击【运动导航器】上仿真项目“motion_1”（图 2-27a），选择【新建解算方案】，在弹出的【解算方案】对话框（图 2-27b）中，【时间】设置为 150sec，【步数】设置为 200，单击【确定】按钮。右键单击【运动导航器】上新建立的解算方案“Solution_1”（图 2-27c），选择【求解】，进行仿真计算。

2.3.6　仿真结果分析

计算完毕后，右键单击“XY-Graphing”，在右键菜单中选择【新建】，如图 2-28a 所示。在弹出的对话框中进行图形显示设置，如图 2-28b 所示。

其中 J004 为代表滑块与机架组成的滑动副，要求显示该滑动副的位移（幅值）。单击 [+] 将该运动副的函数添加进来（图 2-28b），在【图表与存储】中选择用 Excel 电子表格显示结果曲线，单击【确定】按钮即可直观地显示出滑块滑动的位移幅值，如图 2-29 所示。

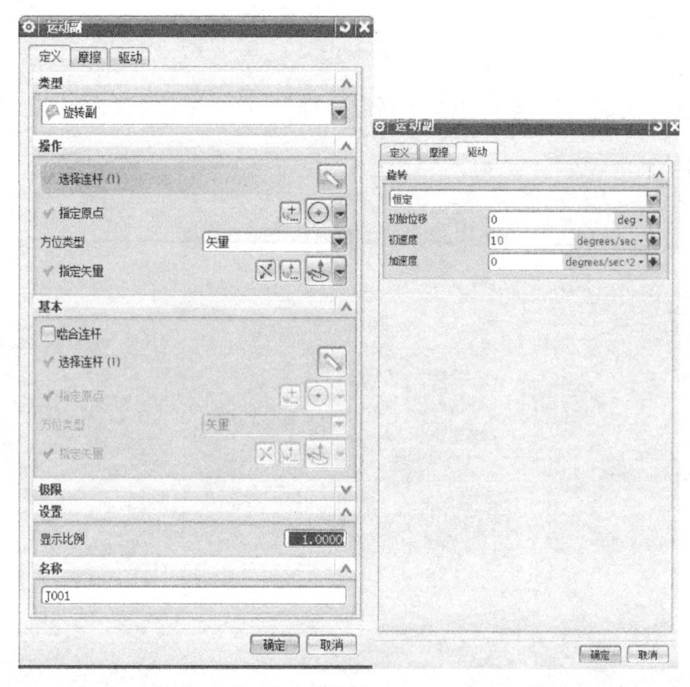

图 2-26

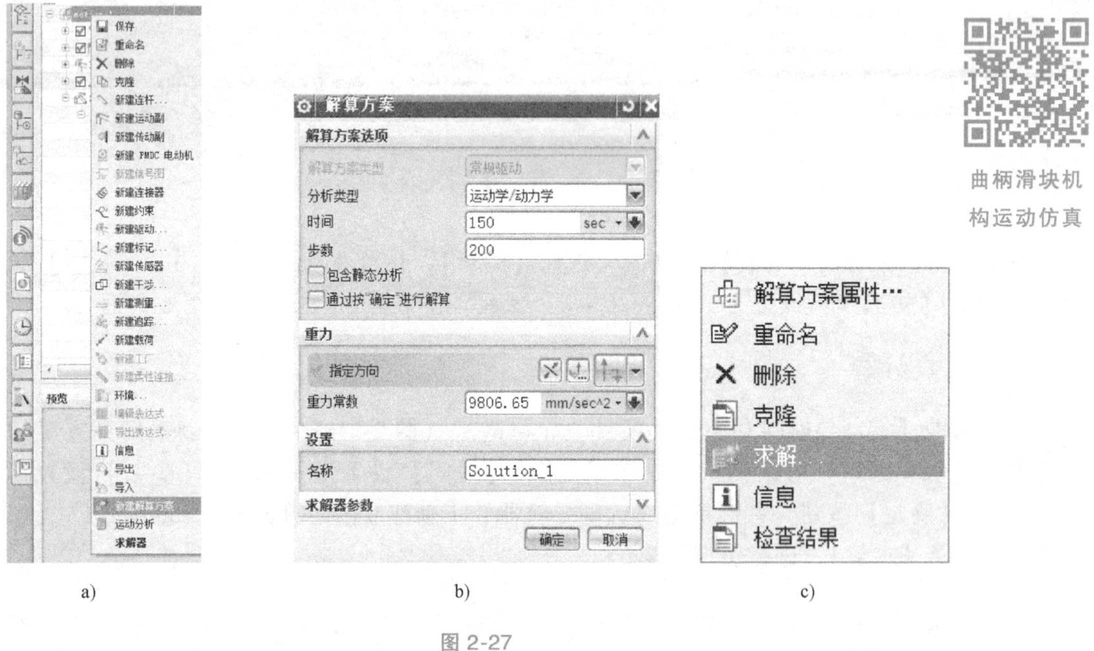

a) b) c)

图 2-27

同样，可以得到滑块的速度（幅值）、加速度（幅值）。

2.3.7 动画播放与追踪

通过单击图 2-30 所示的工具条可以播放模拟运动动画，以观察是否能够实现所需运动规律。通过图 2-31 所示的工具条上滑动模式下的按钮，可以将动画定位到任一进度位置，

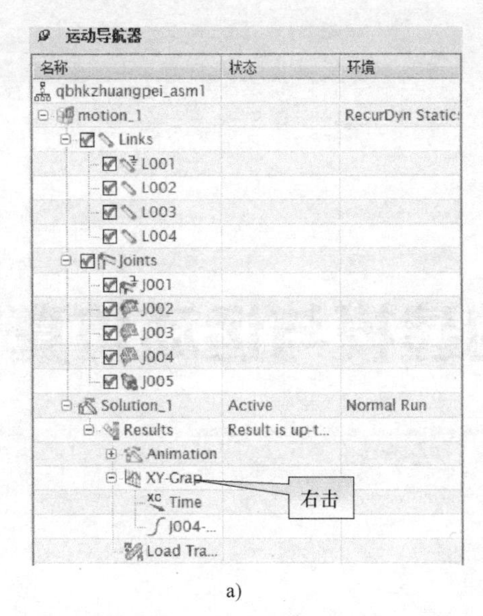

a)

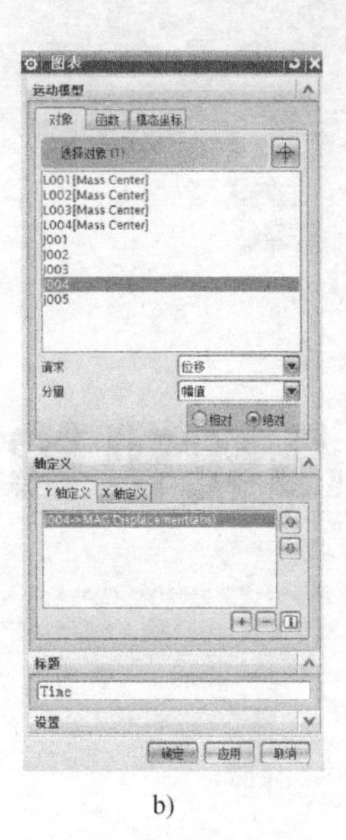

b)

图 2-28

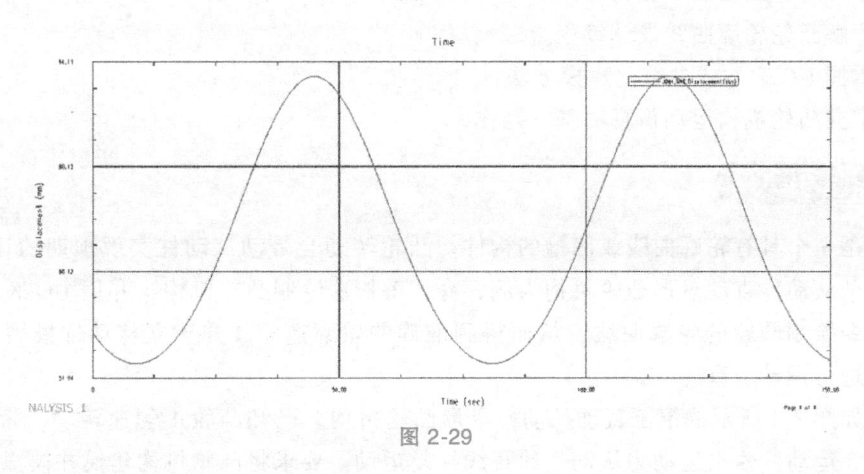

图 2-29

还可以通过追踪寻找极限位置，研究机构性能。

图 2-30

图 2-31

第3章

凸轮机构的建模与运动仿真

【学习目标】

1）掌握解析法绘制凸轮轮廓曲线。

2）了解凸轮轮廓曲线设计编程。

3）掌握 UG 表达式参数化建模方法。

4）掌握凸轮机构运动仿真的基本操作。

【任务引入】

凸轮是一个具有轮廓曲线或凹槽的构件。凸轮转动会带动从动件实现预期的运动规律。本章以滚子从动件直动盘形凸轮机构为例，介绍解析法绘制凸轮机构，并用 UG 表达式和规律曲线命令绘制凸轮的轮廓曲线，从而得到准确的轮廓造型，并建立从动件模型，完成装配，然后进行运动仿真。

设计如图 3-1 所示的滚子直动从动件盘形凸轮机构。已知凸轮 1 匀速转动，带动滚子 2 和从动件 3 运动，输出运动为从动件的直线往复运动。要求将凸轮机构建模并模拟仿真其运动规律。

初始条件见表 3-1。

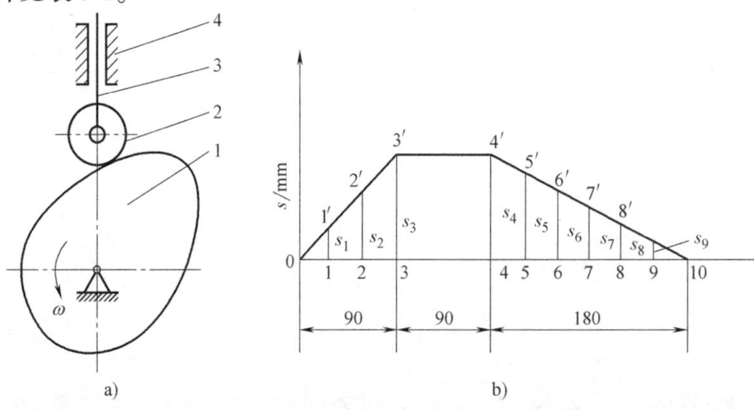

图 3-1

1—凸轮　2—滚子　3—从动件　4—机架

表 3-1

基圆半径	滚子半径	推程	推程角	远休止角	回程	回程角
$r_b = 50\text{mm}$	$r_g = 7.5\text{mm}$	匀速上升 $h = 10\text{mm}$	$\delta_0 = 90°$	$\delta_s = 90°$	匀速下降 $h' = 10\text{mm}$	$\delta_0' = 180°$

【任务实施】

3.1　零件造型

3.1.1　凸轮建模

1）根据运动规律方程建立表达式。该凸轮共有三段曲线，分别是推程曲线、远休止曲线及回程曲线。

2）分别编写三段曲线的表达式，并保存成 exp 文档待用。图 3-2 所示的 D1. exp 是第一段曲线的表达式。

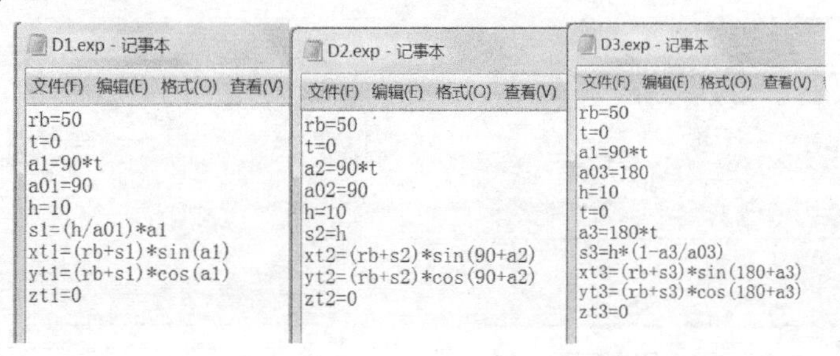

图 3-2

3）单击【文件】菜单，选择【新建】，在图 3-3 所示的对话框中选择【模型】→【毫米】，输入名称为“1tulun_model1. prt”，选择正确的保存路径，然后单击【确定】按钮。

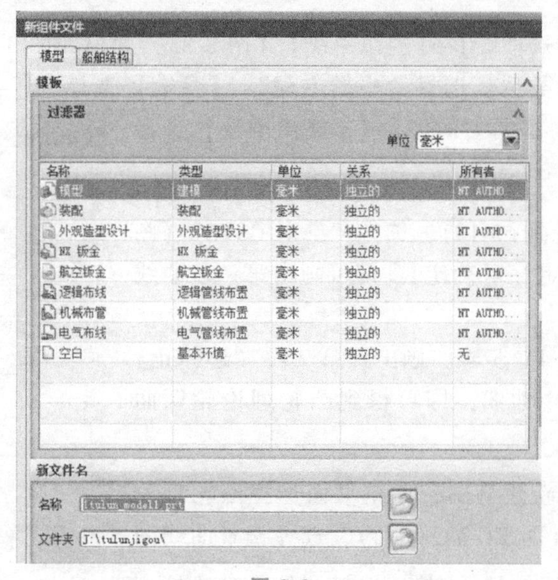

图 3-3

4）单击【工具】菜单，选择【表达式】（图3-4），在弹出的对话框中（图3-5）选择图标，从文件导入表达式，根据弹出的对话框提示，找到并选择第一段曲线的D1.exp文件（图3-6），然后单击【确定】按钮，在弹出的对话框中继续单击【确定】按钮（图3-7）。

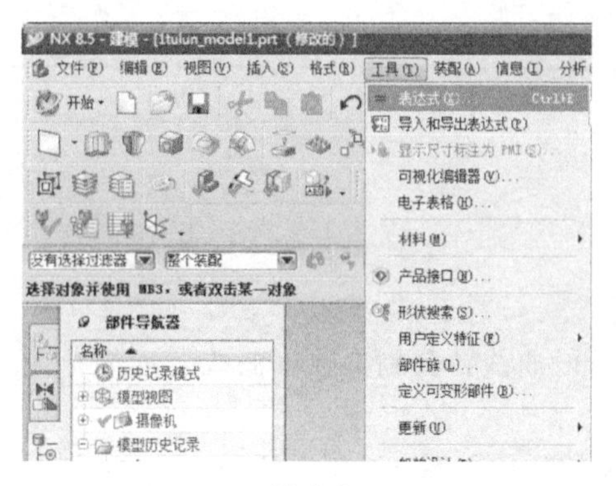

图3-4

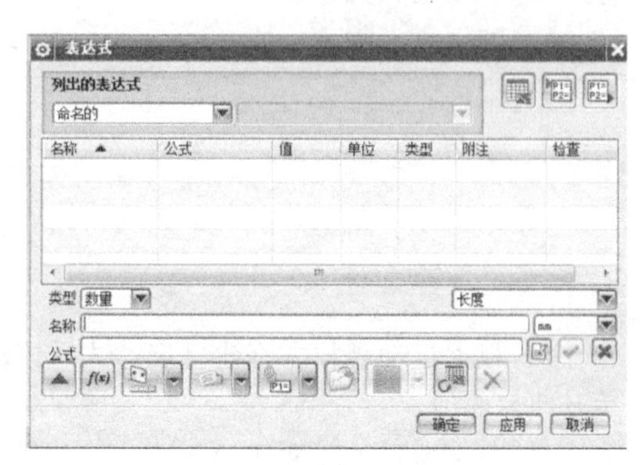

图3-5

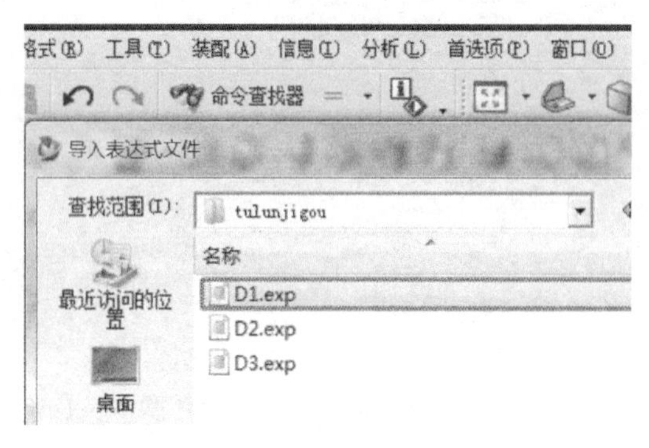

图3-6

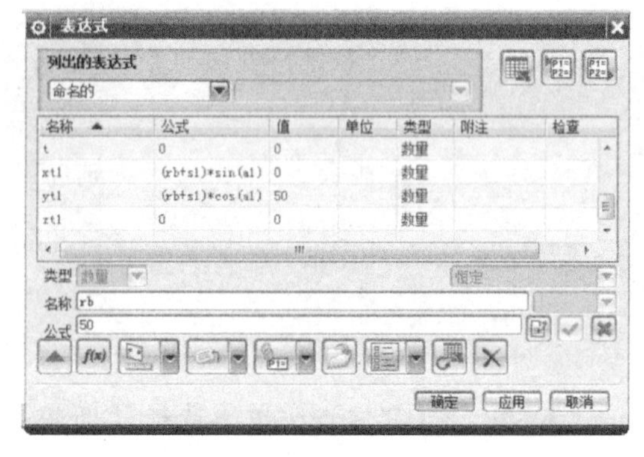

图3-7

5）选择【插入】→【曲线】→【规律曲线】（图3-8），弹出如图3-9所示的【规律曲线】对话框。其中，【规律类型】选择“根据方程”，【参数】选择“t”，【X规律函数】选择“xt1”，【Y规律函数】选择“yt1”，【Z规律函数】选择“zt1”，将滑条往下滑，【指定CSYS】选择自动判断，并单击点构造图标（图3-10），选择“绝对CSYS”（图3-11），然后单击【确定】→【确定】，即可画出第一段曲线（推程曲线）。

6）重复以上3）、4）步骤，画出到第2段（远休止）曲线和第3段（回程）曲线，即可得到凸轮理论轮廓曲线，如图3-12所示。

7）单击图标，新建草图，草图平面选择凸轮理论轮廓曲线所在的平面（即XC-YC平面），选择偏置曲线图标，弹出对话框（图3-13），然后选择凸轮的理论轮廓

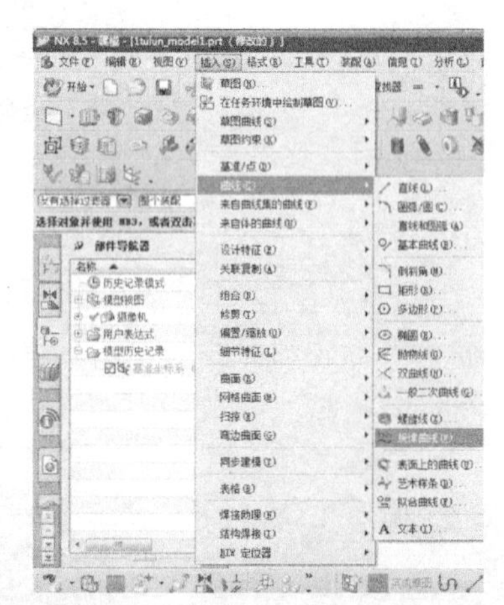

图3-8

曲线，向内偏置 7.5mm（滚子半径），得到凸轮的实际轮廓曲线。

凸轮创建

图 3-9

图 3-10

图 3-11

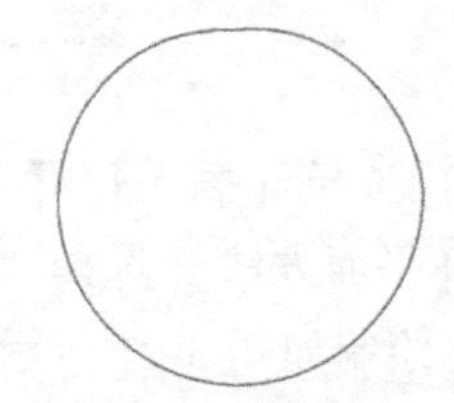

图 3-12

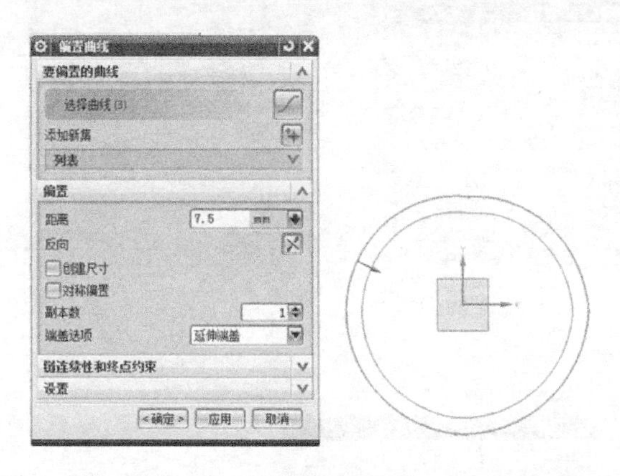

图 3-13

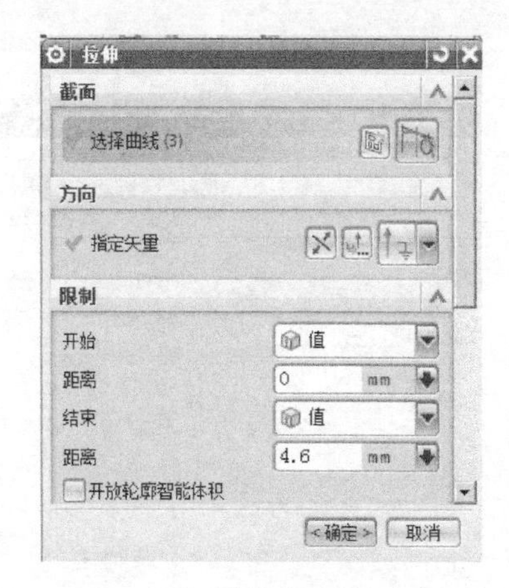

图 3-14

8）选择拉伸图标，弹出对话框（图 3-14），【选择曲线】拾取凸轮的实际轮廓曲线，按提示完成拉伸操作，并在凸轮中心开个圆孔（尺寸请读者自行确定），完成凸轮造型（图 3-15），并保存文件。

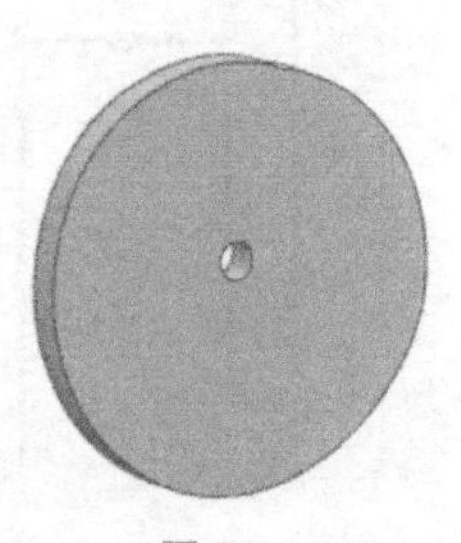

图 3-15

3.1.2 从动件建模

1）新建文件，输入名称为“3congdongjian_model1.prt”，注意跟凸轮保存在同一路径下。

2）选择【首选项】→【草图】（图 3-16），弹出的草图首选项对话框中（图 3-17），【尺寸标签】设置为“值”，取消勾选【连续自动标注尺寸】，单击【确定】按钮。这样就保证画草图的时候不会连续自动标注尺寸，从而保持图面整洁清晰。

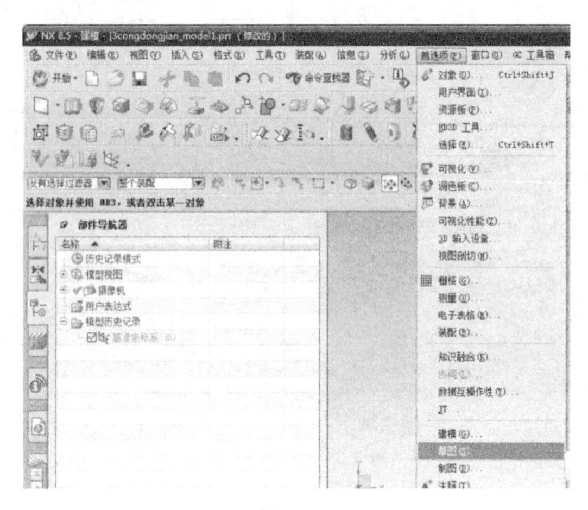

图 3-16

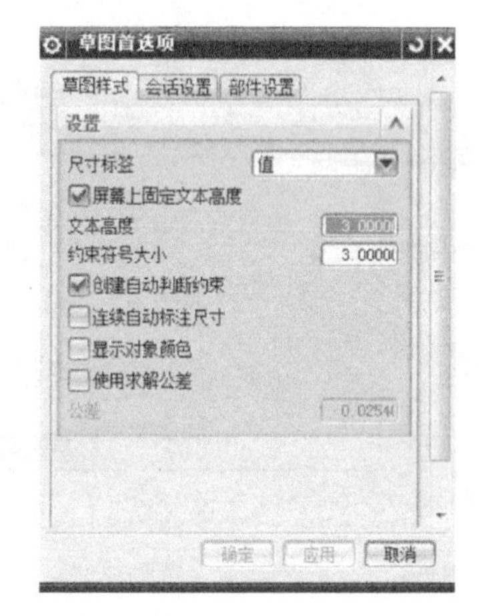

图 3-17

3）选择【插入】→【草图】（图 3-18），弹出对话框（图 3-19），【类型】选择“在平面上”，【平面方法】选择“自动判断”，【指定点】选择坐标原点（图 3-20），单击【确定】按钮。绘制如图 3-21 所示的草图，并拉伸 12mm 得到从动件连接头部，如图 3-22 所示。

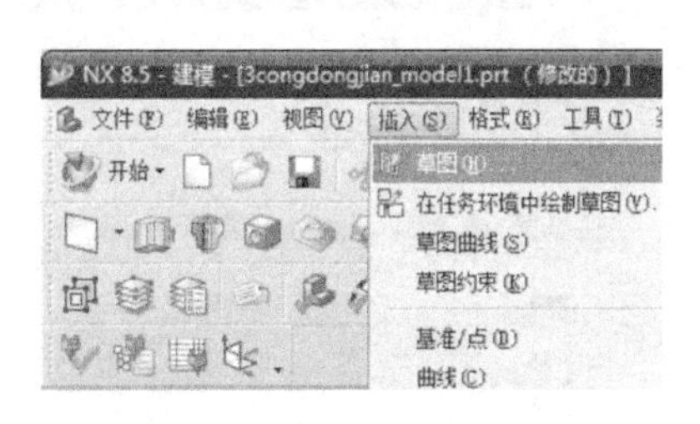

图 3-18

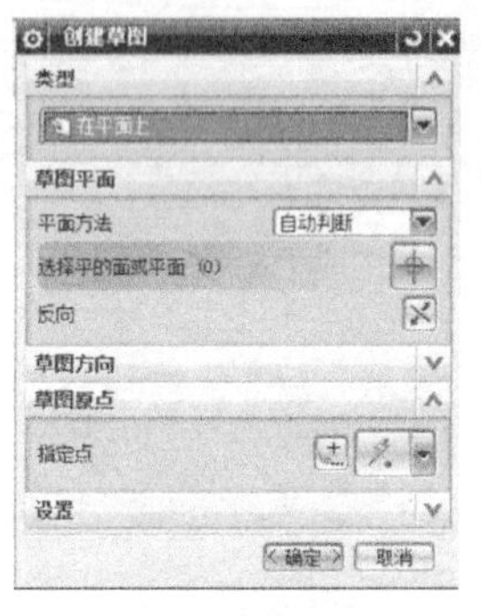

图 3-19

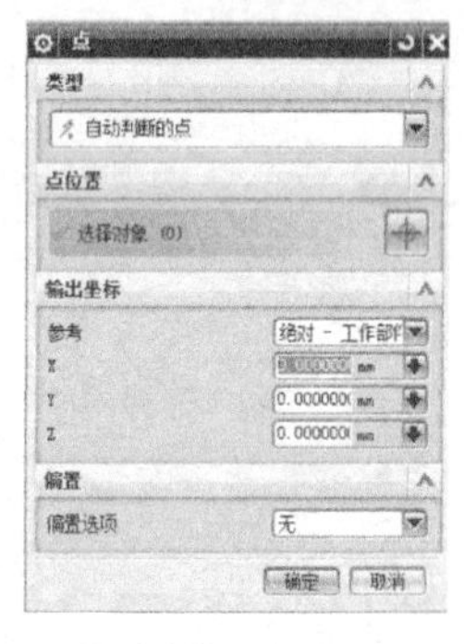

图 3-20

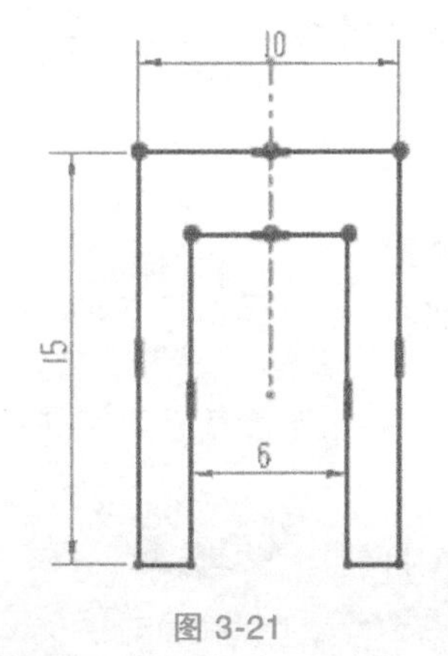

图 3-21

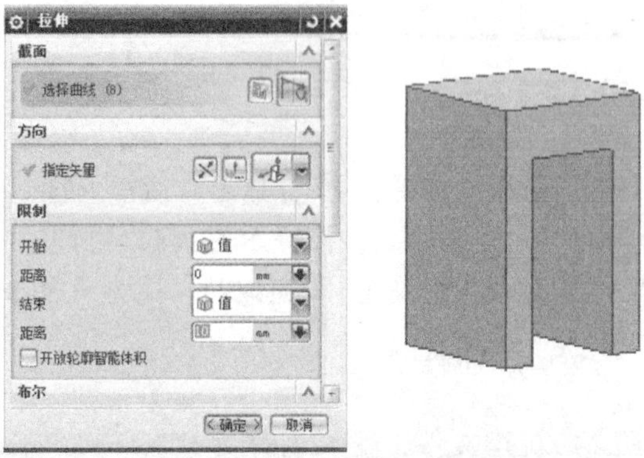

图 3-22

4）单击边倒圆图标，弹出对话框（图3-23），选择要倒圆的棱边，【形状】选择“圆形”，【半径】设置为5mm，单击【确定】按钮，并打直径为6mm的两个孔（图3-24）。

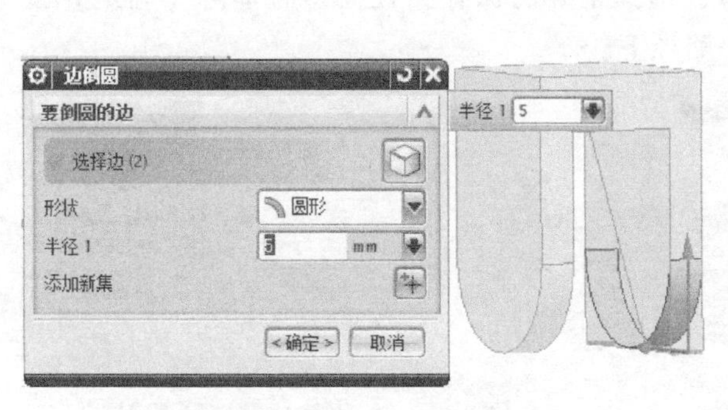

图3-23

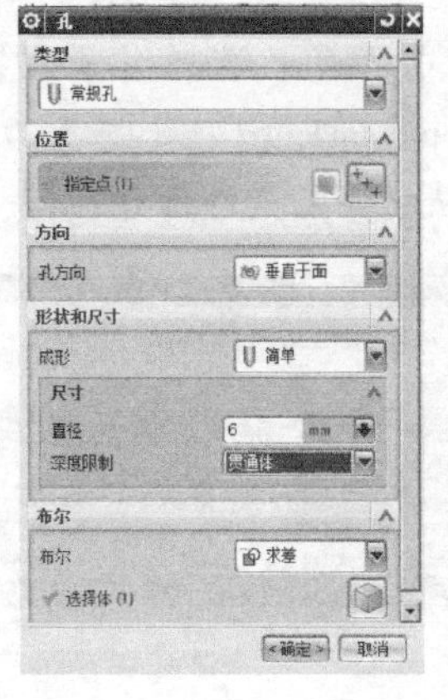

图3-24

5）绘制从动件杆部。对从动件杆部进行造型，如图3-25所示，并将其与从动件连接头部进行布尔求和，完成从动件造型。

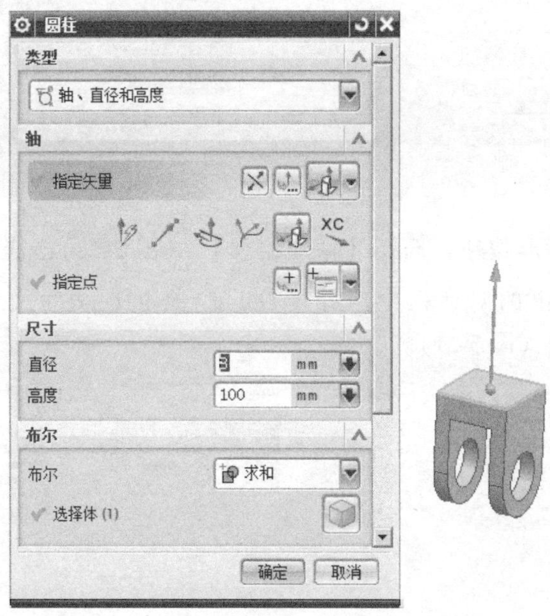

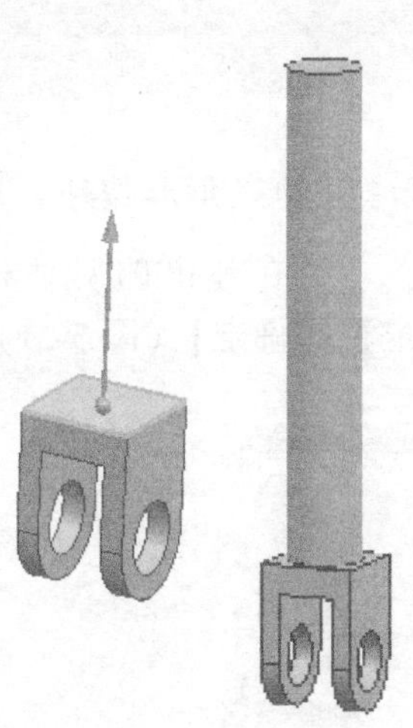

图3-25

3.1.3　机架建模

在此仅建立简易造型。

1）新建文件，输入名称为“4jijia_model1.prt”，注意跟凸轮、从动件文件保存在同一路径下。

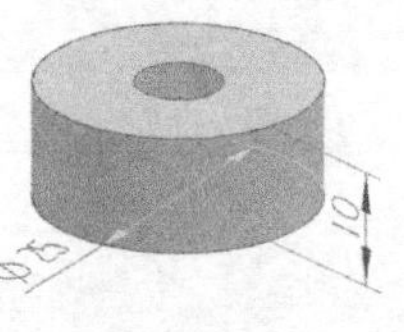

图3-26

2）【插入】→【圆柱】，并打孔，孔直径为8mm（图3-26）。

3.2 装配

1）单击【文件】菜单，选择【新建】，在弹出的对话框中选择【装配】→【毫米】，输入名称为“tulunjigou_asm1. prt”（图 3-27），选择正确的保存路径，然后单击【确定】按钮，注意跟凸轮、从动件的文件保存在同一路径下。

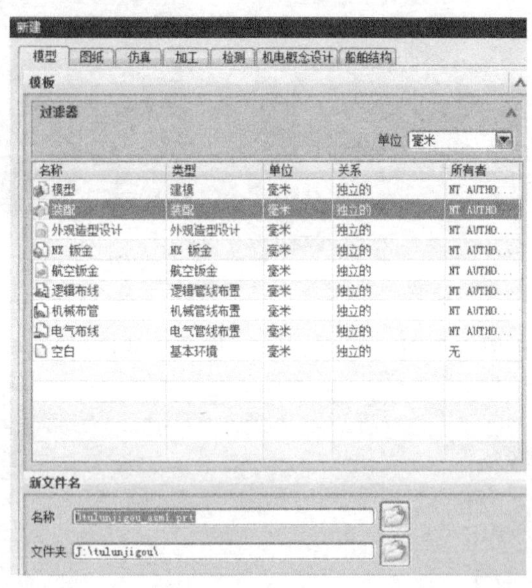

图 3-27

凸轮机构的装配

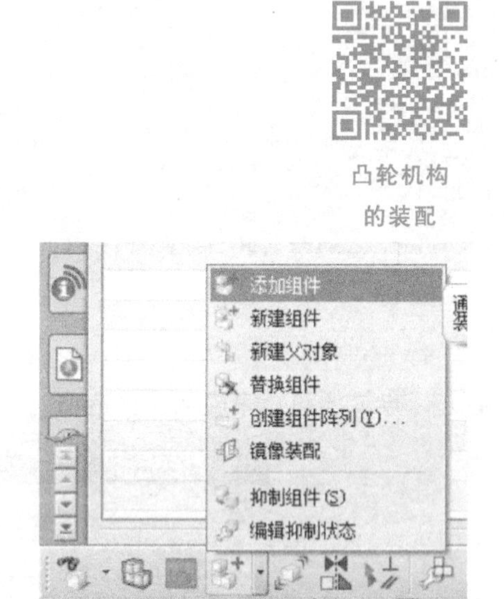

图 3-28

2）单击图标的三角形按钮，选择【添加组件】（图 3-28），选择部件时，单击图 3-29 中的图标，在弹出的对话框中选择“1tulun_model1. prt”文件，单击【OK】（图 3-30）→【确定】→【确定】（图 3-31）。

图 3-29

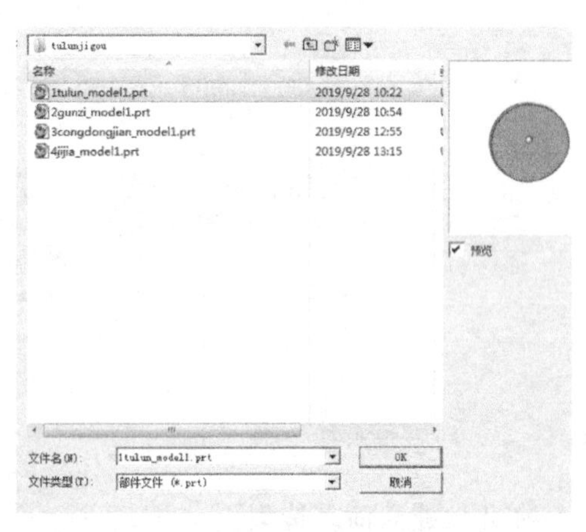

图 3-30

3）重复步骤 2），依次添加其他组件（图 3-32）。

4）单击装配图标，在弹出的装配约束对话框中的【类型】选择“接触对齐”，【方位】

选择“自动判断中心”，【选择两个对象】分别拾取机架中心线和从动件杆部中心线，然后单击【确定】按钮，完成机架与从动件的装配（图 3-33）。

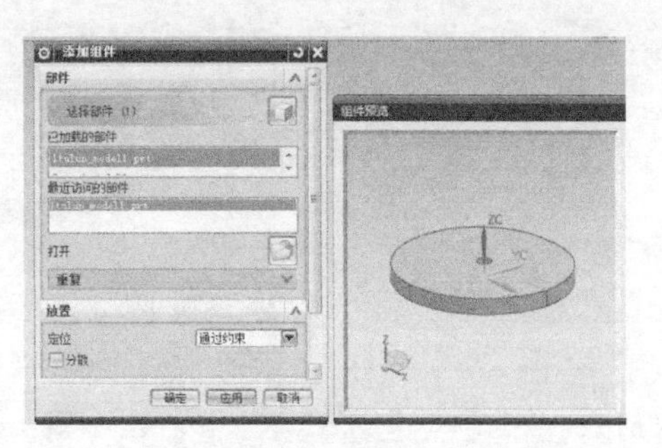

图 3-31

5）滚子的造型。滚子的作用是将滚动摩擦替代滑动摩擦，因此通常可以采用滚动轴承来实现。下面通过重用库调用滚动轴承。

① 单击选择重用库命令图标，在弹出的窗口（图 3-34a）中，双击【GB Standard Parts】→【Bearing】→【Ball】（图 3-34b），鼠标左键按住所选的轴承（本案例选择深沟球轴承），保持按压状态并拖动到绘图区域，松开左键，弹出对话框（图 3-34c），其中【(D) Outer Diameter】（外径）选择 15mm，【(d) Inner Diameter】（内径）选择 6mm，单击【确定】按钮并保存，完成轴承调入，该轴承即为滚子，如图 3-34d 所示。

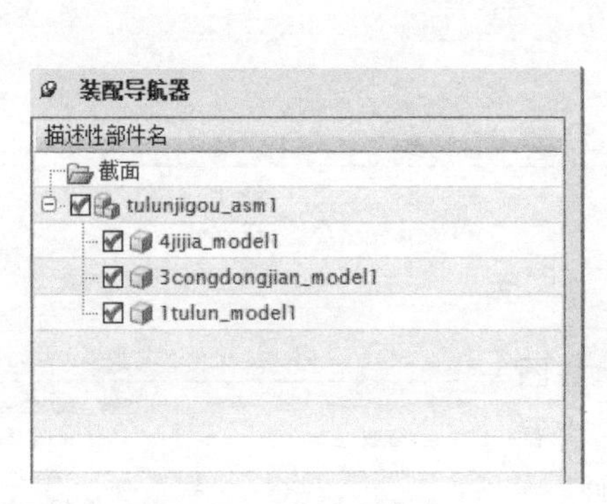

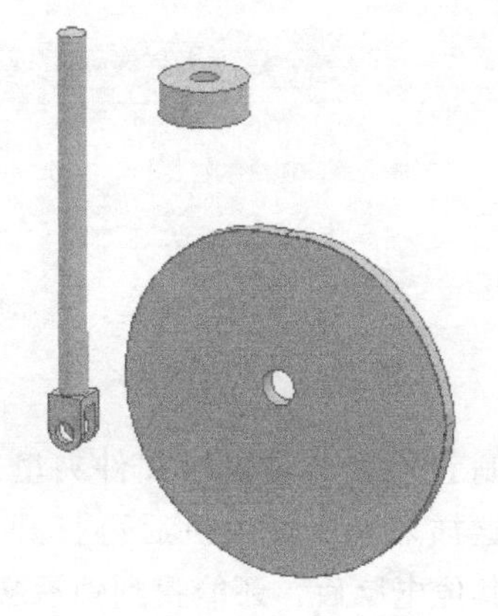

图 3-32

图 3-33

② 复制轴承文件。到【我的电脑】下的 C：\Program Files\Common Files\UGS\Reuse Library 路径，找到刚调入的轴承文件“GB-T276_60000-1994，619I6. prt”，如图 3-35 所示，

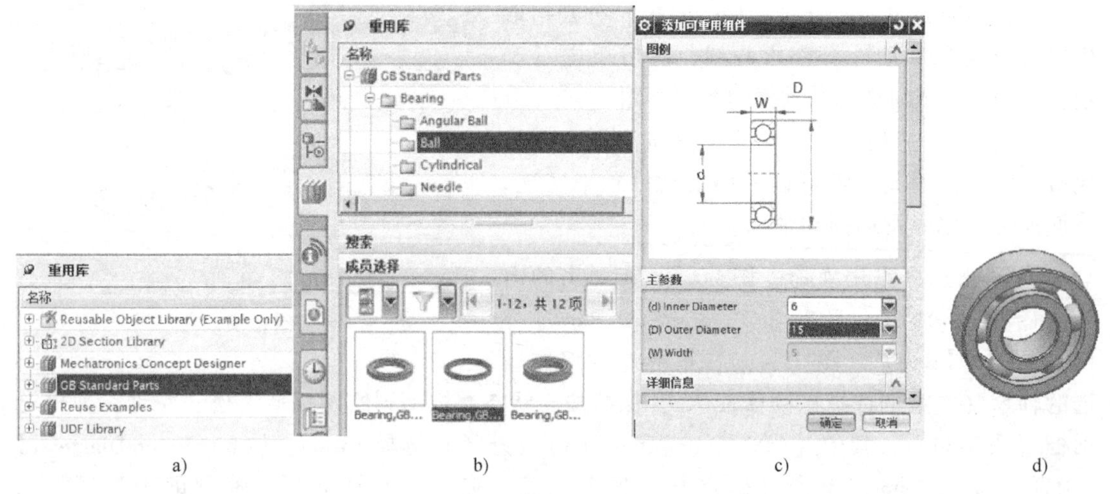

图 3-34

(C:) ▸ Program Files ▸ Common Files ▸ UGS ▸ Reuse Library ▸

帮助(H)

新建文件夹

名称	修改日期	类型
新建文件夹	2020/8/14 22:43	文件夹
GB-T276_60000-1994,61916.prt	2020/8/14 21:35	PRT 文件

图 3-35

1tulun_model1	2020/8/14 22:34	文件夹
tulunjigou_asm1	2020/8/14 22:35	文件夹
1tulun_model1.prt	2020/8/14 22:42	PRT 文件
2gunzi_model1.prt	2019/9/29 9:23	PRT 文件
3congdongjian_model1.prt	2020/8/14 21:57	PRT 文件
4jijia_model1.prt	2019/9/28 13:15	PRT 文件
D1.exp	2019/9/21 9:07	EXP 文件
D2.exp	2019/9/21 9:20	EXP 文件
D3.exp	2019/9/28 9:33	EXP 文件
GB-T276_60000-1994,61916.prt	2020/8/14 21:35	PRT 文件
tulunjigou_asm1.prt	2020/8/14 22:43	PRT 文件

图 3-36

将该文件复制到保存凸轮机构文件夹里，如图 3-36 所示。这样才能保证关机后再打开，或者文件复制到其他电脑后，还能找到轴承文件。

6）单击装配图标，在弹出的装配约束对话框中的【类型】选择“接触对齐”，【方位】选择“自动判断中心”，【选择两个对象】分别拾取滚子中心线和从动件连接部位安装孔中心线，然后单击【确定】按钮，完成滚子与安装孔同轴装配（图 3-37）。

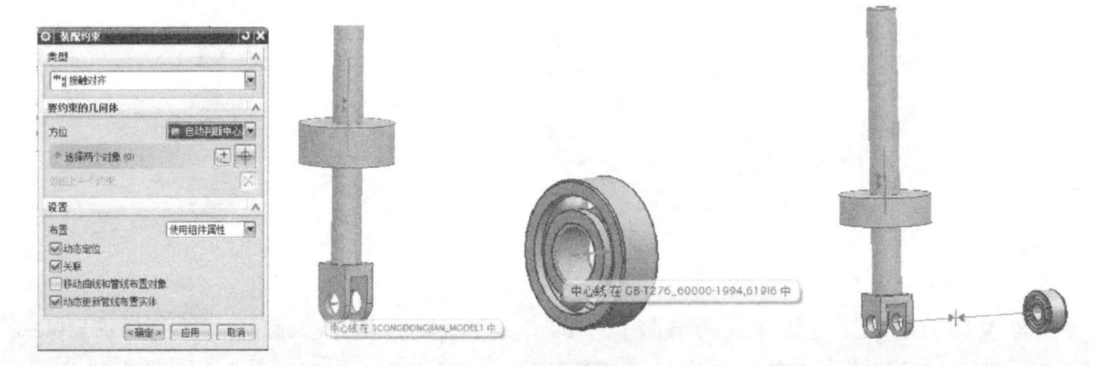

图 3-37

7）单击装配图标，在弹出的装配约束对话框中，【类型】选择“中心”，【子类型】选择“2 对 2”，【选择对象】分别拾取滚子两端面和从动件两侧面，然后单击【确定】按钮，完成滚子与从动件的对中装配（图 3-38）。

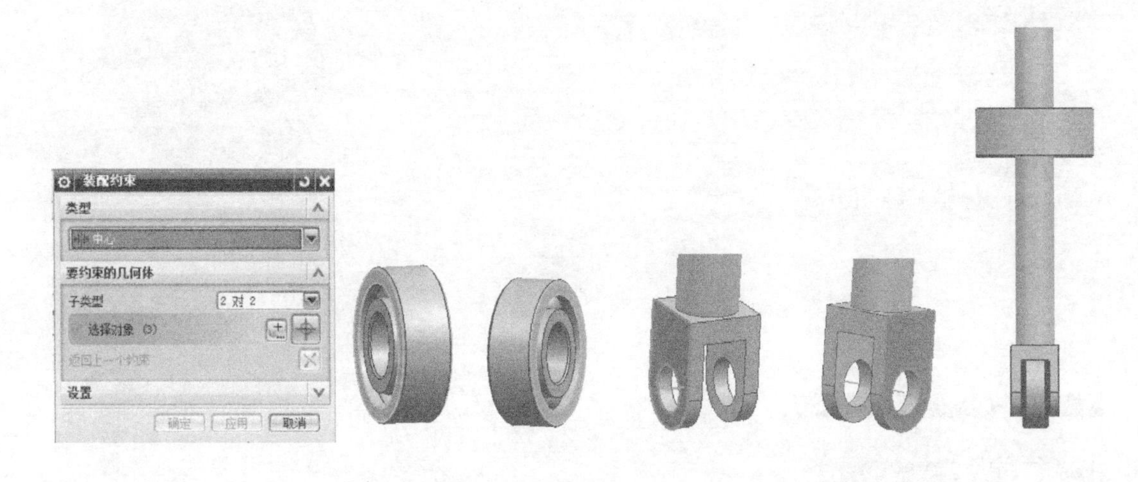

图 3-38

8）单击装配图标，在弹出的装配约束对话框中，【类型】选择“中心”，【子类型】选择“2 对 2”，【选择对象】分别拾取从动件两侧面和凸轮两端面，然后单击【确定】按钮（图 3-39）。

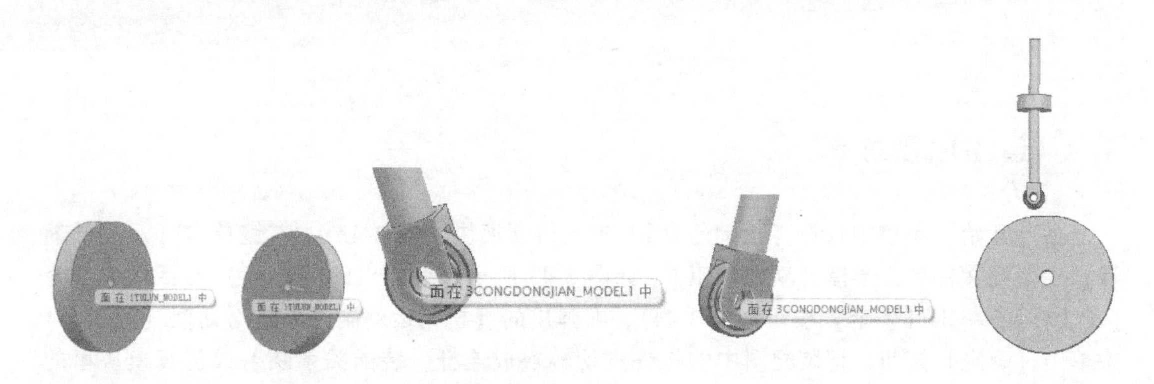

图 3-39

9）单击装配图标，在弹出的装配约束对话框中，【类型】选择“距离”，并将【距离】设置为 0mm，【选择两个对象】分别拾取从动件杆部中心线和凸轮孔中心线，然后单击【确定】按钮（图 3-40）。

10）单击装配图标，在弹出的装配约束对话框中的【类型】选择“接触对齐”，【方位】选择“接触”，分别拾取凸轮曲面和滚子圆柱面，然后单击【确定】按钮（图 3-41）。这样就完成了凸轮机构的装配，并保证了从动件的初始位置。

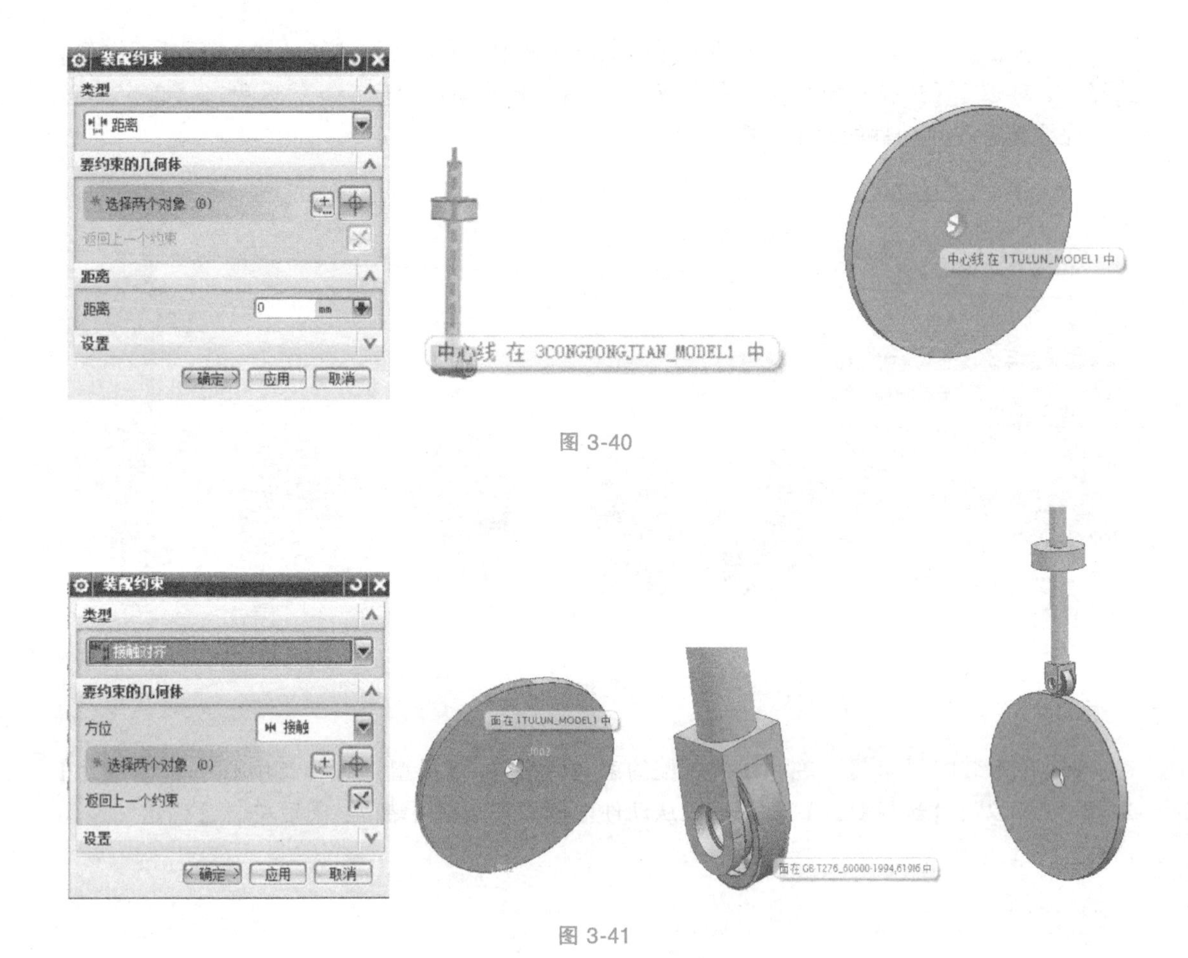

图 3-40

图 3-41

3.3 运动规律仿真

在【开始】菜单中选择【运动仿真】，进入仿真模块（图 3-42）。右键单击【运动导航器】上装配文件名，选择【新建仿真】，如图 3-43 所示。在弹出的【环境】对话框中选择【动力学】，单击【确定】按钮（图 3-44），在弹出的【机构运动副向导】对话框（图 3-45）中单击【确定】按钮，把装配图中的构件自动转换成连杆，装配关系映射成仿真模块里的运动副。

在弹出的【主模型到仿真的配对条件转换】对话框中选择【是（Y）】，如果选择【是（Y）】，则设置机架连杆接地；如果选择【否（N）】，则需要将机架补充设置为固定连杆，如图 3-46 所示。系统自动生成的连杆与运动副通常不太理想，一般予以删除，并重新设置。

3.3.1 添加连杆

1）选择【插入】→【连杆】，或选择运动工具条中的图标 ，弹出【连杆】对话框（图 3-47），选择连杆对象，双击选择机架，名称 L001，然后单击【应用】按钮，完成第一个连杆设置。

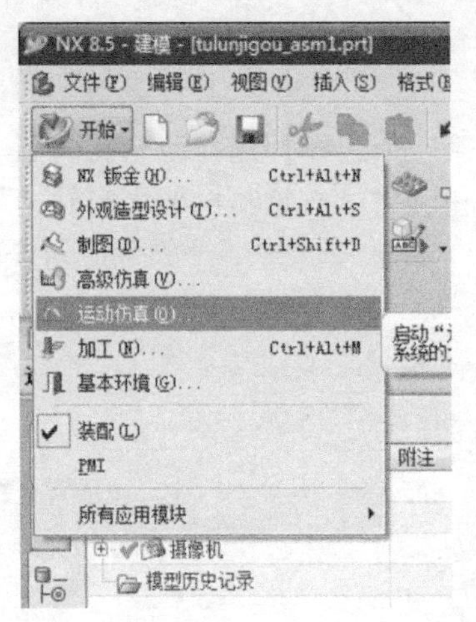

图 3-42

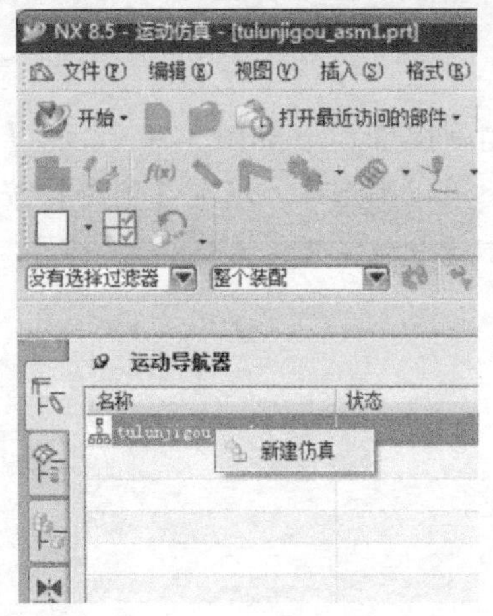

图 3-43

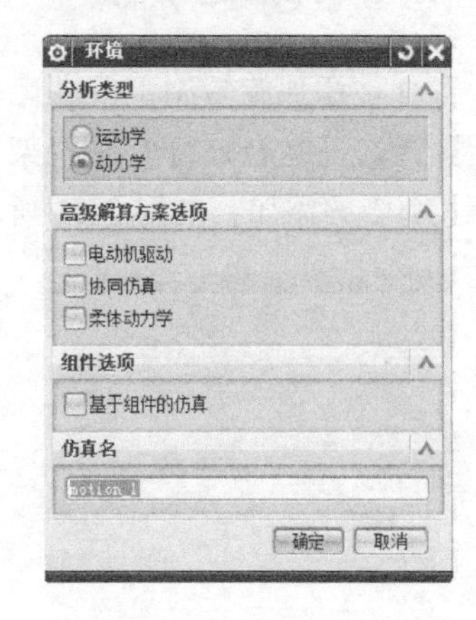

图 3-44

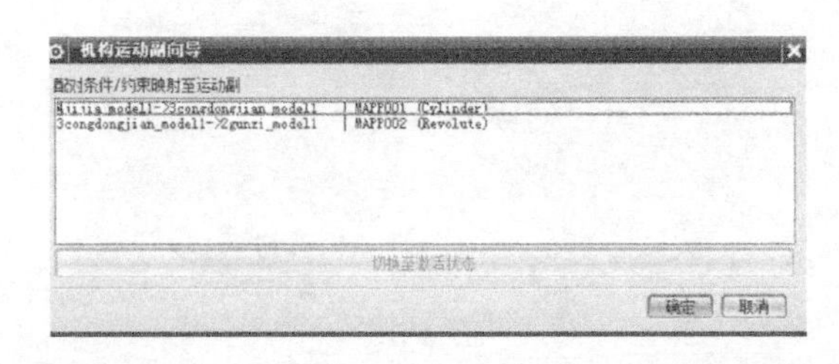

图 3-45

图 3-46

2）双击选择凸轮，名称 L002，然后单击【应用】按钮，完成第二个连杆设置。

3）双击选择从动件，名称 L003，然后单击【应用】按钮，完成第三个连杆设置。

4）设置机架，双击 L001，在弹出的对话框中勾选【固定连杆】，将 L001 设置为固定（图 3-48）。

这样，在【运动导航器】下的“Joints”会自动生成接地的运动副 J001，如图 3-49 所示。

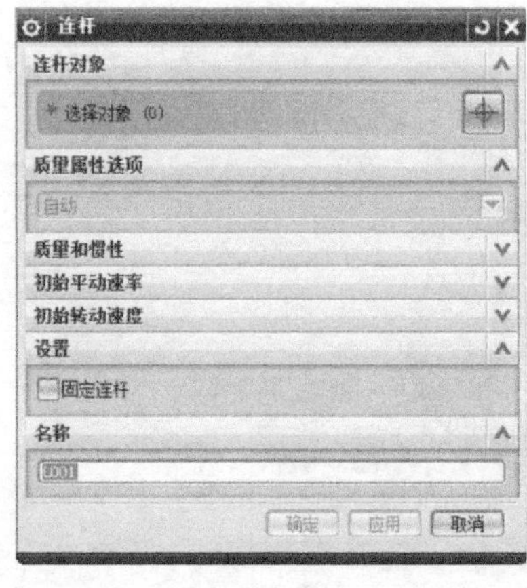

图 3-47

图 3-48

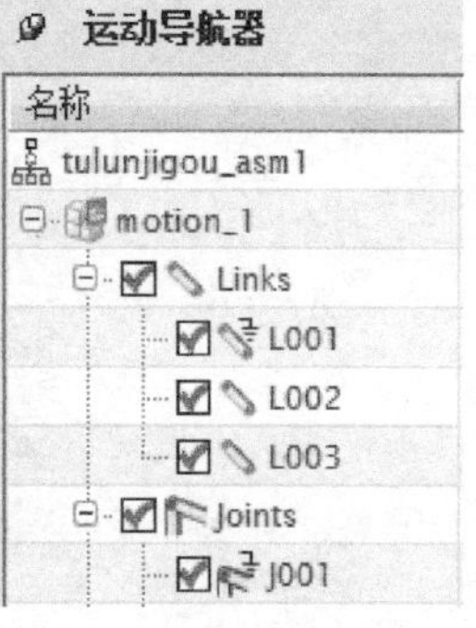

图 3-49

3.3.2 添加运动副

1）添加旋转副。单击运动副按钮，如图 3-50 所示。【第一个连杆】选择凸轮孔的圆周边线，【啮合连杆】是机架，可以不选择，单击【确定】按钮，完成凸轮和机架之间转动副 J002 的添加，如图 3-51 所示。

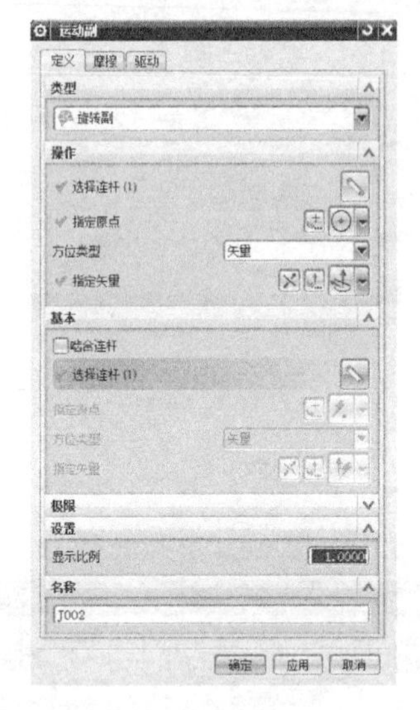

图 3-50

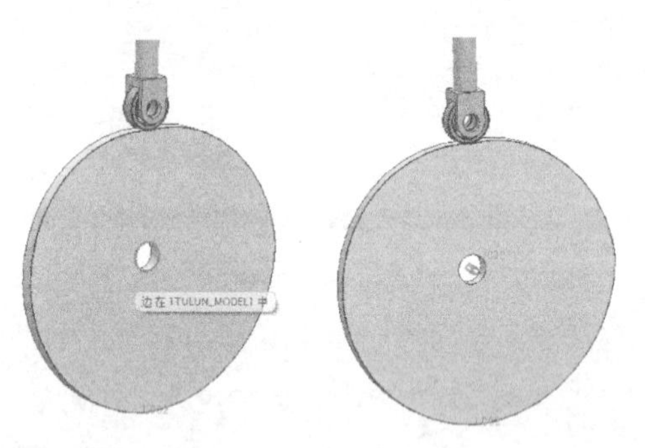

图 3-51

2）添加滑动副。单击运动副按钮，选择【滑动副】，如图 3-52 所示。【第一个连

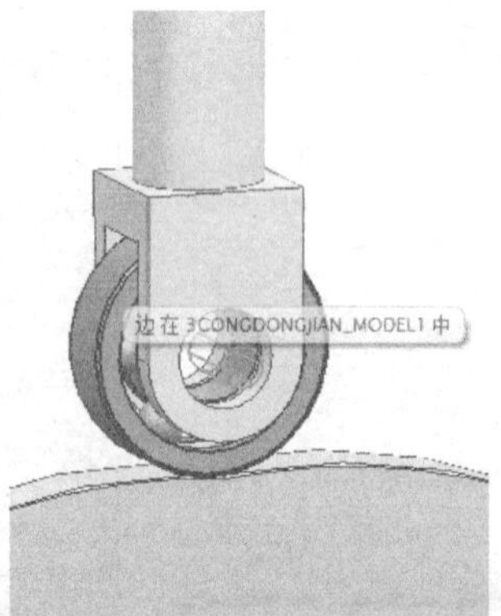

图 3-52

杆】选择从动件上与移动方向一致的直棱边，然后单击【确定】按钮，完成从动件与机架之间滑动副 J003 的添加。

3）添加线在线上副。选择【插入】→【约束】→【线在线上副】（图 3-53a），弹出对话框（图 3-53b），【第一条曲线】选择滚子倒角圆边线（图 3-53c），【第二条曲线】选择凸轮边沿线（图 3-53d），单击【确定】按钮，完成线在线上副 J004 的添加。

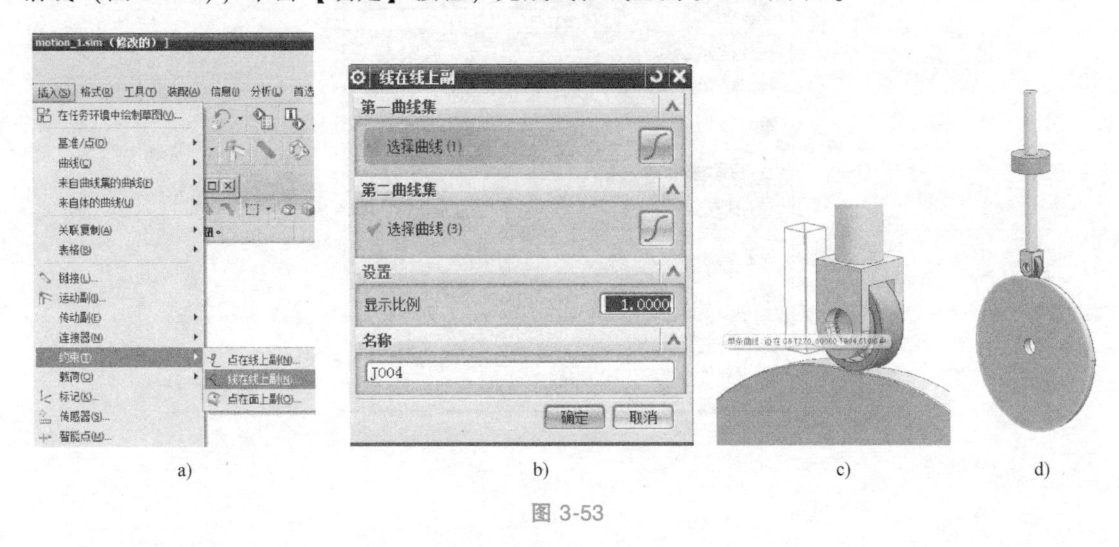

a)　b)　c)　d)

图 3-53

3.3.3　添加驱动

双击旋转副 J002，然后单击【驱动】选项卡，【旋转】设置为“恒定”，【初速度】设置为 5 degrees/sec，如图 3-54 所示。

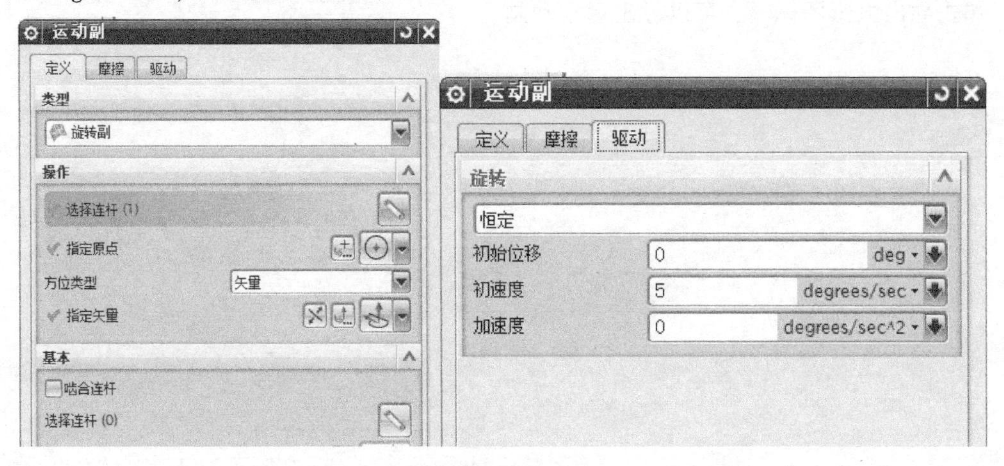

图 3-54

3.3.4　新建解算方案

右键单击部件导航器中的仿真名称“motion_1”，选择【新建解算方案】，【时间】设置为 720sec，【步数】设置为 1000，【重力】方向选择朝下，单击【确定】按钮，如图 3-55 所示。

凸轮机构的运动仿真

图 3-55

3.3.5 求解

右键单击部件导航器中的解算方案名称“Solution_1”，选择【求解】。

3.3.6 输出动画

单击导出电影图标，可以导出运动动画。

第 4 章

齿轮造型与运动仿真

【学习目标】

1）能用 UG 进行齿轮传动的结构设计与建模。

2）能用 UG 进行齿轮传动的运动仿真。

3）掌握 3D 碰撞及耦合方式运动仿真的基本操作。

【任务引入】

齿轮机构是机械中应用广泛的机构。本章齿轮的建模以及模拟两个齿轮的啮合传动共有两种情况：第一种是给出一个主动轮，两个齿轮之间添加三维碰撞约束，在碰撞力作用下主动轮带动从齿轮转动，这是齿轮真实的运行状态，可以观察到碰撞过程中的角速度波动情况；第二种是用耦合的方式，使两个齿轮按照传动比关系匀速转动，这是一种理想状态的运动模拟。

建模数据：齿数 $m=3\text{mm}$，$z_1=21$，$z_2=53$，齿轮宽度 $B_1=65\text{mm}$，$B_2=60\text{mm}$，压力角 $\alpha=20°$。

小齿轮轴头直径 $d_1=45\text{mm}$，大齿轮轴头直径 $d_2=55\text{mm}$，请查阅手册完成齿轮的结构设计，用 UG 建模，并模拟其运动规律。

【任务实施】

齿轮建模

4.1 齿轮的结构设计及建模

1. 小齿轮结构设计与建模

1）单击【文件】菜单，选择【新建】，在弹出的对话框中选择【模型】→【毫米】，输入名称为“4-1-xiaochilun_model1. prt”，选择正确的保存路径，然后单击【确定】按钮。

2）单击【GC 工具箱】→【齿轮建模】→【创建齿轮】→【直齿轮】→【外啮合齿轮】→【滚齿】→【确定】（图 4-1a、b、c），在弹出的对话框中，输入齿轮参数即可以建立齿轮零件模型（图 4-1d）。

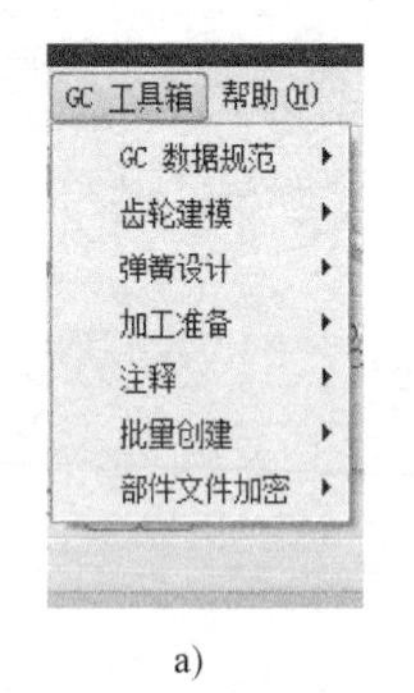

a)

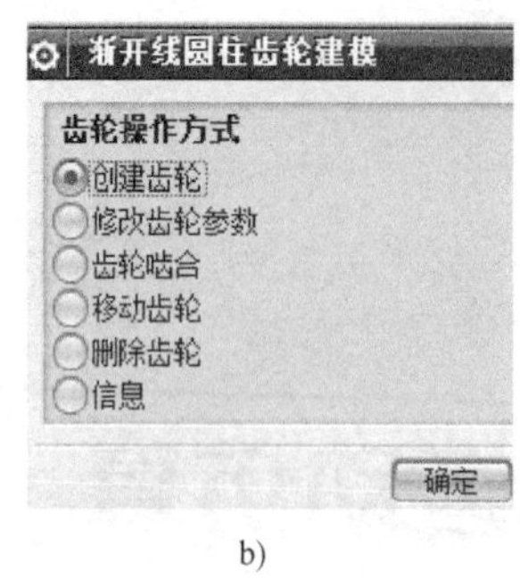

b)

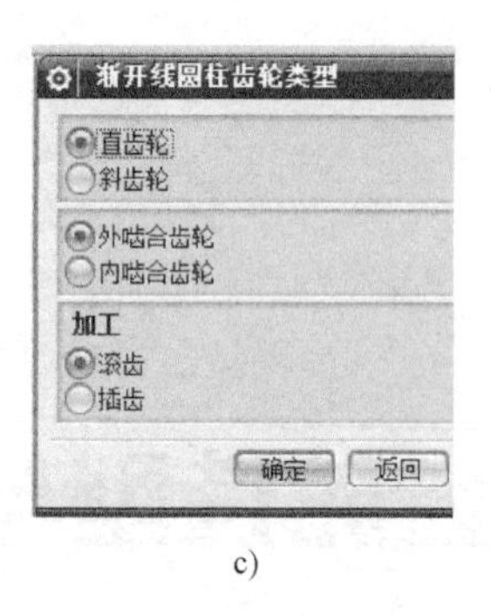

c)

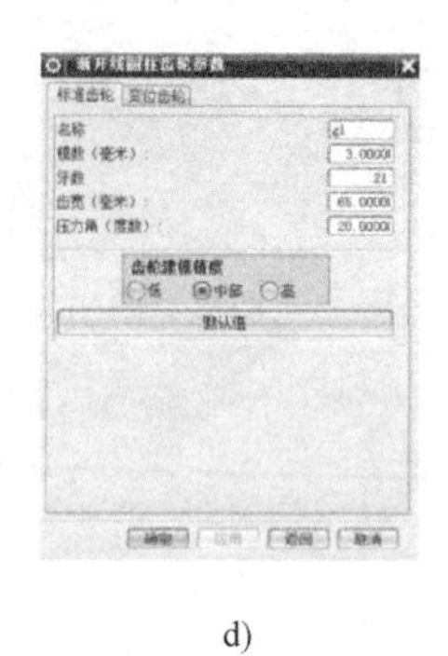

d)

图 4-1

在弹出的【矢量】对话框中【要定义矢量的对象】选择 Y 轴，单击【确定】按钮，如图 4-2a 所示，然后【点位置】选择原点（0，0，0），单击【确定】按钮，并保存文件，如图 4-2b 所示，完成小齿轮建模。由于小齿轮齿顶直径 $d_{a1}=m(z_1+2)=3\text{mm}\times(21+2)=69\text{mm}$，故小齿轮可以选择实心结构，如图 4-2c 所示。

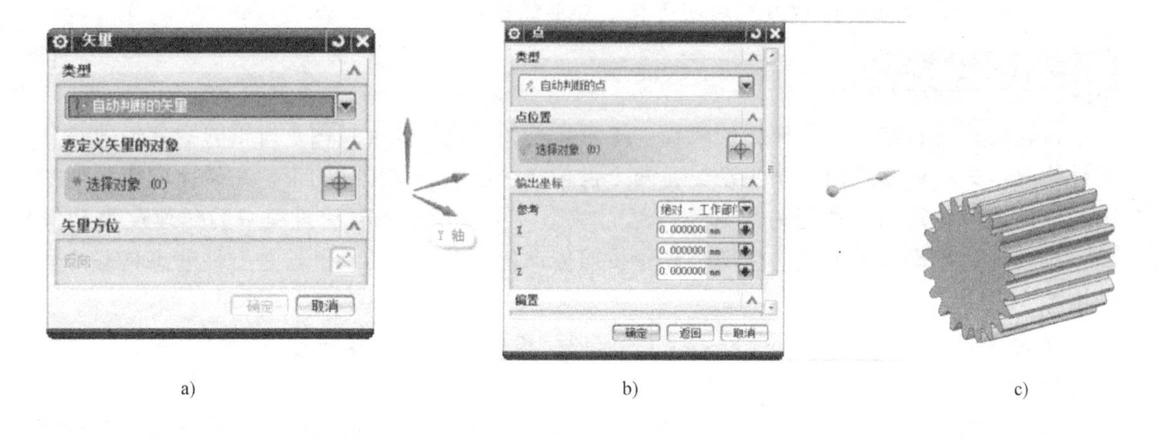

a) b) c)

图 4-2

2. 大齿轮结构设计与建模

1）单击【文件】菜单，选择【新建】，在弹出的对话框中选择【模型】→【毫米】，输入名称为“4-2-dachilun_model1. prt”，选择正确的保存路径，然后单击【确定】按钮。

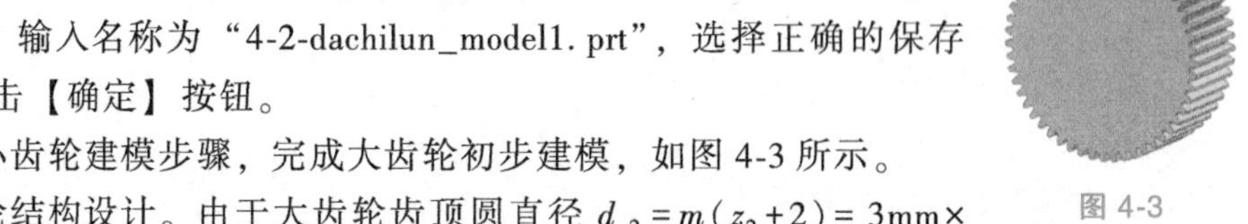

图 4-3

2）依照小齿轮建模步骤，完成大齿轮初步建模，如图 4-3 所示。

3）大齿轮结构设计。由于大齿轮齿顶圆直径 $d_{a2}=m(z_2+2)=3\text{mm}\times(53+2)=165\text{mm}$，考虑采用腹板式结构，如图 4-4 所示。

选择【草图】→【在平面上】→【现有平面】，【 * 选择平的面或平面】选择齿轮的端面，【指定点】选择齿轮圆心，单击【确定】按钮，如图 4-5a、b 所示。绘制如图 4-5c 所示的草图（键槽尺寸查阅《机械设计基础》相关内容），并利用拉伸命令完成建模，锐边倒斜角，完成如图 4-5d 所示的结构造型。

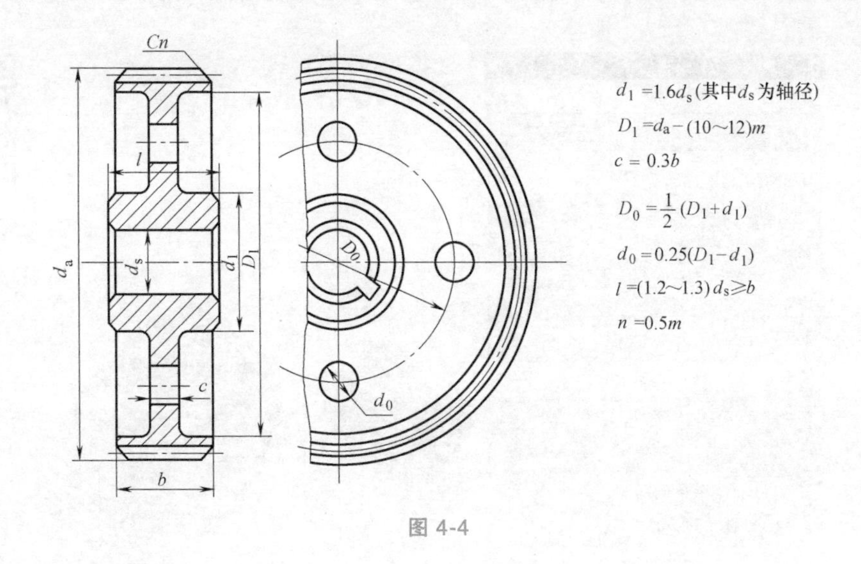

图 4-4

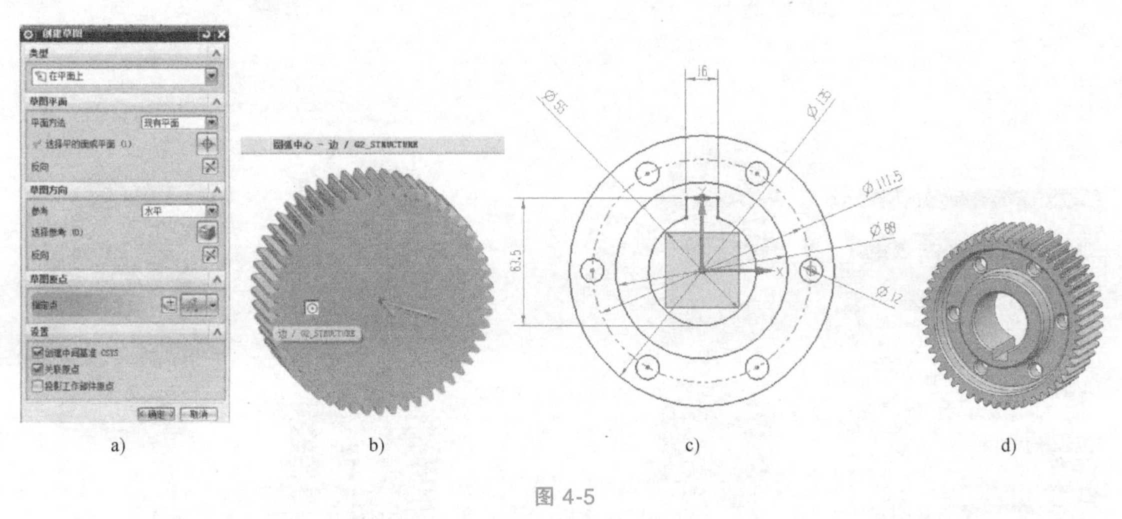

图 4-5

4.2 齿轮传动装配

1）单击【文件】菜单，选择【新建】，在弹出的对话框中选择【装配】→【毫米】，输入名称为“4-chilunchuandong_asm1. prt”，选择正确的保存路径，然后单击【确定】按钮。

2）单击图标 的三角形按钮，选择【添加组件】命令，分别添加“4-1xiaochilun_model1. prt”和“4-2dachilun_model1. prt”两个齿轮文件。

3）齿轮中心距离装配。单击 选择【距离】装配，距离表达式中输入数值 3＊（21+53）/2（中心距公式查阅《机械设计基础》相关内容）。给两齿轮轴添加一个距离配合，距离为 111mm，如图 4-6 所示。

4）选择“中心”→“2 对 2”，分别选择齿轮 1 的两端面和齿轮 2 的两端面，使两齿轮在啮合宽度方向对中。保证了两齿轮正确的啮合状态，如图 4-7 所示。

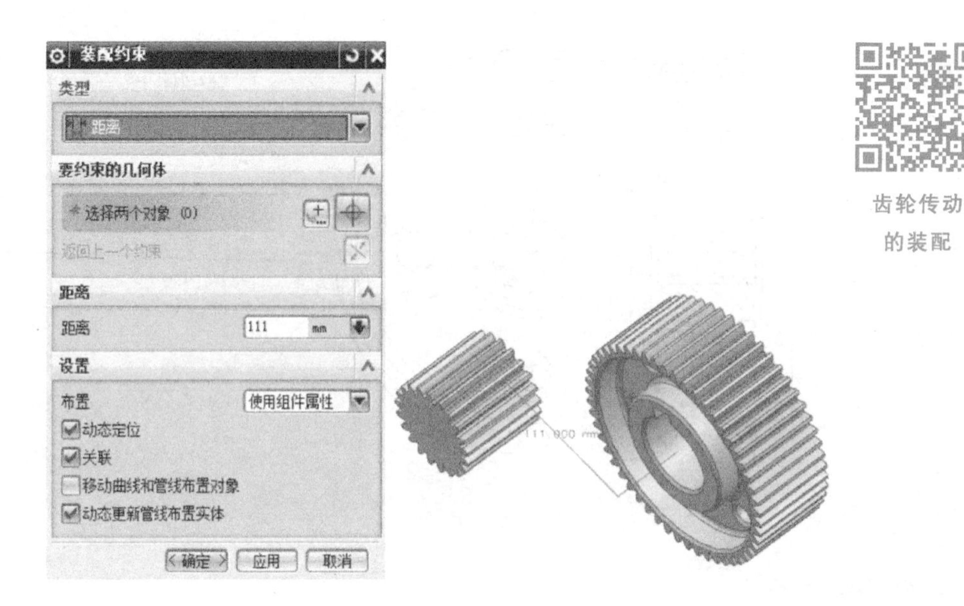

图 4-6

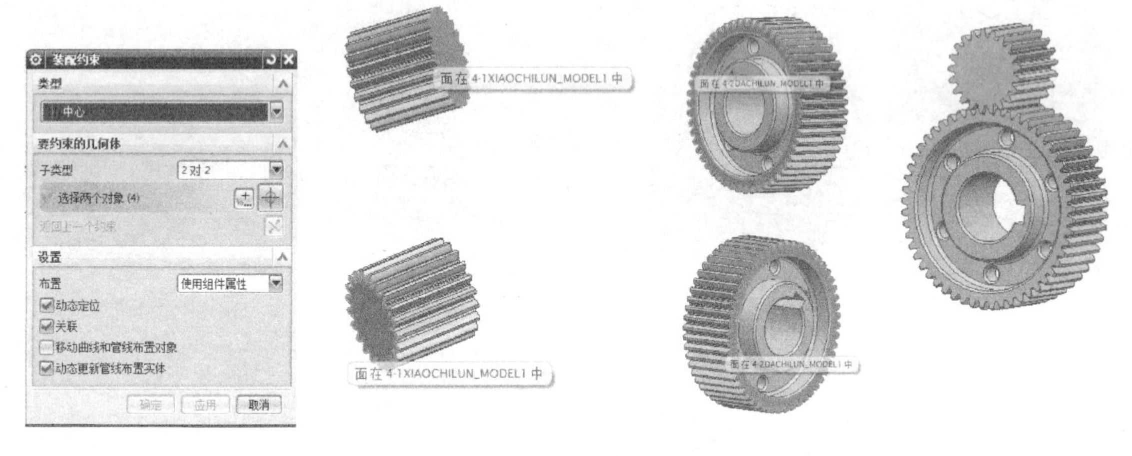

图 4-7

5）选择“接触对齐”→“接触”，分别选择两个轮齿的啮合齿面，进行接触装配，如图4-8所示。这样就完成了齿轮1和齿轮2的装配关系，装配结果如图4-9所示。

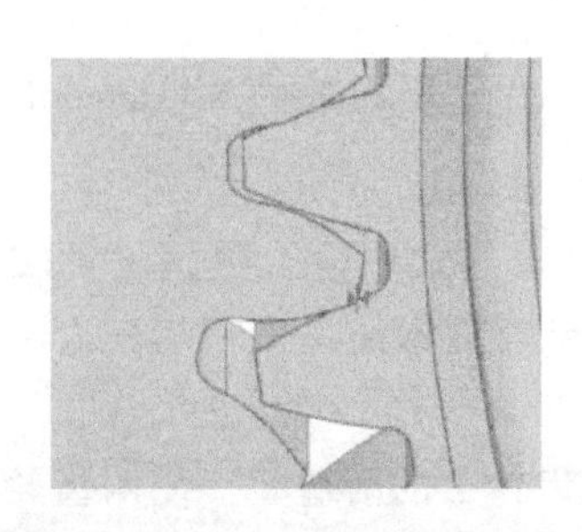

图 4-8

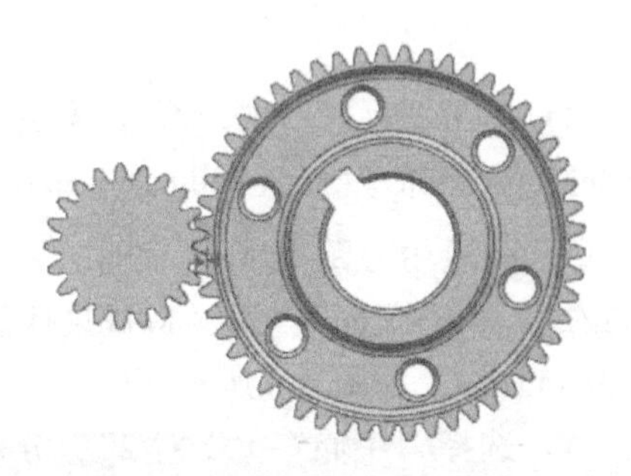

图 4-9

4.3 运动规律仿真

4.3.1 新建仿真

在【开始】菜单中选择【运动仿真】，打开仿真模块。右键单击【运动导航器】上的装配文件名，选择【新建仿真】，在弹出的【环境】对话框中选择【动力学】，单击【确定】按钮。

4.3.2 添加连杆

1）选择【插入】→【连杆】，或选择运动工具条中的图标，弹出【连杆】对话框，双击选择小齿轮，名称 L001，然后单击【应用】按钮，完成第一个连杆设置。

2）双击选择大齿轮，名称 L002，然后单击【确定】按钮，完成第二个连杆设置。

4.3.3 添加旋转副

选择【插入】→【运动副】→【旋转副】，给齿轮加上一个旋转副，第一个连杆选择齿轮 1 端面圆周。这样就完成了“选择连杆”（齿轮 1）、“指定原点”（圆心）、“指定方位”（圆所在平面的法线）三个步骤，此时，相应的步骤名称前将出现绿色的“√”。然后，可直接单击【应用】按钮，第二个连杆默认接地，这样就完成了旋转副 J001 的添加。同样，可以给齿轮 2 添加旋转副 J002，如图 4-10 所示。

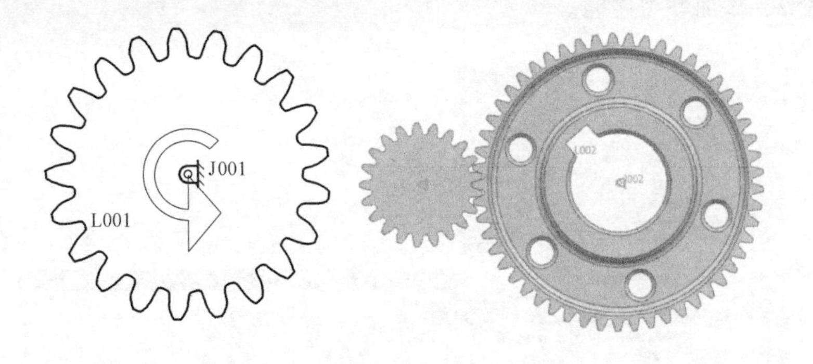

图 4-10

4.3.4 设置驱动

右键单击齿轮 1 的旋转副 J001，选择【编辑】，单击【驱动】选项卡，【旋转】设置为“恒定”，【初速度】设置为 360degrees/sec，如图 4-11 所示。

4.3.5 三维碰撞接触状态模拟

齿轮 1 带动齿轮 2 转动，实际情况是刚体之间的碰撞产生的。下面就对这种状况进行模拟。

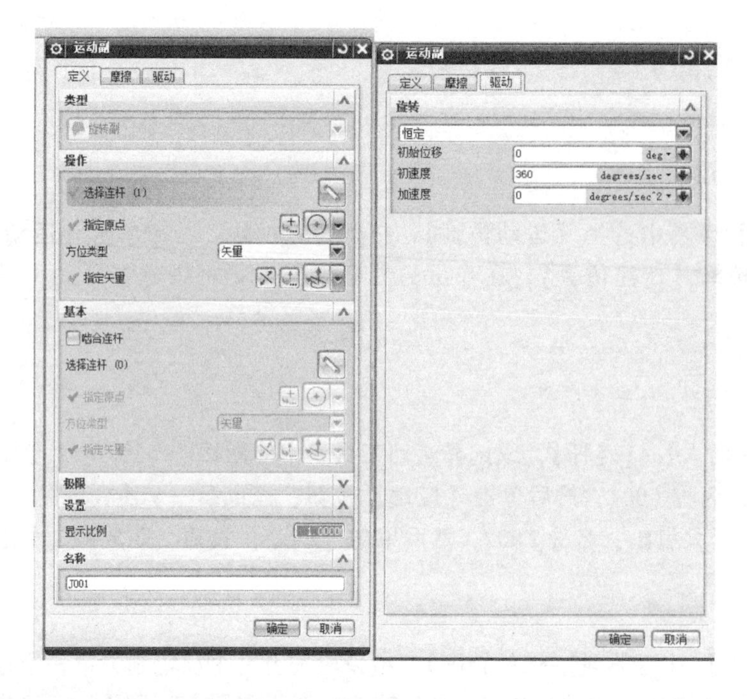

图 4-11

1）右键单击【运动导航器】上的仿真项目“motion_1”，选择【新建连接器】→【3D 接触】，在弹出的【3D 接触】对话框中输入数值，如图 4-12 所示。在【接触体】中分别选择齿轮 1 和齿轮 2，添加一组碰撞。

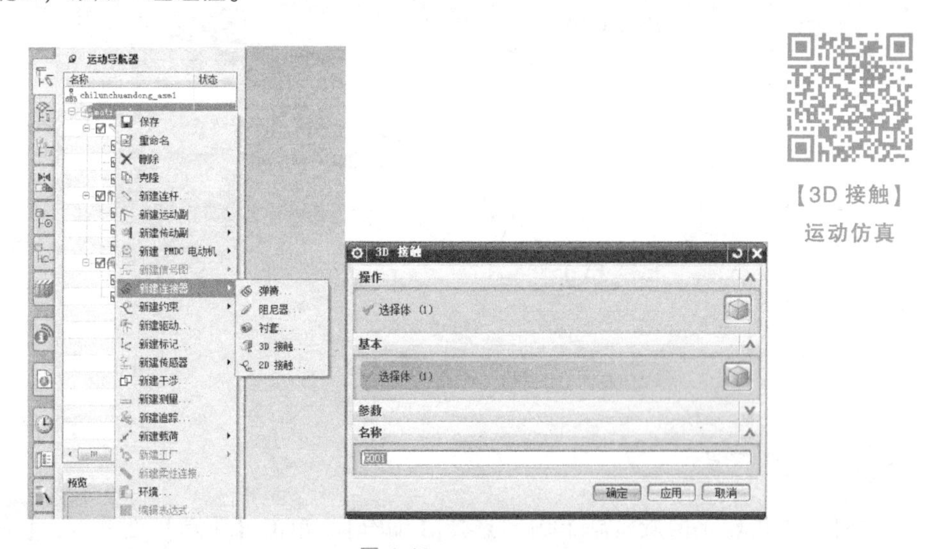

【3D 接触】
运动仿真

图 4-12

2）右键单击【运动导航器】上的仿真项目“motion_1”，选择【新建解算方案】，在弹出的【解算方案】对话框中（图 4-13），【时间】设置为 1sec，【步数】设置为 100，单击【确定】按钮。

3）右键单击【运动导航器】上新建立的解算方案“Solution1”，选择【求解】，进行仿真计算。然后添加图表，如图 4-14a 所示。添加要显示运动参数的运动副 J001，如图 4-14b 所示。

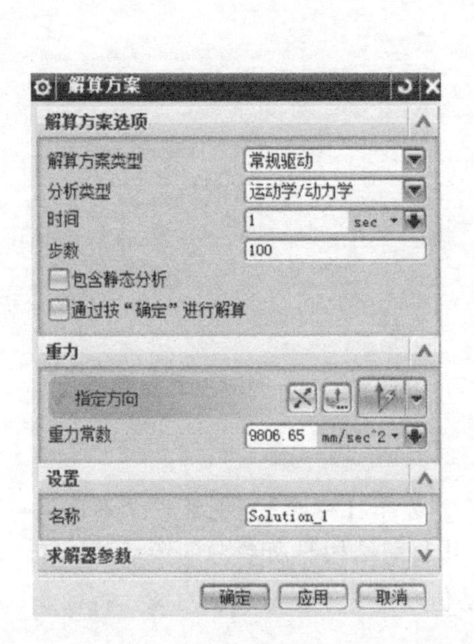

图 4-13

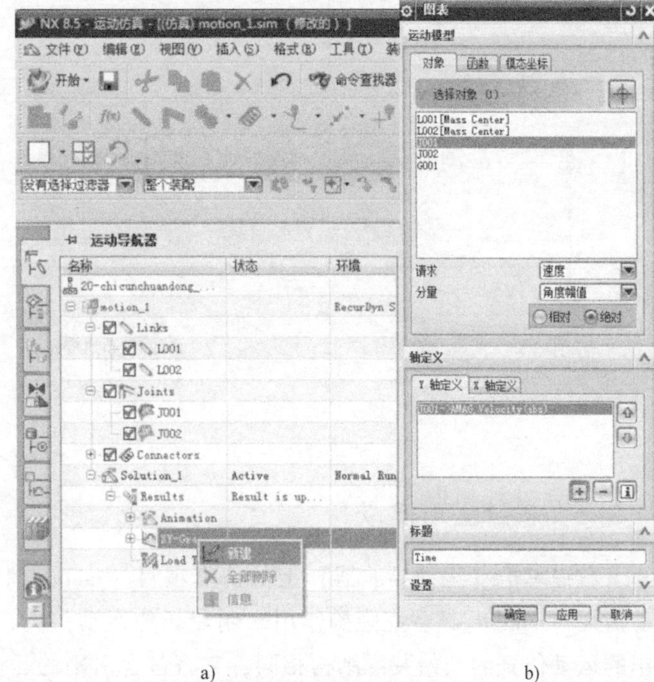

a)　　　　　　　　　　b)

图 4-14

从运行中可以看出各轮齿保持了很好的啮合状态，没有干涉或脱离啮合现象。

此时齿轮 1 和齿轮 2 的角速度曲线分别如图 4-15 和图 4-16 所示。齿轮 1 应该为 360°/s，齿轮 2 应该为 142°/s，由于碰撞的影响，实际结果是角运动有一定范围的波动，在一定程度上反映了齿轮的真实情况，也验证了齿轮传动的传动比计算公式。

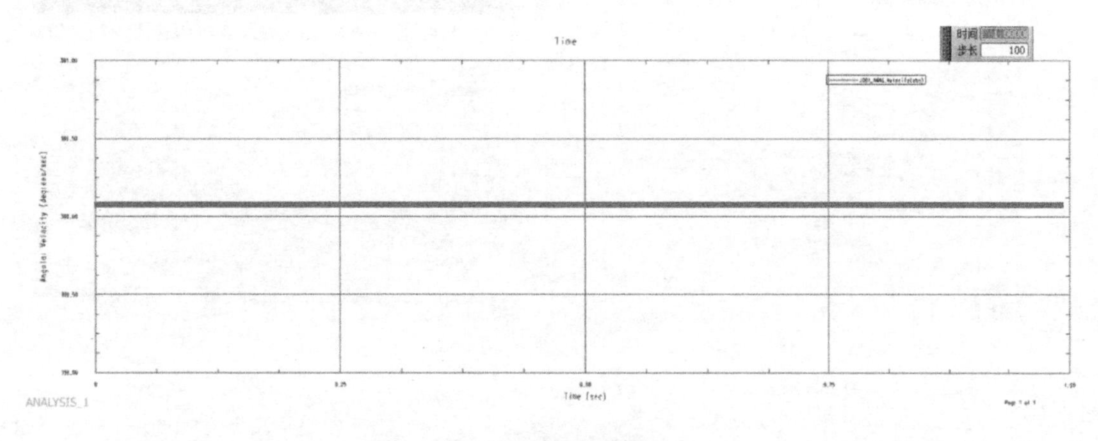

齿轮1的角速度曲线

图 4-15

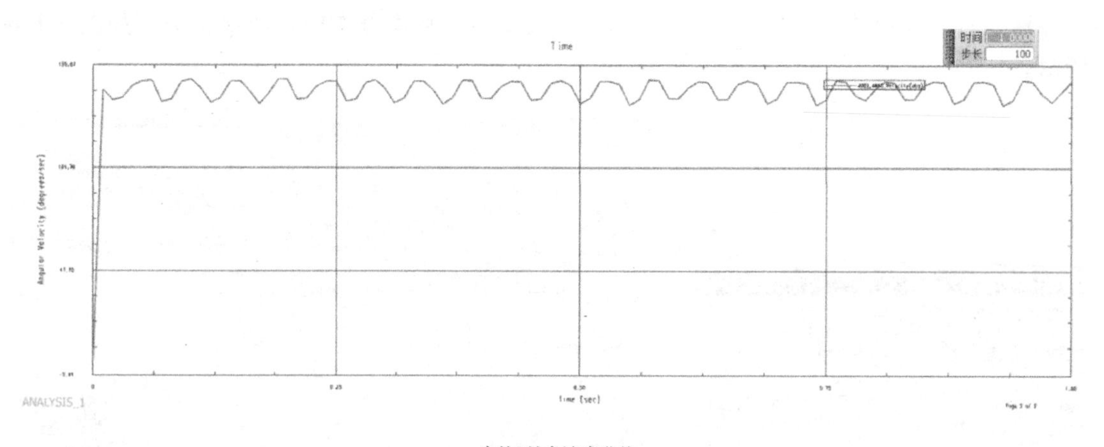

齿轮2的角速度曲线

图 4-16

4.3.6 耦合运动模拟

右键单击【运动导航器】上的仿真项目"motion_1"，选择【克隆】，创建一个新的运动仿真"motion_2"。克隆操作用来创建新的运动仿真，其装配结构与所参考的激活的、工作的运动仿真的初始装配结构相同，它将包含引用的运动仿真零件中所有运动对象、特征及几何体。

在 motion_2 中删除 3D 接触（图 4-17），选择【插入】→【传动副】→【齿轮副】或单击图标 （图 4-18），弹出的对话框中的【第一个运动副】选择 J001，【第二个运动副】选择 J002，【比率】设置为 21/53，如图 4-19 所示，单击【确定】按钮。

图 4-17

图 4-18

这样模拟显示的齿轮 1 和齿轮 2 角速度曲线是与理论值完全一样的值，如图 4-20 和图 4-21 所示。

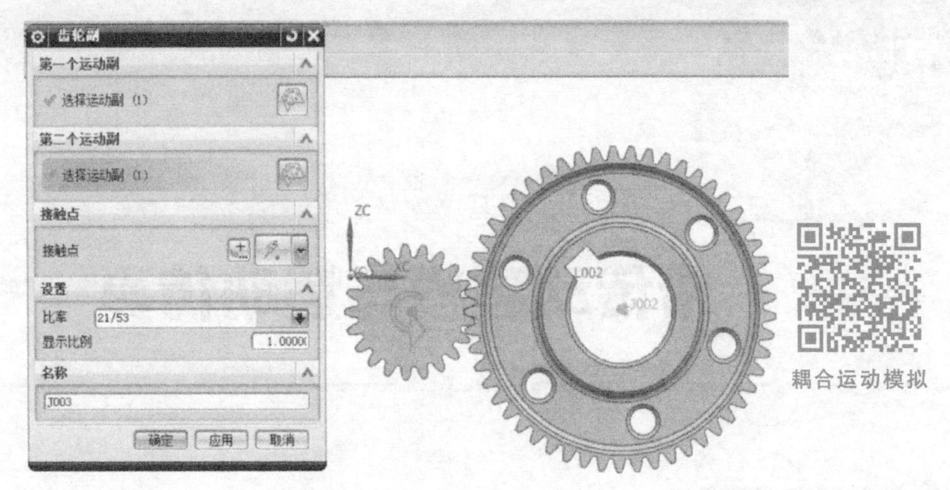

图 4-19

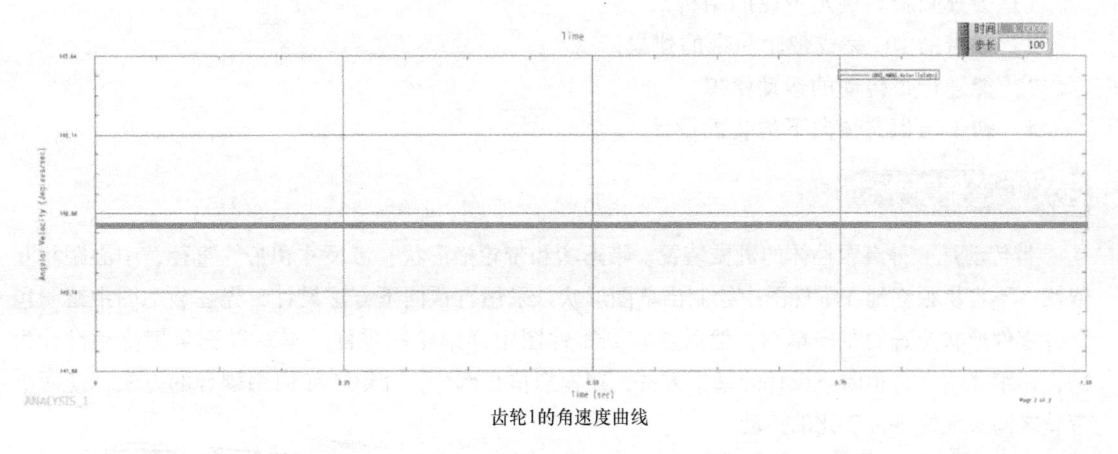

齿轮1的角速度曲线

图 4-20

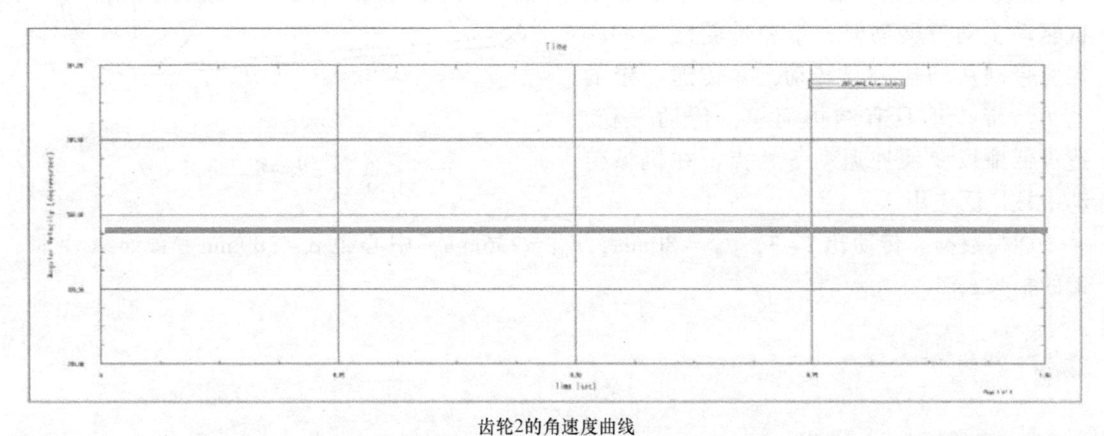

齿轮2的角速度曲线

图 4-21

第5章

带传动建模与运动仿真

【学习目标】

1）会查阅资料确定带轮的结构尺寸。

2）能借助 UG 完成带轮和带的建模。

3）能进行带传动的运动模拟。

4）初步认识自顶向下的装配设计。

【任务引入】

带传动是一种有柔性体的机械装置，带形状和带轮槽形状、带尺寸和带轮直径、中心距相互依赖，不容易独立地在零件图中绘制出草图形状。采用自顶向下方法设计，先在装配图中绘制包含各零件形状位置的布局草图，然后再转到零件图中详细绘制零件。本章以三角带传动设计为例，详细介绍了自顶向下设计的基本方法，在模拟仿真部分，介绍了如何用耦合的方法，使两个带轮之间实现给定传动比的传动。

工作原理：带传动由主动轮 1、从动轮 2 和传动带 3 组成，如图 5-1 所示，当原动机驱动主动带转动时，带和带轮之间的摩擦力带动从动轮一起转动，并传递一定的动力。带传动具有结构简单，传动平稳，造价低廉以及缓冲振动等特点，在机械传动中被广泛应用。

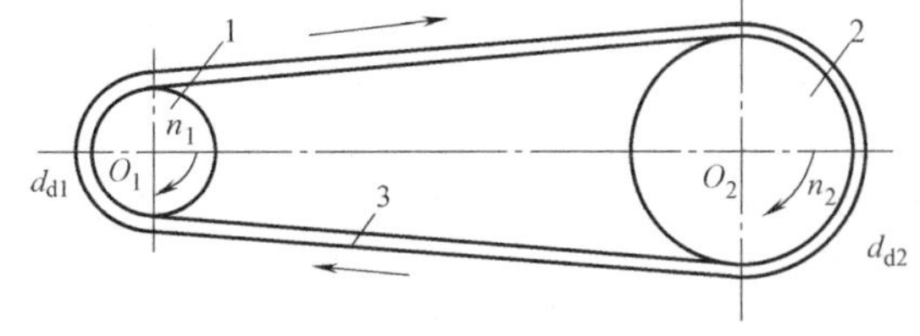

图 5-1

1—主动轮　2—从动轮　3—传动带

建模数据：传动比 $i=3$，$d_{d1}=80\text{mm}$，$d_{d2}=236\text{mm}$，中心距 $a=300\text{mm}$，普通 A 型带，带的根数 $z=2$。

【任务实施】

5.1　建立装配关系

1）在文件菜单中，单击【新建】，选择【装配】建立一个新装配文件，输入名称为

“5-daichuandong_asm1. prt”，选择合适的保存路径保存。系统弹出【添加组件】对话框，因为不添加图形，所以直接单击【取消】，如图 5-2 所示。

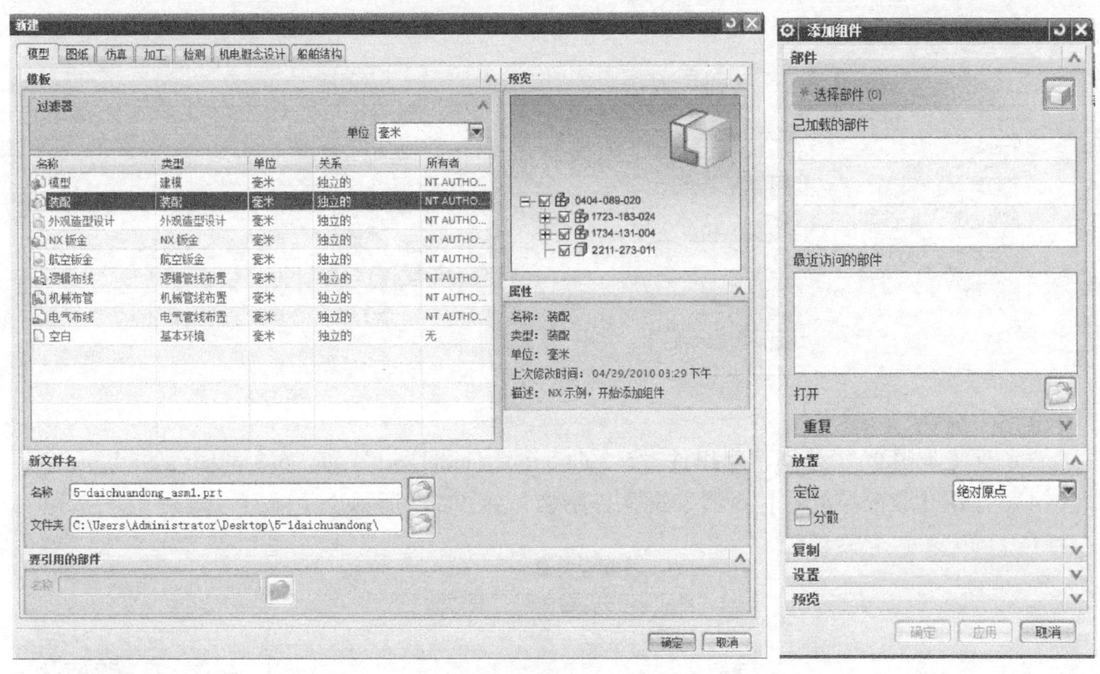

图 5-2

2）选择【新建组件】（图 5-3），在弹出的对话框中，选择【模型】，输入名称为“5-1xiaodailun_model”（图 5-4），在弹出的【新建组件】对话框中，【引用集】选择“模型（MODEL）”，单击【确定】按钮（图 5-5），新组件即装到装配件中，如图 5-6 所示。

图 5-3　　　　图 5-4

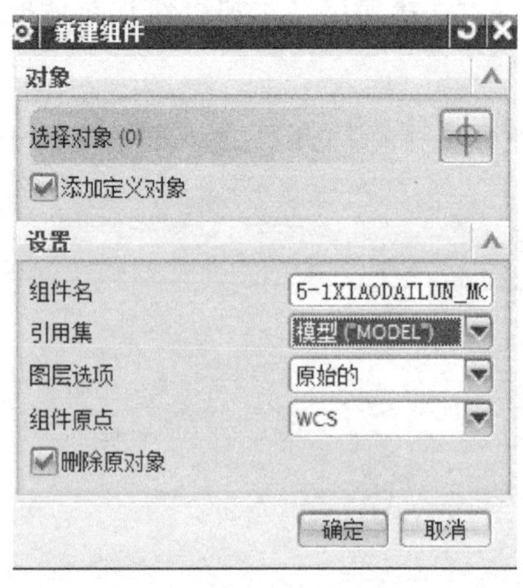

图 5-5

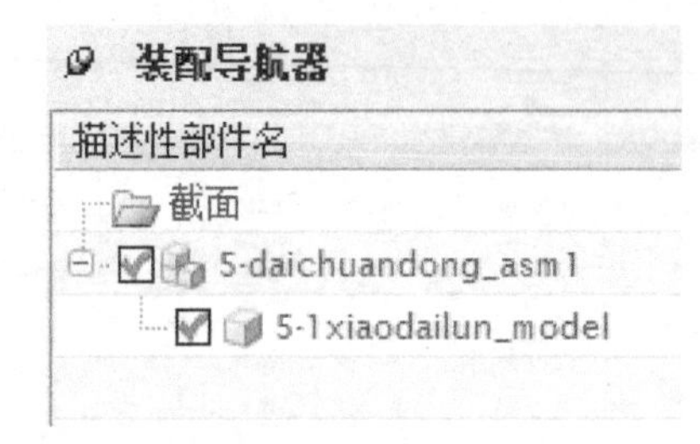

图 5-6

3）重复步骤 2)，分别新建组件 “5-2 dadailun_model. prt” 和 “5-3 pidai_model. prt”。

4）打开【装配导航器】查看装配文件结构，如图 5-7 所示。

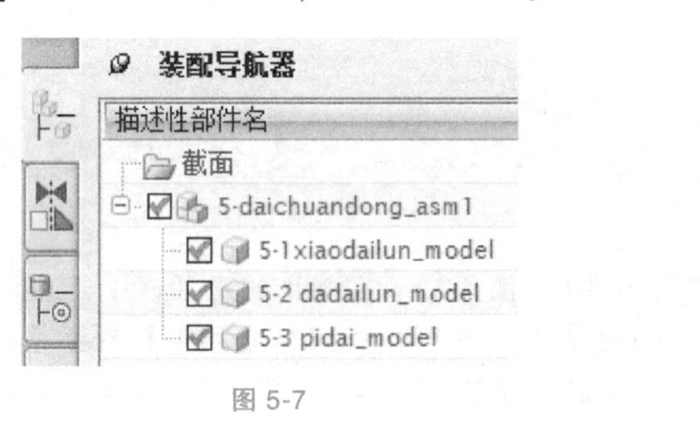

图 5-7

新建装配管理文件

这样，装配结构及装配关系就建立起来了。

5.2 零件造型

5.2.1 绘制装配布局草图

在【装配导航器】中双击 “5-daichuandong_asm1. prt”，使其成为工作部件，并绘制图 5-8 所示的布局草图（带轮槽截面尺寸查阅《机械设计基础》相关内容）。

5.2.2 小带轮建模

1）在【装配导航器】中双击 “5-1xiaodailun_model. prt”，使小带轮成为工作部件，如图 5-9 所示。

2）单击 WAVE 几何链接器命令图标 ，弹出的对话框中，【类型】选择 “复合曲线”，【选择曲线】

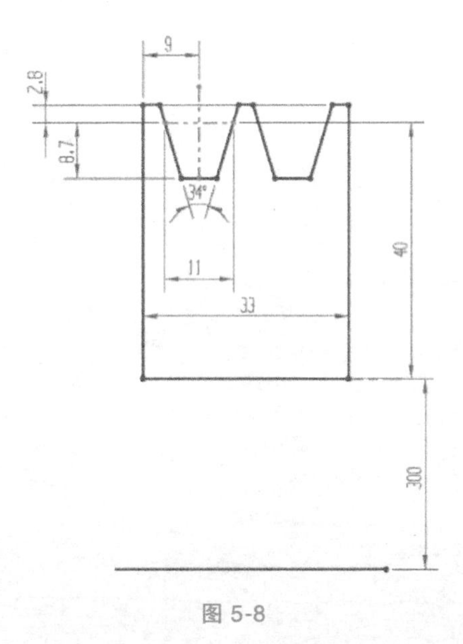

图 5-8

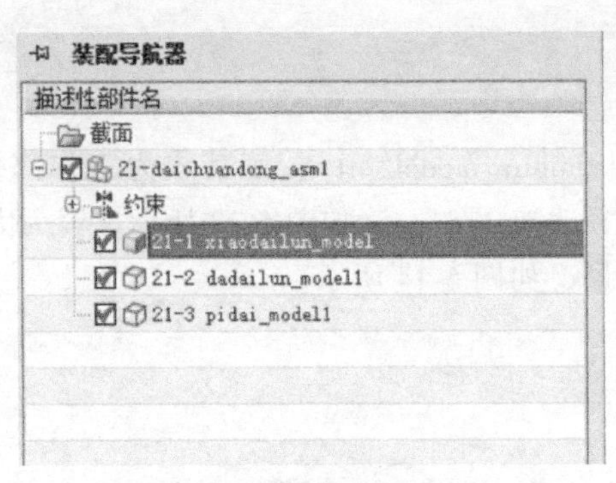

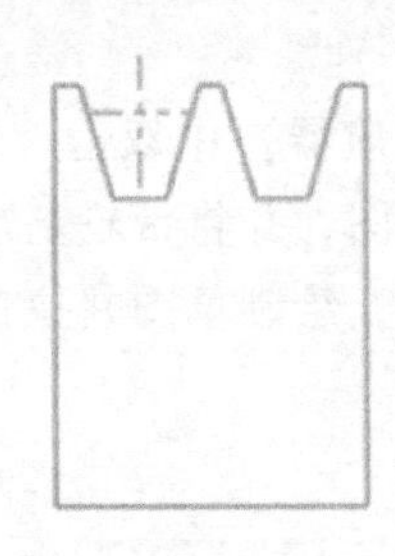

图 5-9

用鼠标拾取小带轮草图轮廓线，保持关联，然后单击【确定】按钮，如图 5-10 所示。

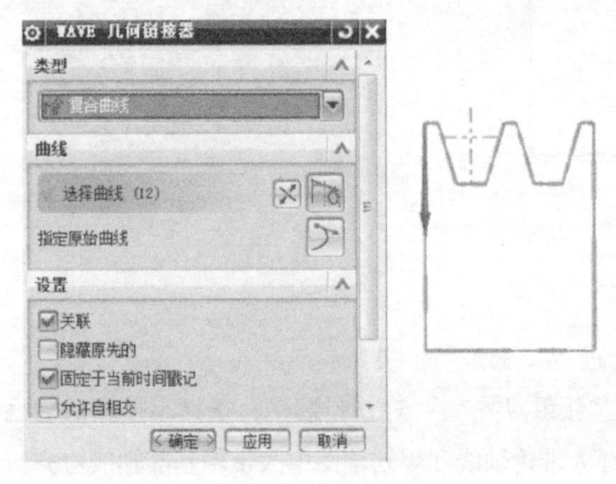

图 5-10

3）选择【插入】→【设计特征】→【回转】，或者单击回转命令图标 ，【选择曲线】选择刚链接的复合曲线，【指定矢量】选择表示带轮轴线方向的直线，【指定点】选择带轮中心线左端点，然后单击【确定】按钮，如图 5-11 所示。然后在带轮中心打孔，并开键槽，如图 5-12 所示，尺寸请读者自行思考确定。

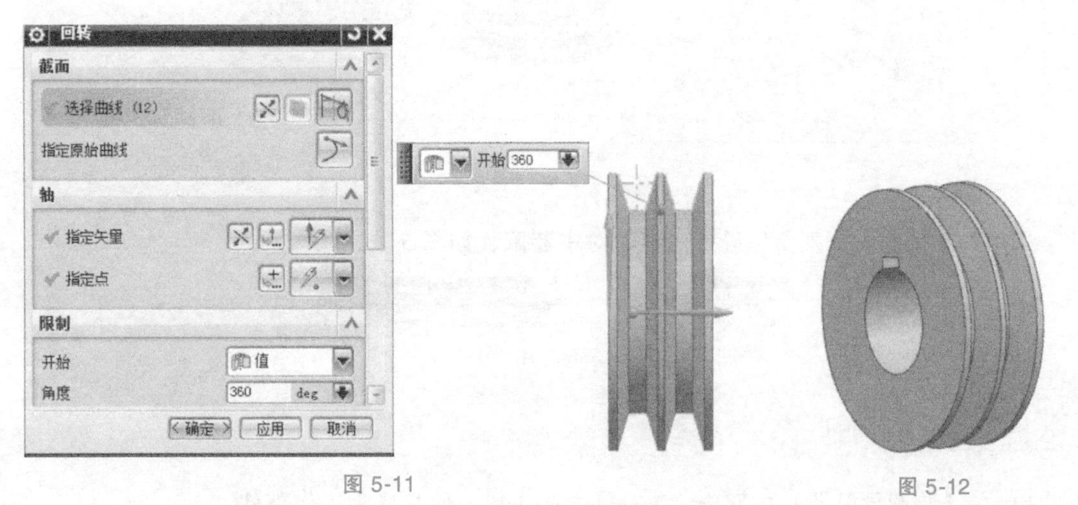

图 5-11　　图 5-12

5.2.3 从动轮

在【装配导航器】中双击“5-2dadailun_model. prt”，使其成为工作部件。复制并粘贴顶级目录下的草图，并将带轮基准半径改成 118mm，如图 5-13 所示。因为大带轮直径很大，需要做减重设计，绘制草图并拉伸成形，如图 5-14 所示。

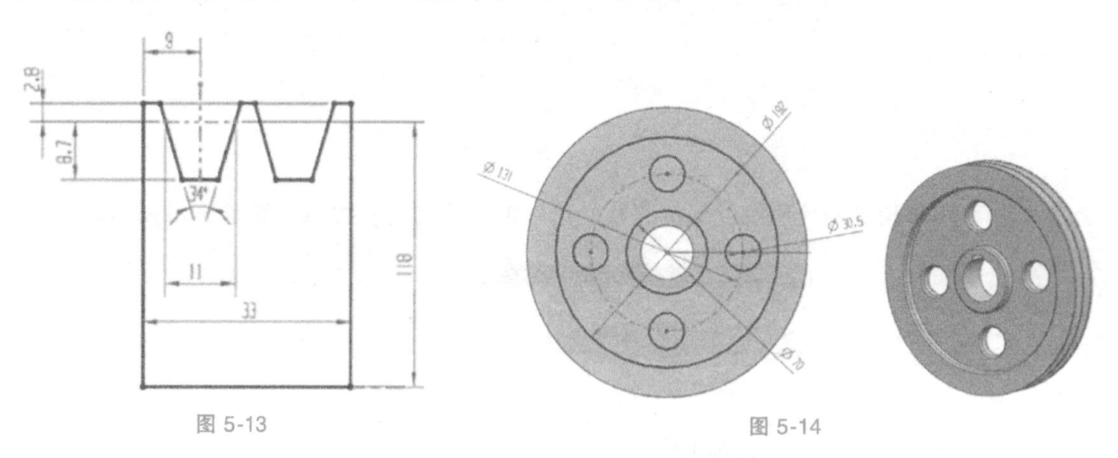

图 5-13　　　　　　图 5-14

5.2.4 带轮的装配

将大、小两个带轮进行装配。

单击图标 ，选择“接触对齐”→“对齐”装配，选择小带轮的轴线和规划草图中小带轮基准轴线对齐，同理，选择大带轮轴线和规划草图中大带轮基准轴线对齐，如图 5-15 所示。

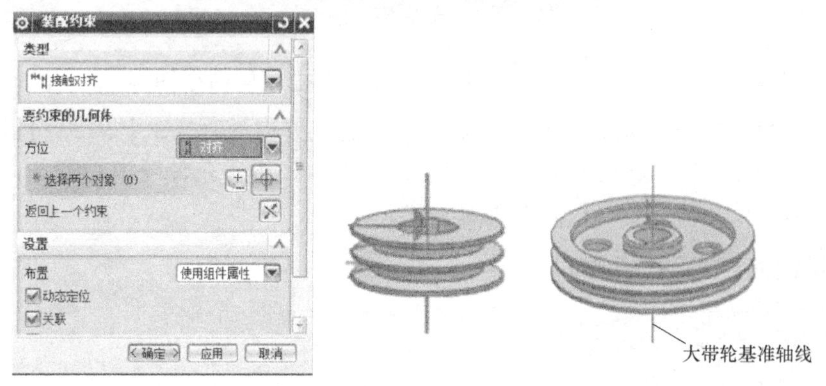

图 5-15

采用”中心”→“2 对 2”进行两带轮对中装配，如图 5-16 所示。

图 5-16

5.2.5 三角带

1）在【装配导航器】中双击“5-3pidai_model”，使其成为工作部件。

2）在三角带界面中插入草图（图 5-17），并选用【投影曲线】命令（图 5-18），在弹出的对话框中选择带轮的外圆周（图 5-19）。隐藏实体得到所需引导曲线（图 5-20）。

3）绘制两条直线，选择【插入】→【约束】，并约束直线与圆相切，将多余线段剪掉，使图中的相切曲线成为一封闭图形，如图 5-21 所示。

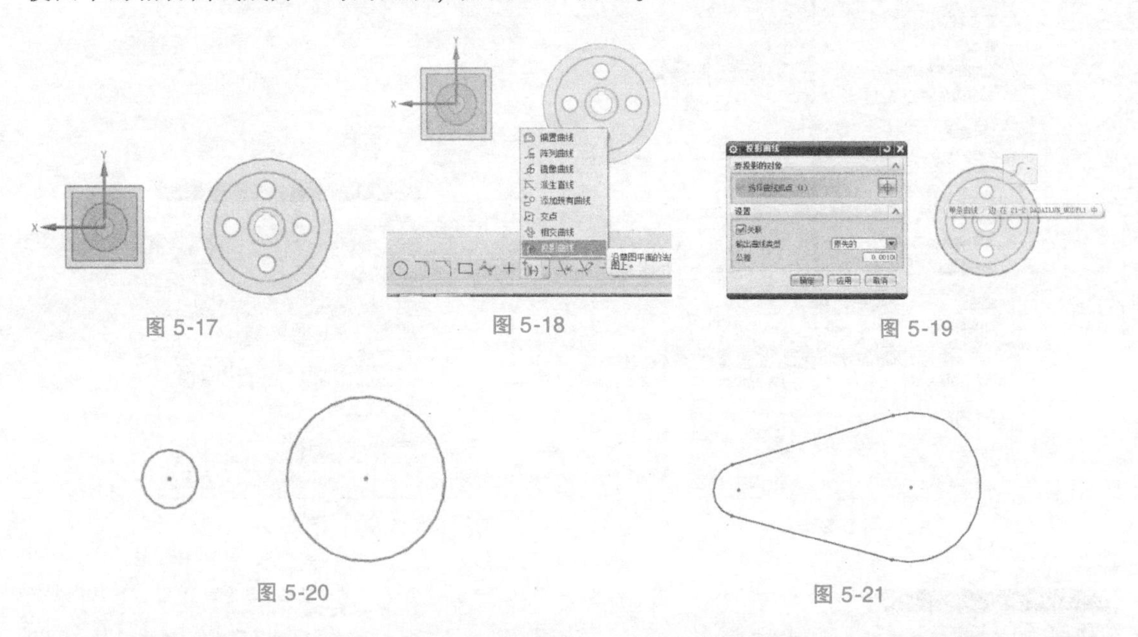

图 5-17　　图 5-18　　图 5-19

图 5-20　　图 5-21

4）退出零件草图，编辑显示隐藏的顶级目录草图。选择【插入】→【WAVE 几何链接器】或者单击图标，在弹出的对话框（图 5-22a）中，【类型】选择“复合曲线”，【选择曲线】选择带轮槽轮廓线，然后单击【确定】按钮，得到如图 5-22b 所示的复合曲线，并用直线命令，将其画成封闭的梯形，如图 5-22c 所示。

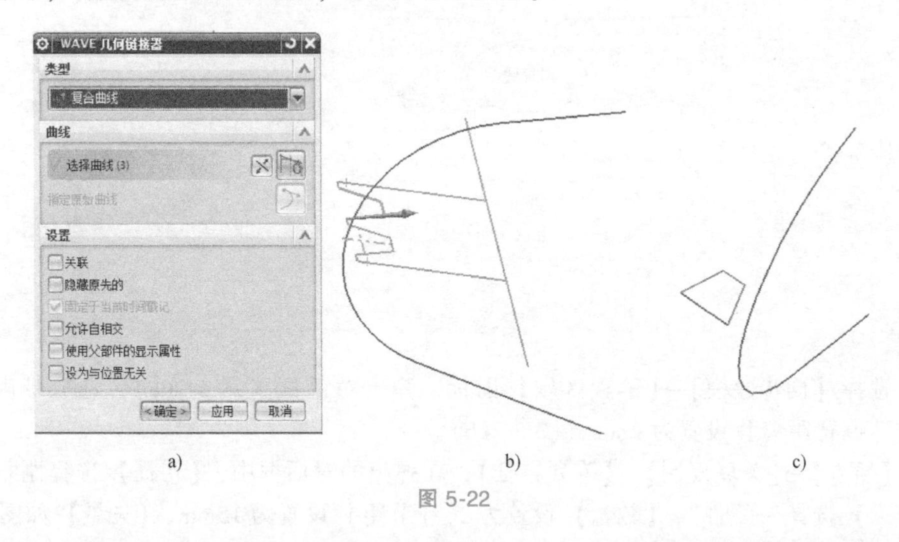

a)　　b)　　c)

图 5-22

5）选择【插入】→【扫掠】→【扫掠】（图 5-23），弹出对话框（图 5-24），选取梯形槽曲线作为截面曲线，选取图 5-21 中的封闭曲线为引导线，如图 5-25a 所示。扫掠得到三角带三维模型，如图 5-25b 所示。

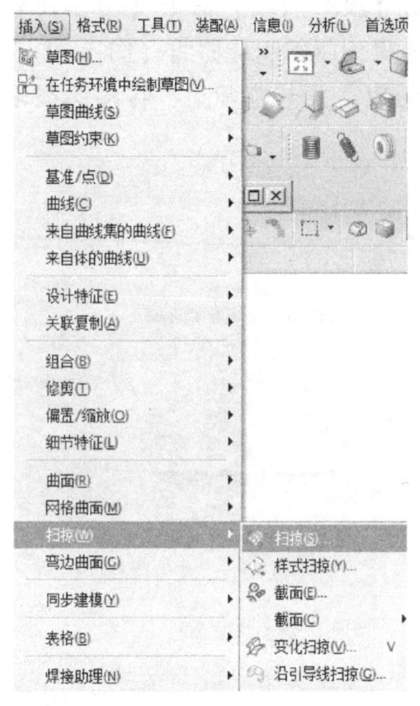

图 5-23

图 5-24

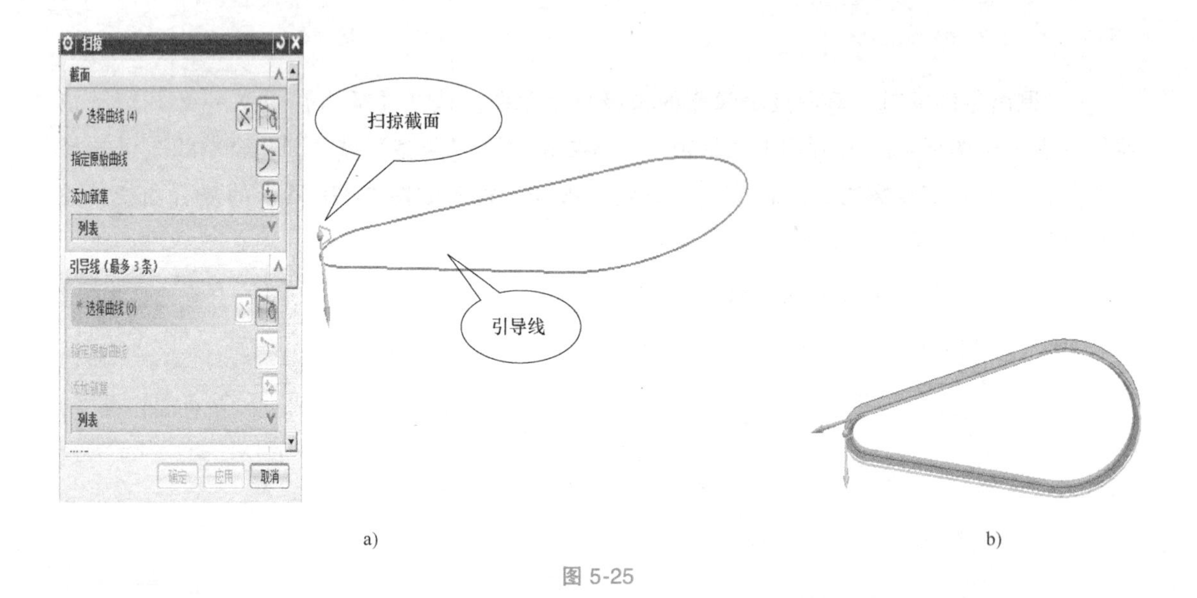

图 5-25

6）选择【同步建模】→【偏置区域】图标，弹出对话框（图 5-26a），选取带内圈，方向反向，【偏置距离】设置为 2mm（图 5-26b）。

7）【插入】→【关联复制】→【阵列特征】，在弹出的对话框中，【特征】选择刚扫掠得的带，【布局】选择“线性”，【数量】设置为 2，【节距】设置为 15mm，【矢量】如图 5-27 所示，然后单击【确定】按钮。

8）在【装配导航器】中双击“5-daichuandong_asm1. prt”，使其成为工作部件，可观察完成的装配体，如图 5-28 所示。

a)

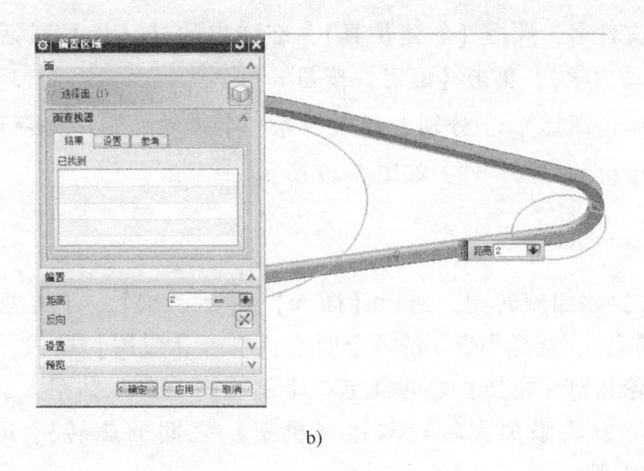

b)

图 5-26

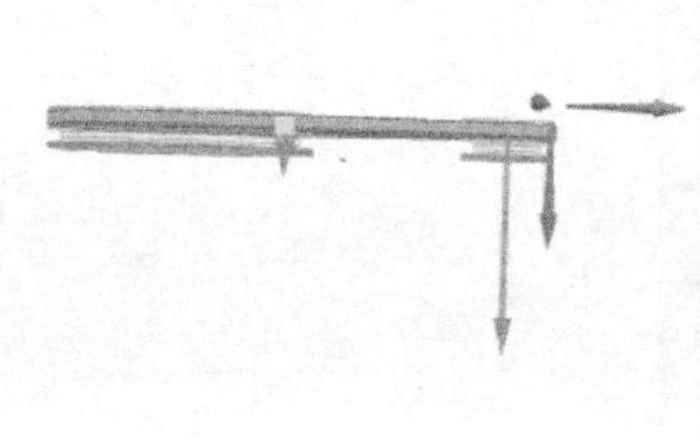

图 5-27

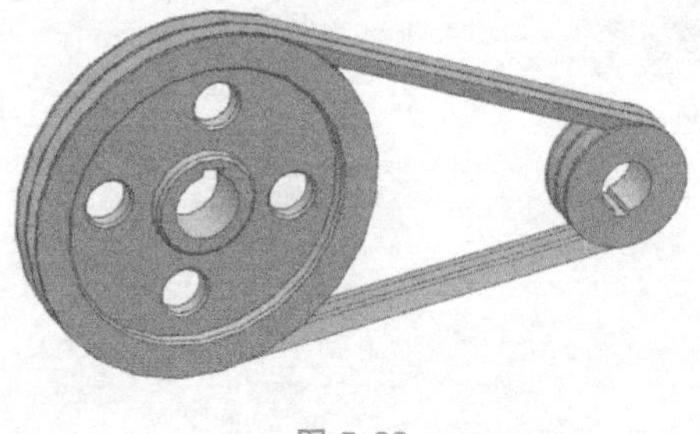

图 5-28

带传动的装配
及带的创建

5.3　运动规律仿真

5.3.1　新建连杆

在【开始】菜单中选择【运动仿真】，打开仿真模块。右键单击【运动导航器】上的装配文件名，选择【新建仿真】，在弹出的【环境】对话框中选择【动力学】，单击【确定】按钮。

单击图标，分别选择大带轮、小带轮、带作为新建连杆，并将带设置为固定件，如图 5-29 所示。

图 5-29

5.3.2 添加运动副

1）添加旋转副。选择【插入】→【运动副】，【类型】选择“旋转副”，选择小带轮的一个圆边，单击【应用】按钮，即可给小带轮和地（机架）之间加上一个旋转副 J002，如图 5-30 所示。同样的方法添加大带轮与地（机架）之间的旋转副 J003，如图 5-31 所示。

2）添加传动副。单击图标，选择【2-3 传动副】，如图 5-32 所示，弹出对话框，【第一运动副驱动】选择 J002，【第二运动副传动】选择 J003，【比例】设置为 3（带传动传动比），单击【确定】按钮。

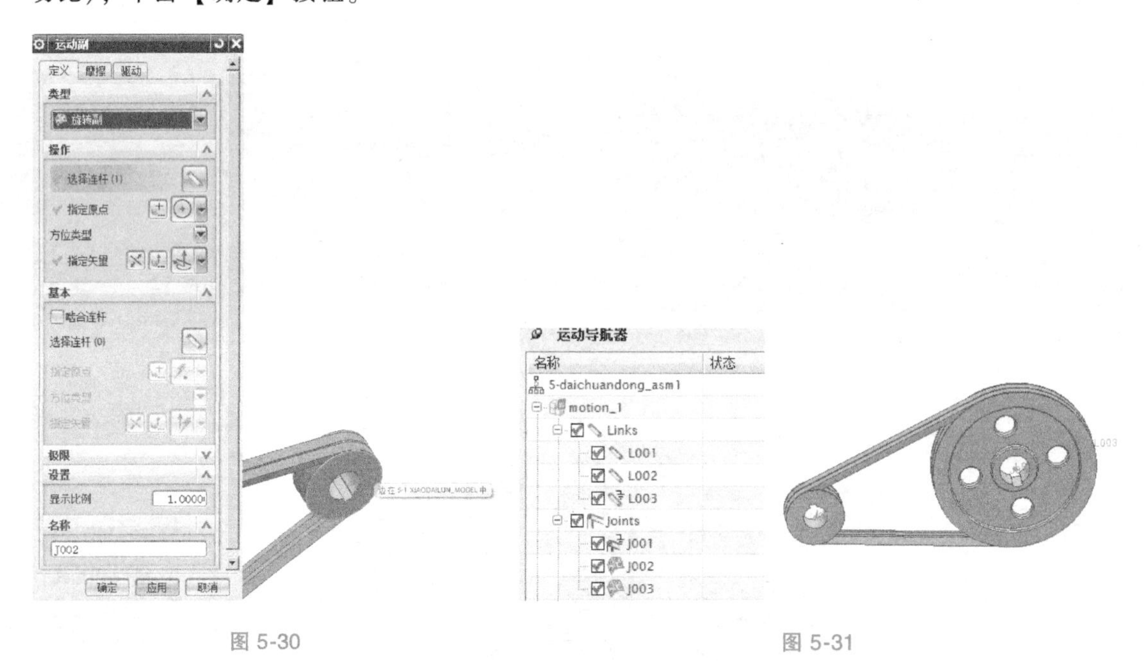

图 5-30　　　　图 5-31

5.3.3 添加驱动

双击运动副 J002，弹出对话框，单击【驱动】选项卡，【旋转】设置为“恒定”，【初速度】设置为 10degrees/sec（图 5-33），单击【确定】按钮，完成驱动的添加。

5.3.4 新建解算方案

右键单击【运动导航器】上的仿真项目“motion_1”，选择【新建解算方案】，【时间】设置为 144sec，【步数】设置为 100，单击【确定】按钮，进行仿真（图 5-34）。

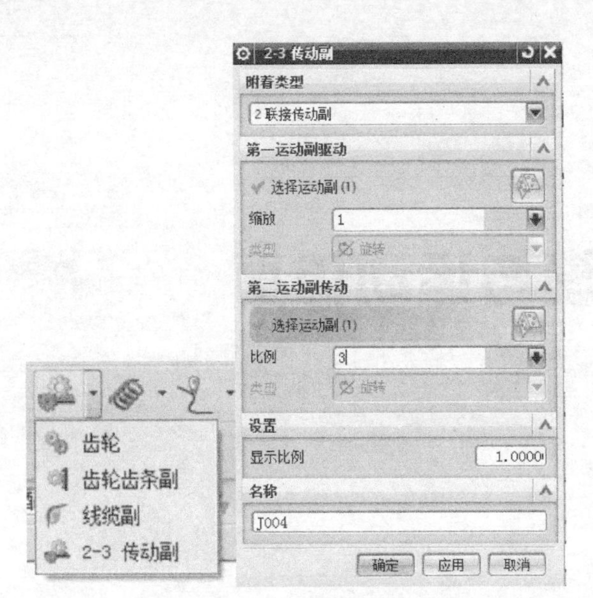

图 5-32

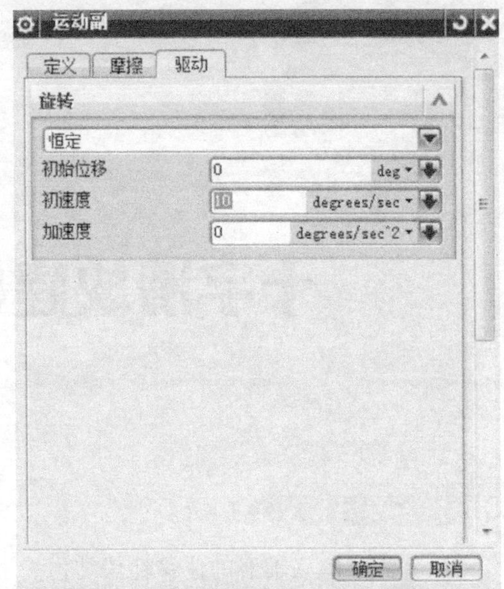

图 5-33

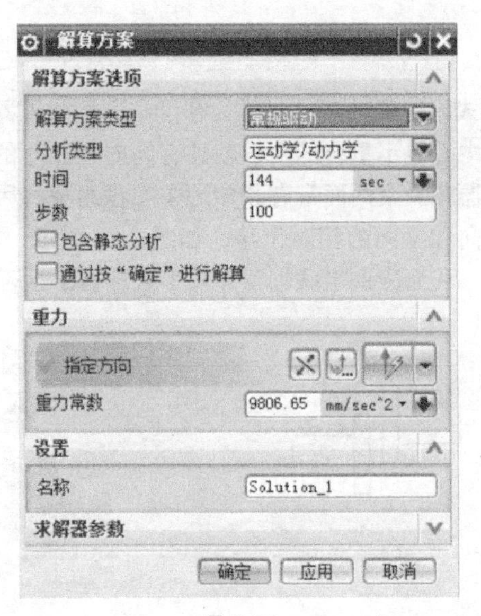

图 5-34

带传动的
运动仿真

第6章

十字滑块建模与运动仿真

【学习目标】

1）深入了解联轴器的位移补偿结构。

2）初步具有机械关联设计的认识。

3）熟悉 UG 特征建模。

【任务引入】

滑块联轴器是一种可移式刚性联轴器，又称为补偿式刚性联轴器，其结构特点是能够连接中心线不重合的两根轴，并使中心线不重合的两根轴具有同向且相等的角速度。滑块联轴器由两个在端面上开有凹槽的半联轴器和一个两面带有凸牙的中间盘组成。因凸牙可在凹槽中滑动，故可补偿安装及运转时两轴间 x 向和 y 向的相对位移，如图 6-1a 所示。本章将对图 6-1b 所示的模型进行建模、装配和运动仿真，从而验证半联轴器 2 和半联轴器 1 是否具有相同的转速。

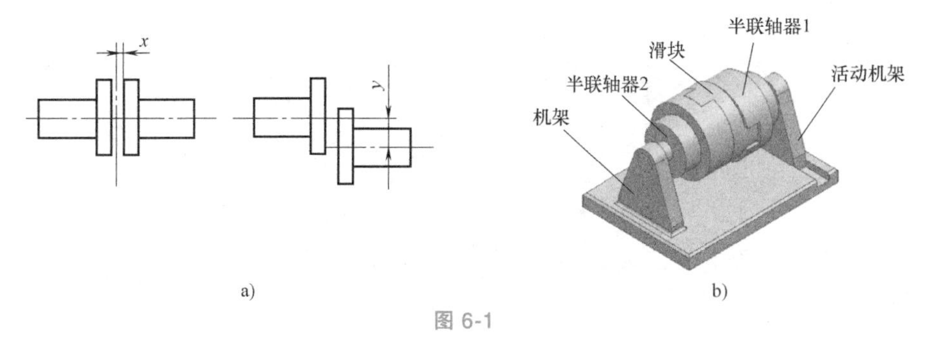

图 6-1

【任务实施】

6.1 零件造型

6.1.1 机架建模

1）新建文件。选择【文件】→【新建】→【模型】，如图 6-2 所示，输入名称为“jijia_

model1. prt”，然后单击【确定】按钮。

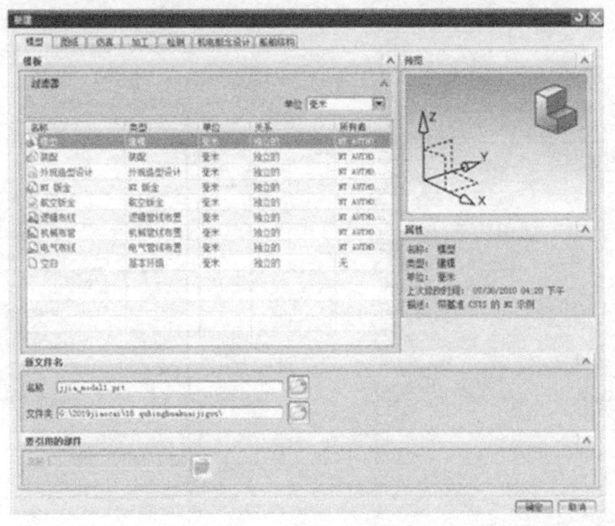

图 6-2

2）设置草图环境。选择【首选项】→【草图】（图 6-3a），在弹出的【草图首选项】对话框中，【尺寸标签】设置为“值”，取消勾选【连续自动标注尺寸】（图 6-3b）。

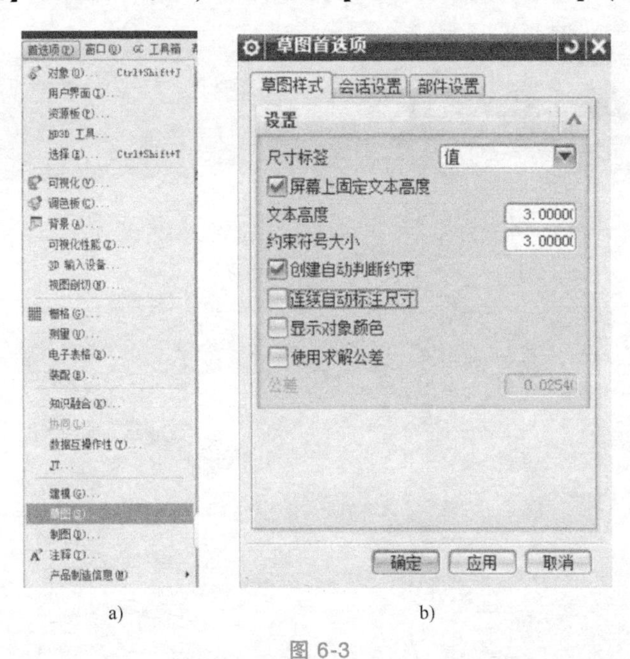

a) b)

图 6-3

3）单击图标，创建草图，弹出对话框，其中【类型】选择“在平面上”，【平面方法】选择“自动判断”，【指定点】选择原点，然后单击【确定】按钮（图 6-4a）。绘制如图 6-4b 所示的草图，然后单击完成草图。

4）选择拉伸命令图标，在【选择曲线】选项框选刚绘制好的草图，【指定矢量】选择 Z 方向，【开始距离】设置为 0mm，【结束距离】设置为 20mm，单击【确定】按钮，得

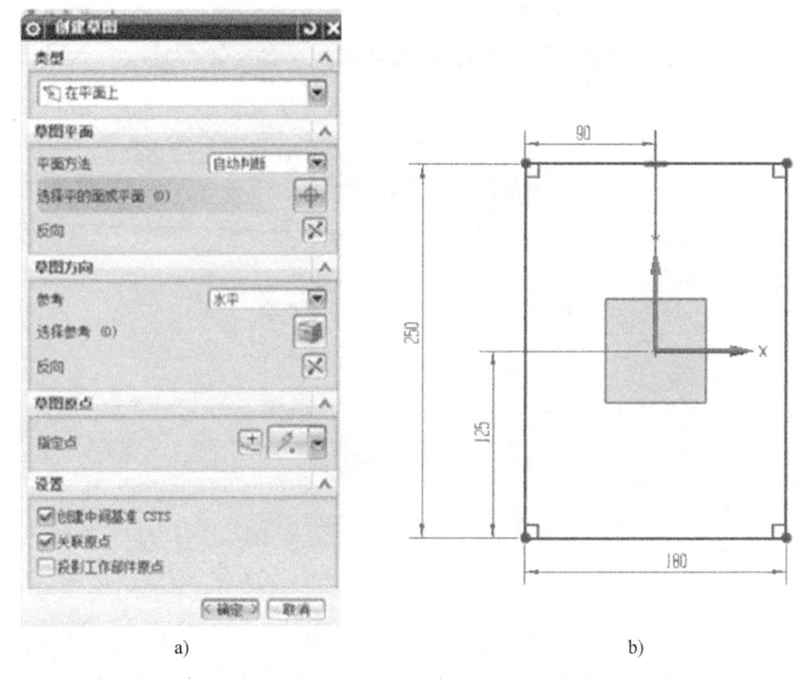

a) b)

图 6-4

到如图 6-5 所示的底板长方体。

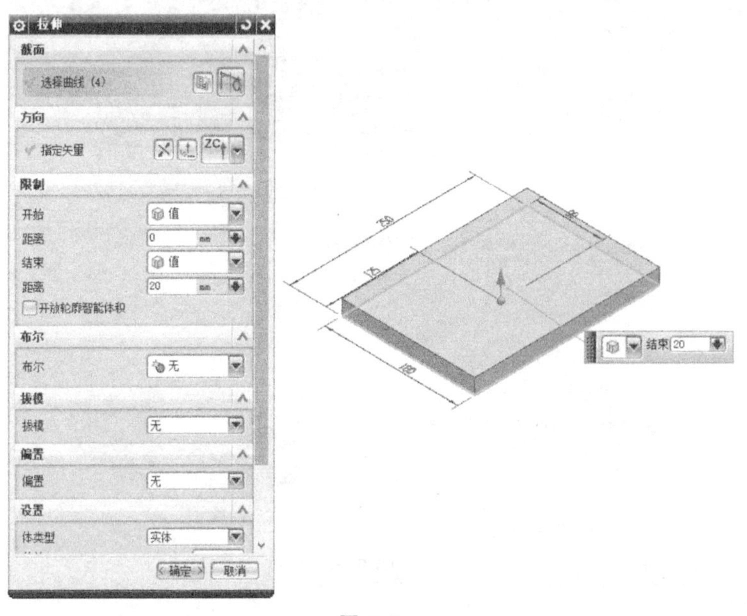

图 6-5

5）单击图标，创建草图，弹出的对话框中，【平面方法】选择“创建基准坐标系”，单击创建基准坐标系（图 6-6a），选择底板长方体左侧下方宽度方向中点位置（图 6-6b），单击【确定】按钮，在【选择平的面或平面】选项中选择 XOZ 平面（图 6-6c），单击【确定】按钮，绘制竖板的草图，如图 6-6d 所示。

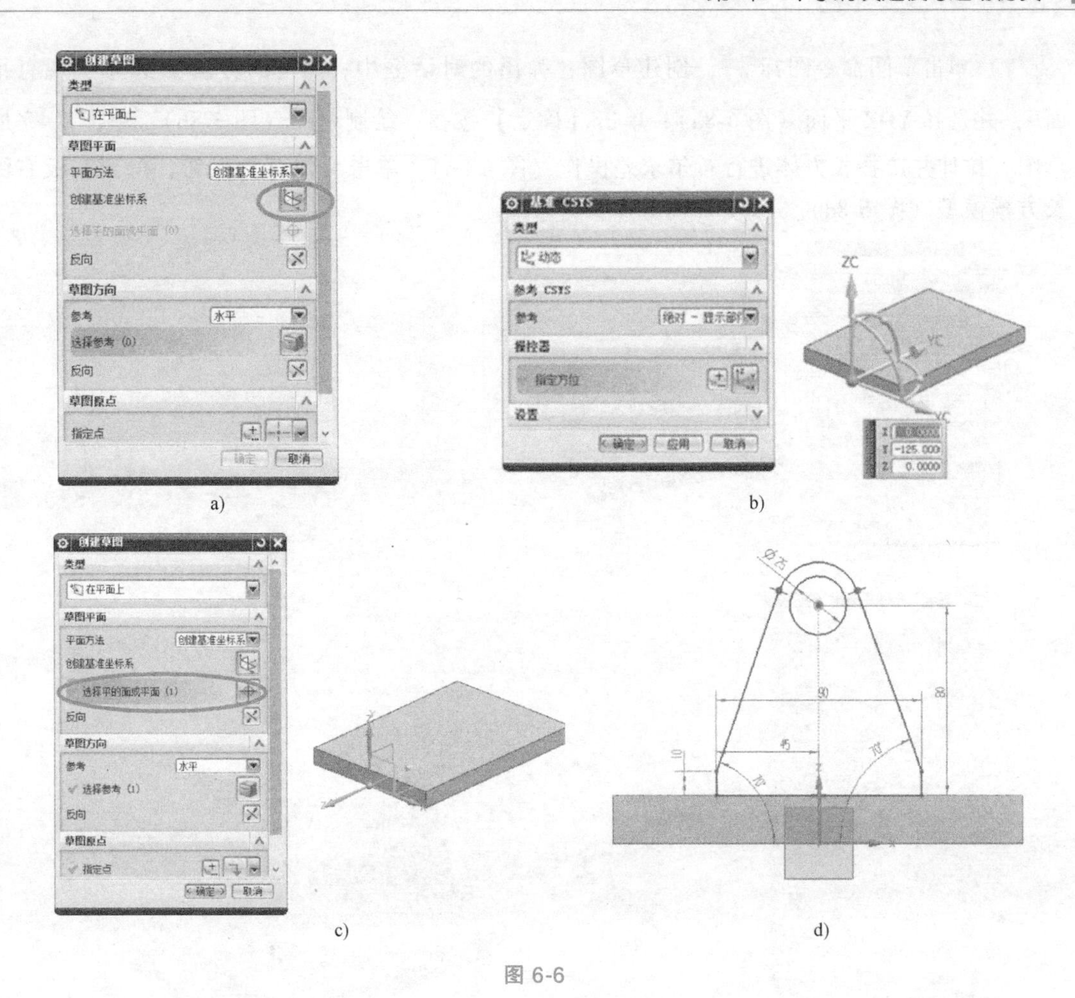

图 6-6

6）选择拉伸命令图标，在【选择曲线】选项框选上一步骤中绘制的草图，【指定矢量】选择 Y 方向，【开始距离】设置为 15，【结束距离】设置为 35mm，选择长方体进行布尔求和操作，单击【确定】按钮，得到如图 6-7 所示的竖板结构。

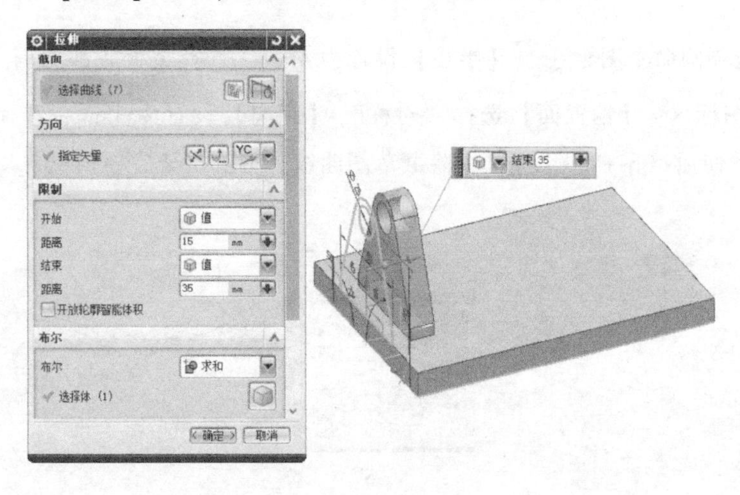

图 6-7

7）单击草图命令图标，创建草图，弹出的对话框中，【平面方法】选择“现有平面”，并选择YOZ平面（图6-8a），单击【确定】按钮，绘制草图（图6-8b），单击完成草图，拉伸并选择长方体进行布尔求差操作（图6-8c），单击【保存】按钮，得到底板右侧长方槽模型（图6-8d）。

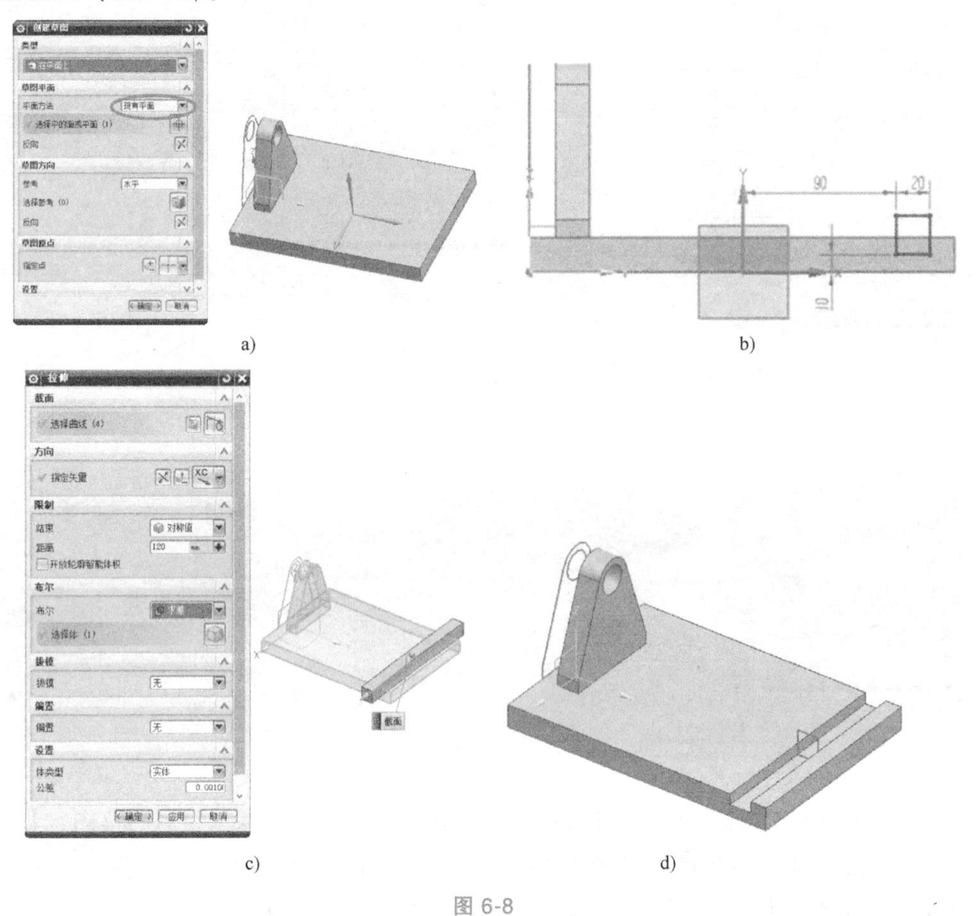

图 6-8

8）单击边倒圆命令图标，【半径】设置为4mm，选择竖板底部周围（图6-9a）。单击倒斜角命令图标，【偏置面】选择“对称”，【距离】设置为3mm，选择长方体上部边缘（图6-9b），使用<Ctrl+W>快捷键，隐藏草图曲线，得到机架完整模型（图6-9c）。

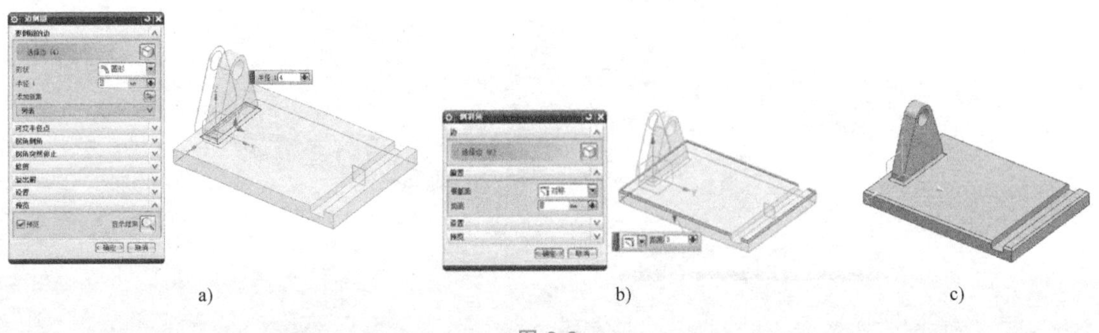

图 6-9

6.1.2　活动机架建模

新建文件“huodongjijia_model1. prt”，根据图 6-10a 所示活动机架参考尺寸，绘制草图，拉伸，厚度为 20mm，然后单击【保存】按钮，得到如图 6-10b 所示的活动机架。

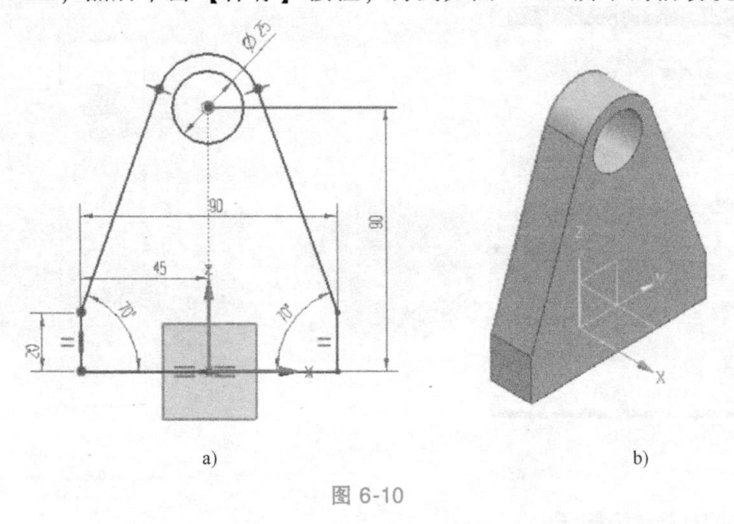

a)　　b)

图 6-10

6.1.3　半联轴器建模

1）新建文件“banlianzhouqi_model1. prt”，根据图 6-11a 所示尺寸，绘制草图，拉伸，厚度为 40mm（图 6-11b），选择 ϕ100 的草图曲线，【指定矢量】选择 X 方向，【开始距离】设置为 0mm，【结束距离】设置为 25，【偏置】选择“单侧”，【距离】设置为-15mm，布尔求和操作（图 6-11c）。选择外圆柱体外圆曲线，【指定矢量】选择 X 方向，【开始距离】设置为 0mm，【结束距离】设置为 35mm，【偏置】选择“单侧”，【距离】设置为（-45/2）mm，布尔求和操作（图 6-11d）。

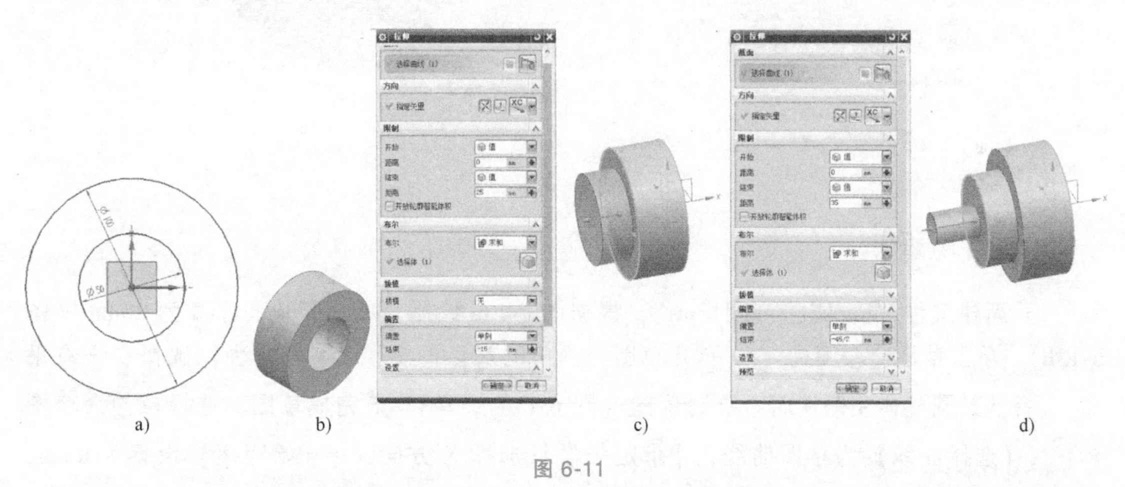

a)　　b)　　c)　　d)

图 6-11

2）单击草图命令图标，创建草图，弹出的对话框中，【平面方法】选择“现有平面”，并选择圆柱体端面（图 6-12a），单击【确定】按钮，绘制草图（图 6-12b），单击完成草图。选择拉伸命令图标，【选择曲线】为矩形草图曲线，【指定矢量】选择 X 方向，【开始距离】设置为 0mm，【结束距离】设置为 20mm，布尔求差操作（图 6-12c），使用<Ctrl+W>快捷键，隐藏草图曲线，得到联轴器完整建模（图 6-12d）。

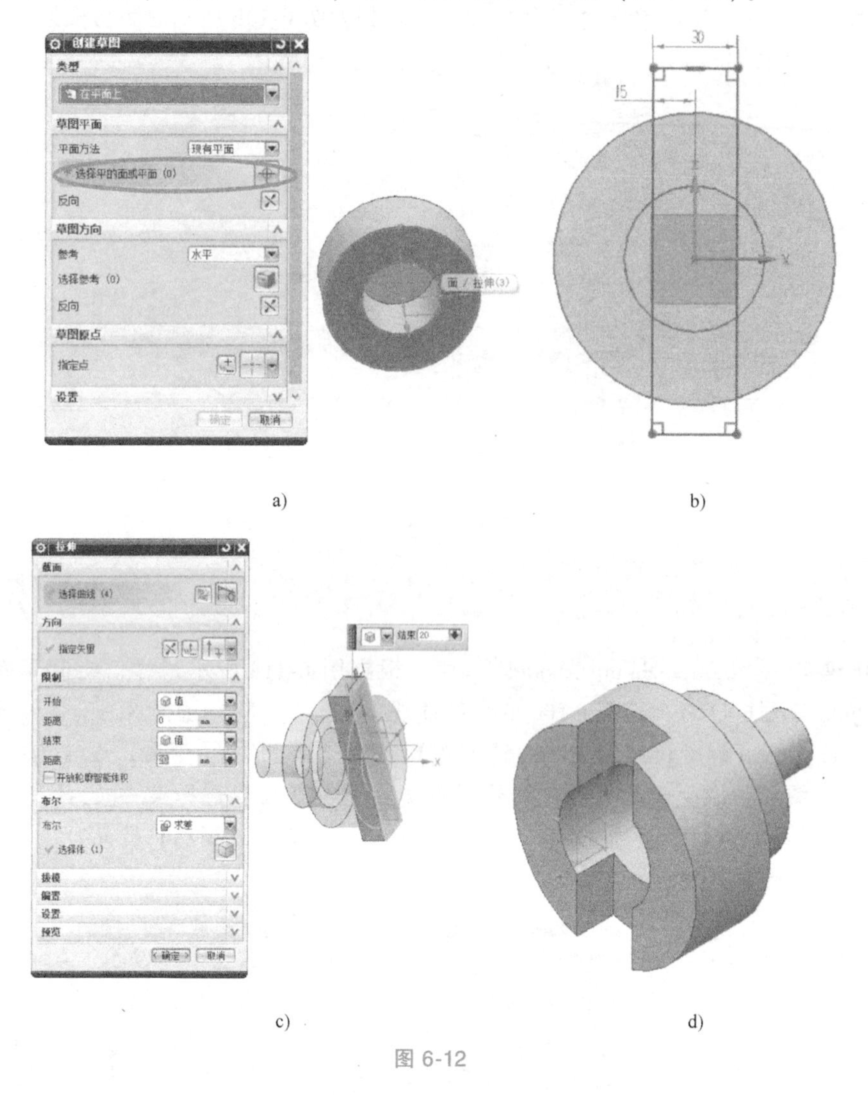

a)　　b)

c)　　d)

图 6-12

6.1.4　滑块建模

1）新建文件“huakai_model1. prt”，根据图 6-13a 绘制草图，拉伸，厚度为 20mm（图 6-13b）。单击草图命令图标，创建草图，弹出的对话框中，【平面方法】选择“现有平面”，并选择圆柱体左侧端面，绘制草图（图 6-13c），单击完成草图。选择拉伸命令图标，【选择曲线】为草图曲线，【指定矢量】选择 X 方向，【开始距离】设置为 0mm，【结束距离】设置为 20mm，布尔求和操作（图 6-13d）。

2）单击草图命令图标，创建草图，弹出的对话框中，【平面方法】选择“现有平面”，并选择圆柱体右侧端面，绘制草图（图 6-14a），单击完成草图。选择拉伸命令图

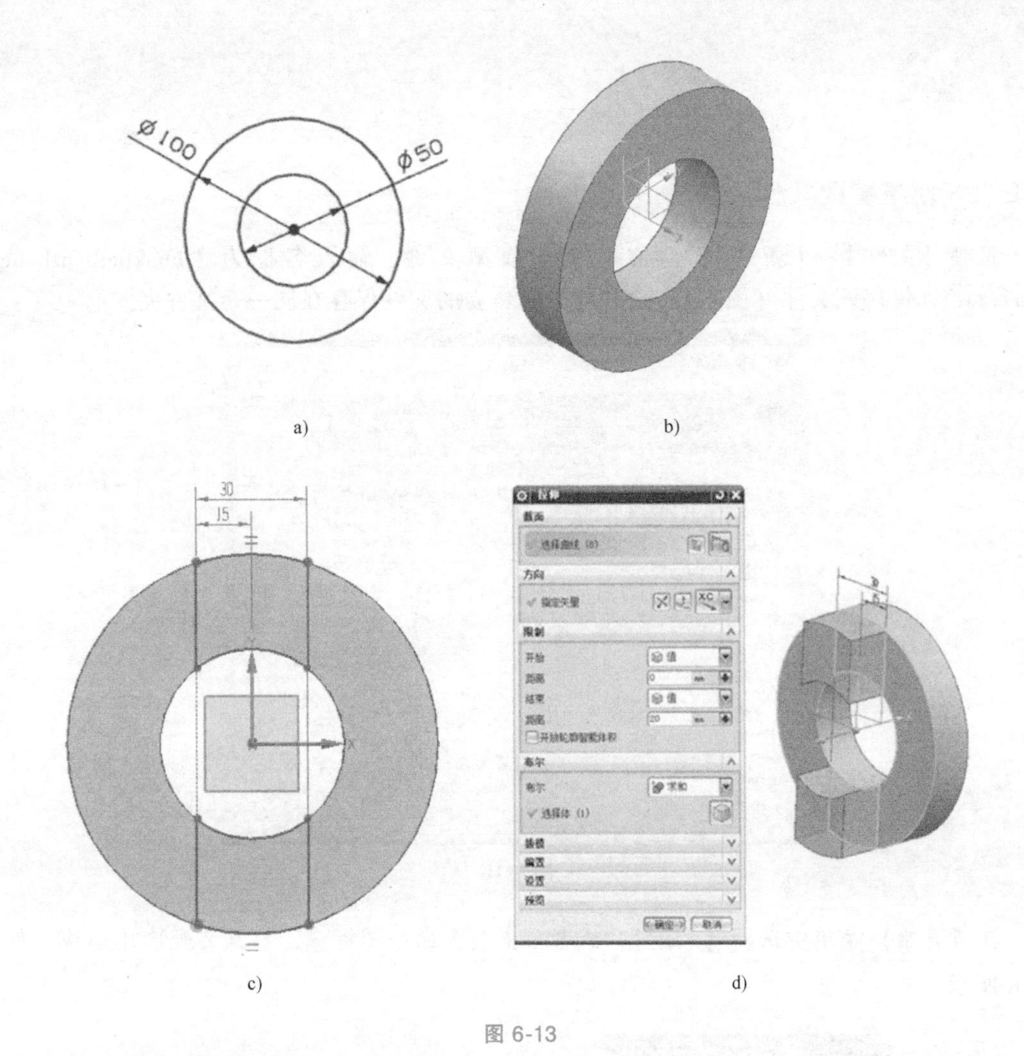

a) b) c) d)

图 6-13

标，【选择曲线】为草图曲线，【指定矢量】选择 X 方向，【开始距离】设置为 0mm，【结束距离】设置为 20mm，布尔求和操作（图 6-14b）。使用<Ctrl+W>快捷键，隐藏草图曲线，得到滑块完整建模。

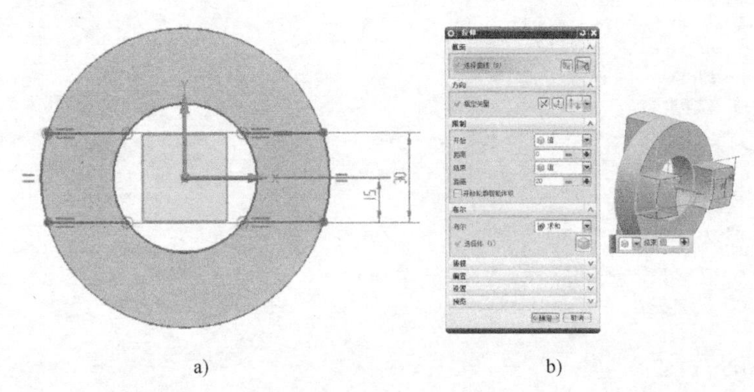

a) b)

图 6-14

6.2 装配

6.2.1 新建装配文件

选择【文件】→【新建】，建立一个新模型文件，输入名称为“huakuailianzhouqi_asm1.prt”，保存该文件（图 6-15），并与之前建立的文件保存在同一个文件夹。

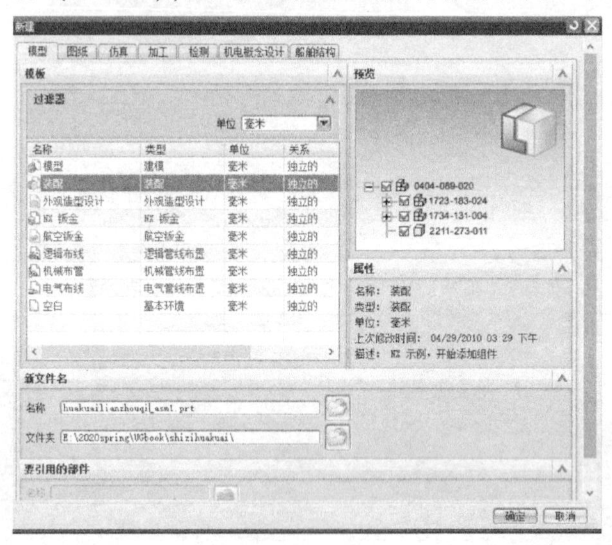

图 6-15

在【开始】菜单中选择【装配】，或者单击装配命令图标，打开装配应用模块，如图 6-16 所示。

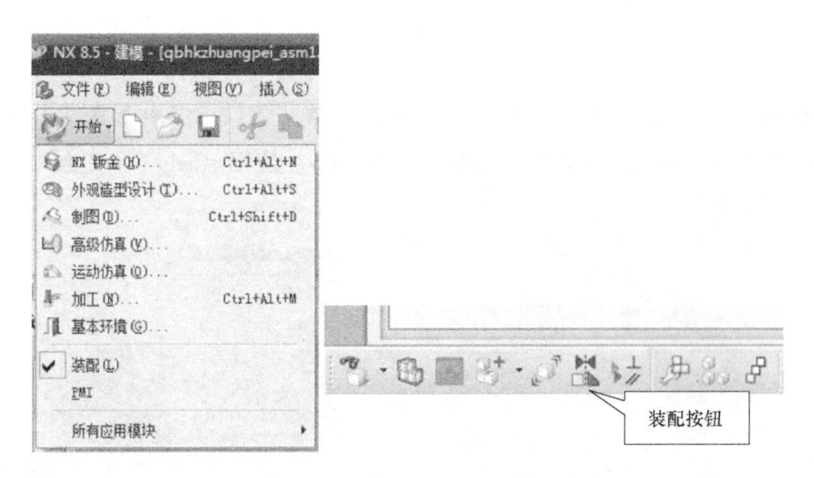

图 6-16

6.2.2 组件的装配

1）选择【插入】→【组件】→【添加组件】，插入机架。定位为绝对原点放置，单击【确定】按钮，单击装配命令图标，弹出【装配约束】对话框如图 6-17 所示，【类型】选择“固定”，【选择对象】为机架，单击【确定】按钮，完成机架的固定装配。

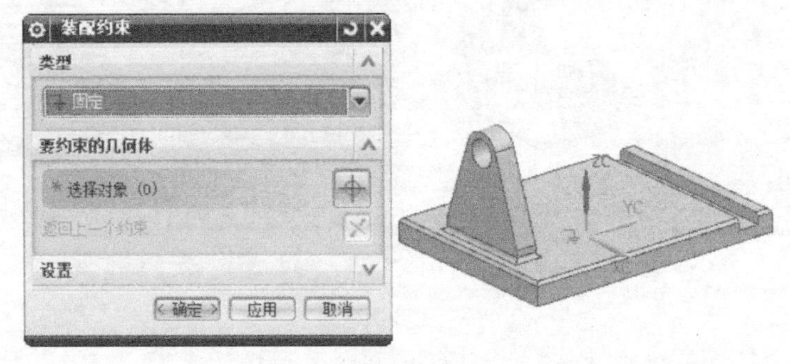

图 6-17

2）选择【插入】→【组件】→【添加组件】，插入活动机架，定位为通过约束放置，单击【确定】按钮，进入装配约束状态（图 6-18a），选择“接触对齐”→“首选接触”，对象分别选择活动机架的底面和机架槽的底面，完成接触装配，再选择机架槽的侧面和活动机架的侧面完成接触装配。继续选择“距离”，选择活动机架小前侧面和机架侧面，两个对象之间的距离为 40mm（图 6-18b），完成机架和活动机架的装配。

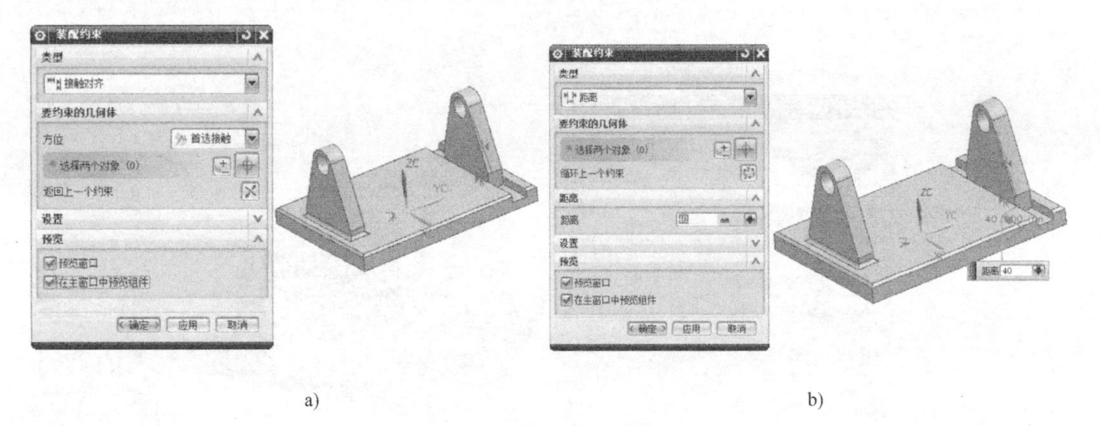

a)　　b)

图 6-18

3）选择【插入】→【组件】→【添加组件】，插入半联轴器，定位为通过约束放置，单击【确定】按钮，进入装配约束状态，选择“接触对齐”→“自动判断中心轴”，分别选择半联轴器小轴中心线和机架孔的中心线，完成轴孔中心对齐装配（图 6-19a），再选择半联轴器小轴端面和机架孔外侧面，完成对齐装配（图 6-19b）。

4）选择【插入】→【组件】→【添加组件】，重复上一步的操作，完成另一个半联轴器的装配，添加一个平行约束，选择两个平面，如图 6-20 所示。

5）选择【插入】→【组件】→【添加组件】，插入滑块，定位为通过约束放置，单击【确定】按钮，进入装配约束状态，选择“接触对齐”→“首选接触”，分别选择滑块凸台前端面和半联轴器槽底面接触，再选择滑块凸台侧面和半联轴器槽侧面接触。选择“接触对齐”→“对齐”，选择滑块凸台圆柱面和其中一个半联轴器圆柱表面对齐，完成装配，如图 6-21 所示。

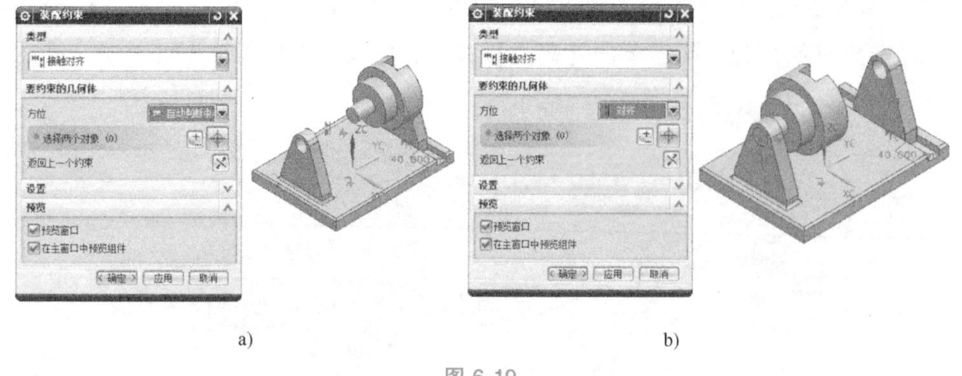

a)　　b)

图 6-19

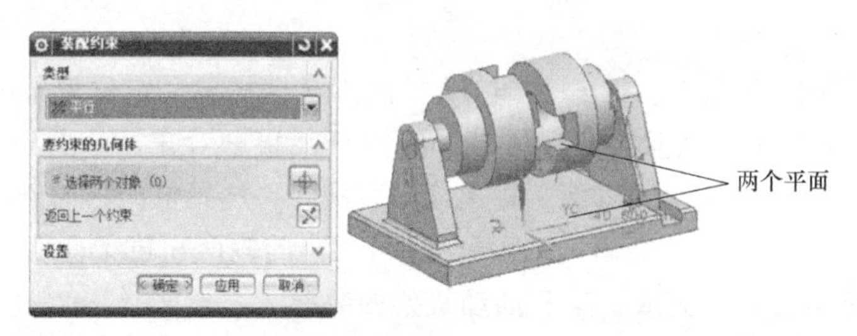

图 6-20

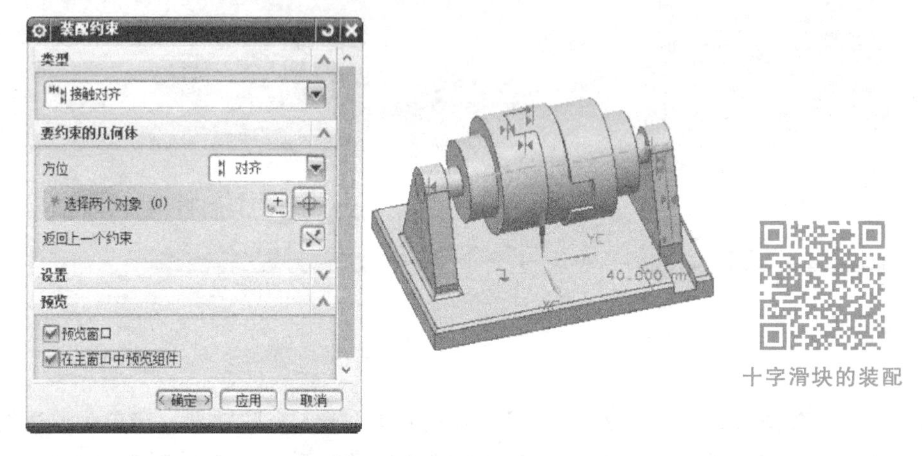

图 6-21

6.3　运动规律仿真

在【开始】菜单中选择【运动仿真】，进入仿真模块。右键单击【运动导航器】上的装配文件名，选择【新建仿真】，在弹出的【环境】对话框中选择【动力学】，单击【确定】按钮（图 6-22），在弹出的【机构运动副向导】对话框（图 6-23）中单击【确定】按钮，把装配图中的构件自动转换成连杆，装配关系映射成仿真模块里的运动副。

图 6-22

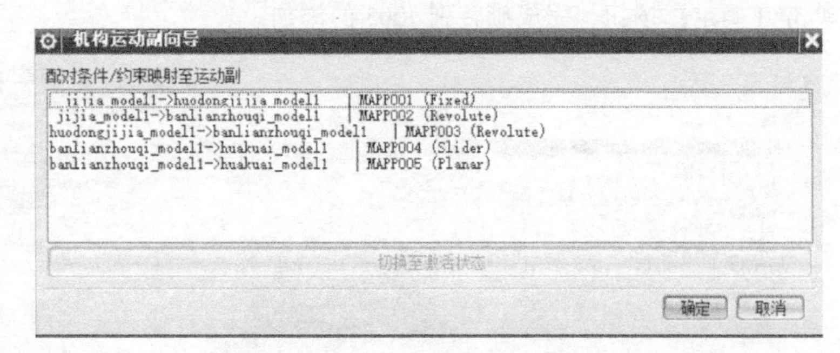

图 6-23

右键删除 motion-1 下自动生成的 Links 和 Joints，手动添加连杆和运动副。

6.3.1　添加连杆

1）选择【插入】→【连杆】，或选择运动工具条中的连杆命令图标，弹出【连杆】对话框，选择连杆对象为机架，名称 L001，勾选【固定连杆】，单击【应用】按钮，完成第一个连杆的设置（图 6-24）。

2）选择活动机架，名称 L002，勾选【固定连杆】，单击【应用】按钮，完成第二个连杆的设置。

3）选择半联轴器，名称 L003，单击【应用】按钮，完成第三个连杆的设置（图 6-25）。

4）选择第二个半联轴器，名称 L004，单击【应用】按钮，完成第四个连杆的设置。

5）选择滑块，名称 L005，单击【确定】按钮，完成第五个连杆的设置，此时运动导航器中的“Joints”下自动生成接地的运动副 J001 和 J002，如图 6-26 所示。

图 6-24

图 6-25

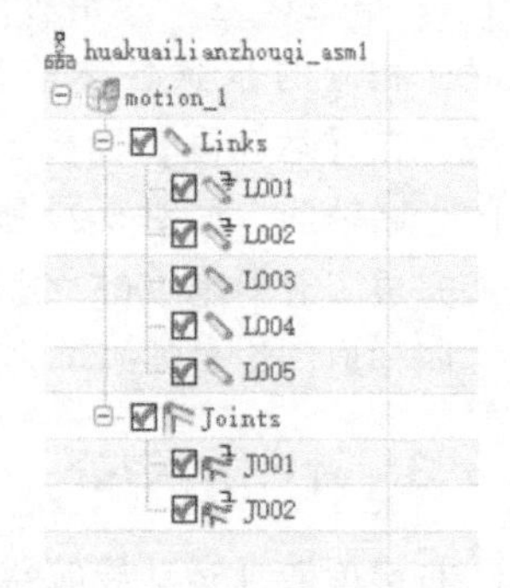

图 6-26

6.3.2　添加运动副

1）添加旋转副。选择【插入】→【运动副】，给机架和半联轴器之间加上一个旋转副，第一个连杆选择半联轴器端面的圆周，这样就完成了“选择连杆”（机架）、“指定原点”（圆心）、“指定矢量”（圆所在平面的法线）三个步骤，此时，相应的步骤名称前将出现绿色的”√”。然后，在【运动副】面板上第二个连杆选择机架，如图 6-27 所示。单击【驱动】选项卡，【旋转】设置为“恒定”，【初速度】设置为 360 degrees/sec，如图 6-28 所示，单击【确定】按钮，完成旋转副 J003 的添加。

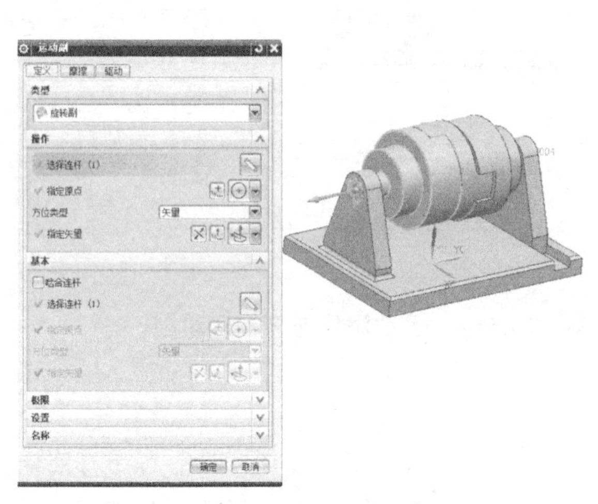

图 6-27

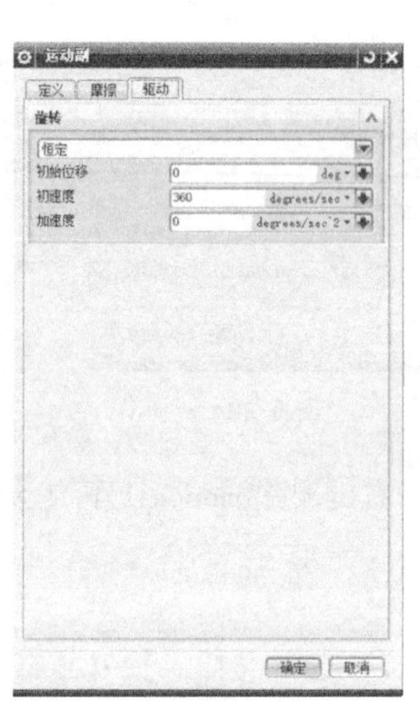

图 6-28

同样地，将另外一个半联轴器与活动机架用旋转副 J004 相连接，不添加驱动。

2）添加滑动副。滑块与半联轴器用滑动副相连接。选择【插入】→【运动副】，给滑块与半联轴器之间加上一个滑动副，第一个连杆选择滑块凸台上平行于移动导路的棱边，这样就完成了“选择连杆”（滑块）、“指定原点”（鼠标位置点）、“指定矢量”（相对滑动方向）三个步骤，此时，相应的步骤名称前将出现绿色的”√”。然后，在【运动副】面板上第二个连杆选择相对应的半联轴器，如图 6-29 所示，单击【应用】按钮就完成了滑动副 J005 的添加。

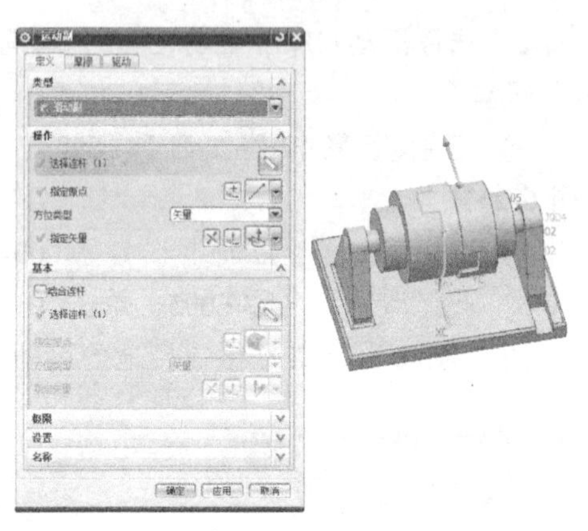

图 6-29

同样地，将另外一个半联轴器与滑块用滑动副 J006 相连接。

6.3.3 新建解算方案

右键单击【运动导航器】上的仿真项目“motion_1”（图 6-30a），选择【新建解算方案】，在弹出的【解算方案】对话框（图 6-30b）中，【时间】设置为 5sec，【步数】设置为 500，勾选【通过按“确定”进行解算】，单击【确定】按钮，进行仿真计算。

6.3.4 仿真结果分析

计算完毕后，右键单击“XY-Graphing”，在右键菜单中选择【新建】，如图 6-31a 所示。在弹出的对话框中进行图表显示设置，如图 6-31b 所示。

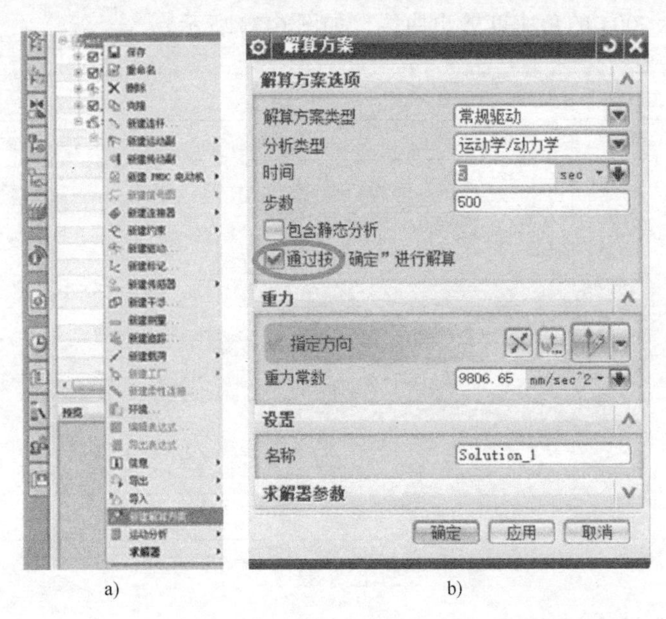

a)　　　　　　　　b)

图 6-30

十字滑块
运动仿真

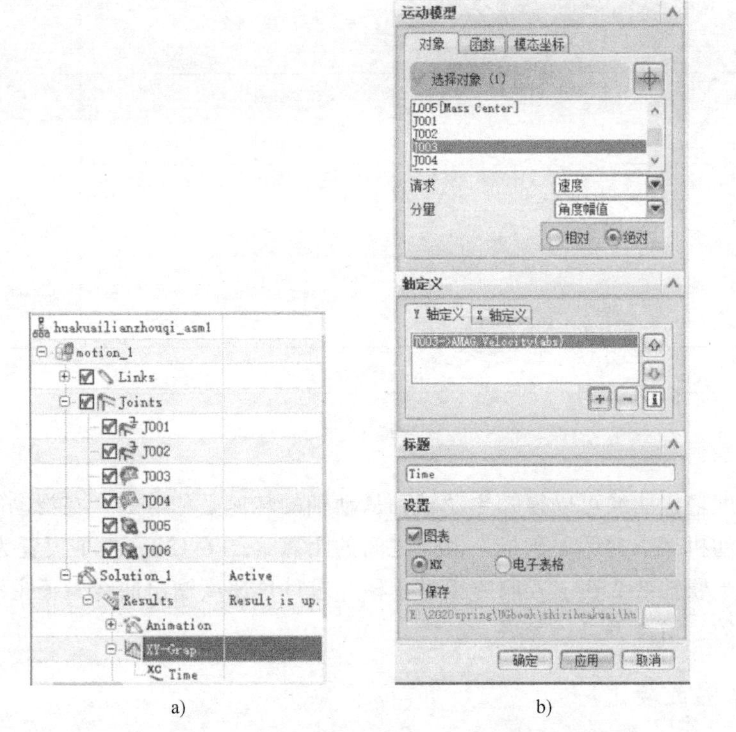

a)　　　　　　　　b)

图 6-31

十字滑块运
动仿真分析

其中 J003 为代表机架与半联轴器组成的旋转副，要求显示该旋转副的速度（角度幅值）。单击按钮添加该运动副的函数，在【设置】中勾选【图表】，选择用 NX 显示结果

曲线，单击【确定】按钮即可直观地显示出半联轴器的角速度输出曲线，如图 6-32 所示。用同样的方法显示 J004 的角速度输出曲线，如图 6-33 所示。

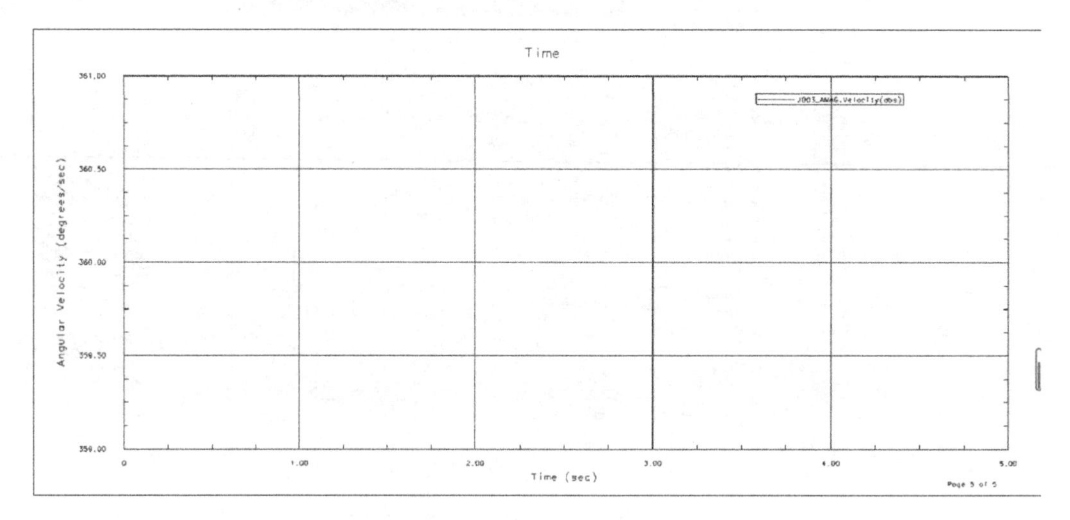

图 6-32

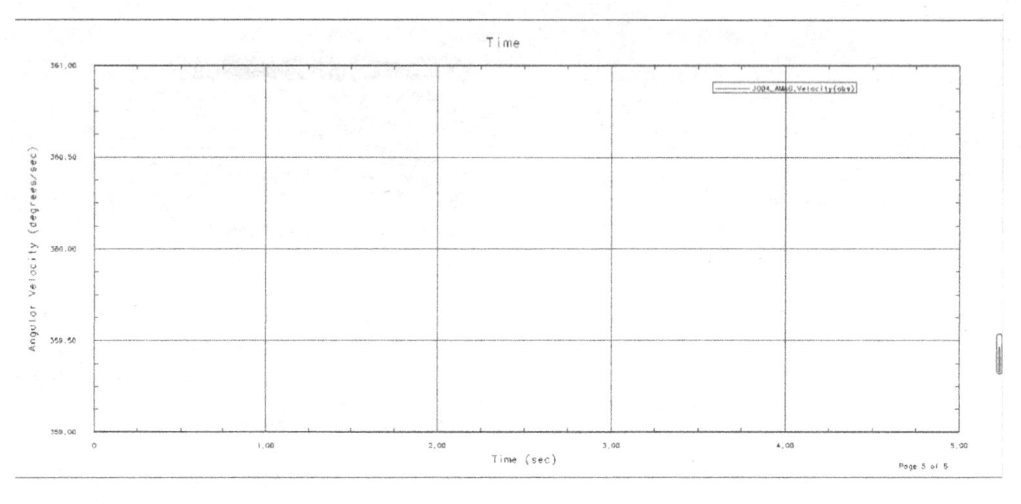

图 6-33

通过角速度输出曲线可以得知主动轴和从动轴的转速是相等的。在滑动联轴器的装配组件中，调整活动机架小前侧面和机架侧面之间的距离（图 6-18b，本书设置为 40mm），实现半联轴器 1 和半联轴器 2 在 y 方向的相对位移，通过角速度输出曲线验证主动轴和从动轴的转速仍是相等的，请读者自行完成。

6.3.5 动画播放与追踪

通过图 6-34 所示的工具条可以模拟运动，以观察是否达到所需运动规律。通过单击图 6-35 所示的工具条上滑动模式下的按钮，可以将动画定位到任一进度位置，还可以通过追踪寻找极限位置，研究机构性能。

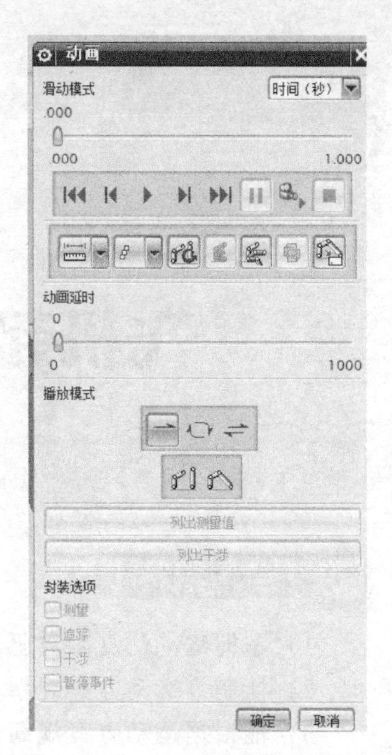
动画
滑动模式
时间（秒）
.000
.000
1.000
动画延时
0
0
1000
播放模式
列出测量值
列出干涉
封装选项
测量
追踪
干涉
暂停事件
确定
取消

1

图 6-34

图 6-35

第 7 章

飞机起落架建模与运动仿真

【学习目标】

1）掌握运动仿真函数驱动方法。

2）能制订运动方案规划。

3）能根据运动方案规划，编写 STEP 函数驱动程序。

【任务引入】

随着科技的发展，出行变得越来越便利。飞机是人们出行中常用的交通工具，而起落架是飞机起飞、着陆、滑跑、地面移动和停放时所必需的关键部件，在飞机安全起降过程中担负着极其重要的使命，其质量高低、性能优劣直接关系到飞机的使用与安全。请同学们秉持细致认真、精益求精的工匠精神，完成起落架的建模和运动仿真。

飞机起落架是利用连杆机构的死点位置特性，使得只要用很小的锁紧力即可有效地保持支承状态。当飞机升空离地要收起机轮时，只要用较小的力量破坏死点位置即可轻易地收起机轮。本章对这一结构采用 STEP 函数驱动完成其运动仿真。

工作原理：图 7-1 所示为飞机起落架工作简图，已知 EF = 600mm，EC = 1400mm，FD = 700mm。飞机起落架由轮胎、腿杆、机架、液压缸、活塞杆、连杆 1、连杆 2 组成。当液压缸使活塞杆伸缩时，驱动腿杆和轮胎放下或收起；当轮胎撞击地面时，F、D、C 位于一条直线上，机构传动角为零，处于死点位置。因此，飞机着地时产生的巨大冲击力不会使连杆 2 反方向转动，而是保持支承状态；飞机起飞后，腿杆收起，以减小空气阻力。

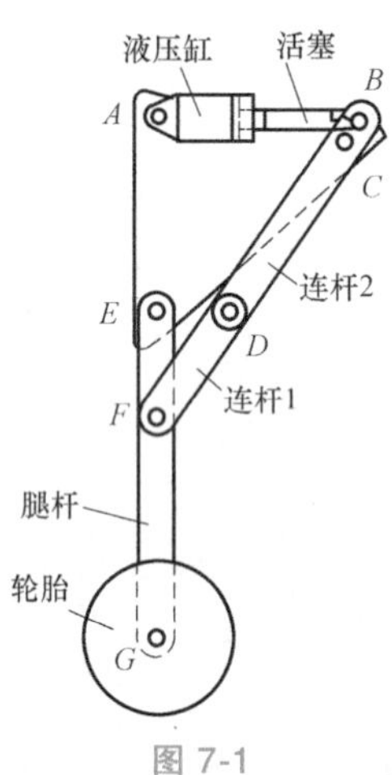

图 7-1

【任务实施】

7.1 零件造型

7.1.1 轮胎建模

1）新建文件，输入名称为“luntai_model1. prt”，然后单击【确定】按钮。选择【插入】→

【设计特征】→【圆柱体】，【指定矢量】选择 ZC 轴，【指定点】选择原点，【直径】设置为 800mm，【高度】设置为 200mm，如图 7-2 所示，完成圆柱体建模。

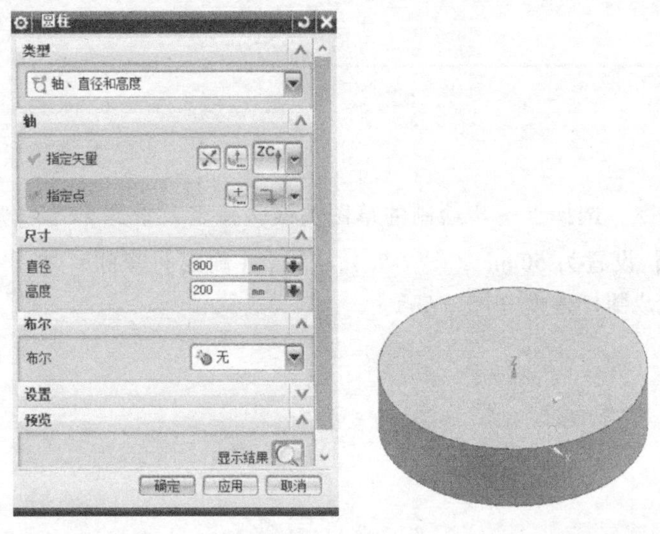

图 7-2

2）单击图标，类型选择“常规孔”，【位置】选择圆柱体中心，【直径】设置为 100mm，【深度限制】选择“贯通体”，布尔求差操作，完成孔的创建（图 7-3a）。单击边倒圆图标，选择圆柱体的上、下边缘，【半径】设置为 30mm，完成轮胎建模（图 7-3b）。

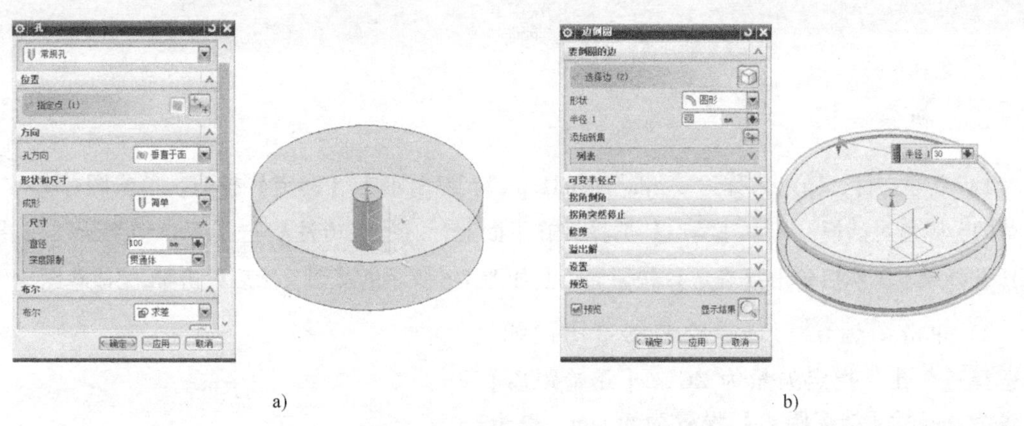

a) b)

图 7-3

7.1.2 腿杆建模

1）新建文件，输入名称为“tuigan_model1. prt”，然后单击【确定】按钮。设置草图环境，插入【首选项】→【草图】，在弹出的【草图首选项】对话框中，【尺寸标签】选择“值”，取消勾选【连续自动标注尺寸】。单击图标，创建草图，在弹出的对话框中，【类型】选择“在平面上”，【平面方法】选择“自动判断”，【指定点】选择原点，单击【确定】按钮。绘制如图 7-4 所示的草图，单击完成草图。

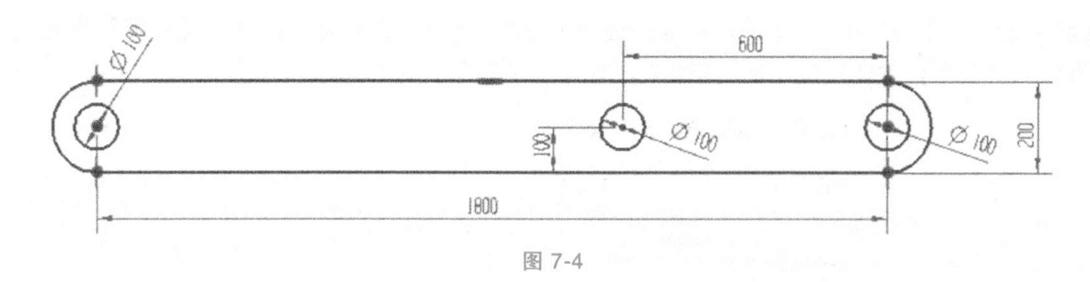

图 7-4

2）单击图标，选择上一步绘制的草图曲线，指定矢量为 ZC，【开始距离】设置为 0mm，【结束距离】设置为 50mm（图 7-5a），单击【确定】按钮，使用<Ctrl+W>快捷键，隐藏草图曲线，完成腿杆建模（图 7-5b）。

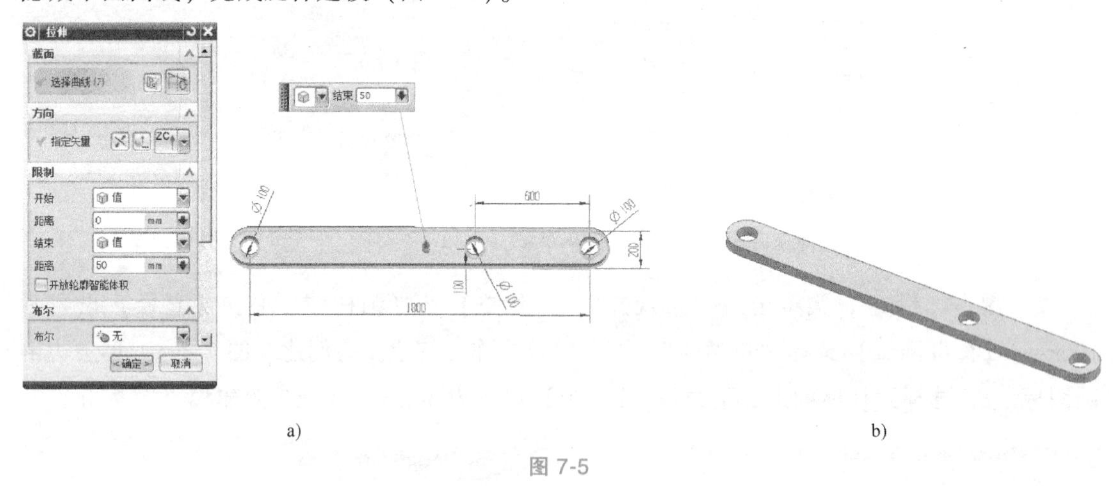

a)　　　　b)

图 7-5

7.1.3　机架建模

1）新建文件，输入名称为“jijia_model1. prt”，然后单击【确定】按钮。单击图标，创建草图，弹出对话框，其中【类型】选择“在平面上”，【平面方法】选择“自动判断”，【指定点】选择原点，然后单击【确定】按钮。绘制如图 7-6 所示的草图，然后单击完成草图。

2）单击图标，选择绘制的草图曲线，不选择三个孔，指定矢量为 ZC，【开始距离】设置为 0mm，【结束距离】设置为 50mm。单击图标，选择草图曲线 ϕ120mm 的圆，指定矢量为 ZC，【开始距离】设置为 0mm，【结束距离】设置为 100mm，布尔求和操作。单击图标，选择 ϕ120mm 圆柱体上圆周面，指定矢量为 ZC，【开始距离】设置为 0mm，【结束距离】设置为 90mm，偏置为单侧偏置，输入 -10mm，布尔求和操作（图 7-7b）。选择草图曲线第二个 ϕ120mm 的圆，指定矢量为 ZC，【开始距离】

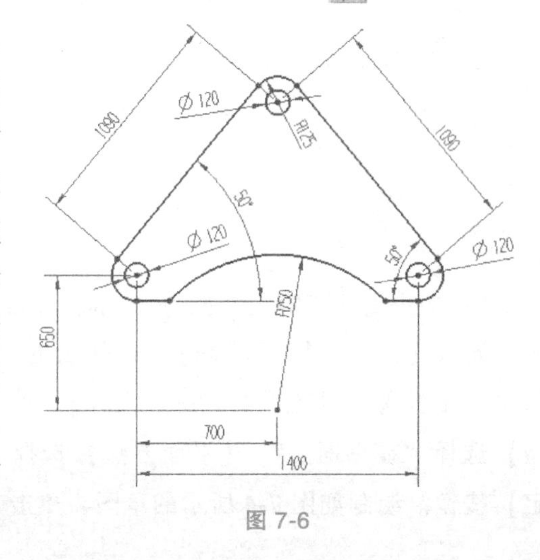

图 7-6

设置为0mm，【结束距离】设置为200mm，布尔求和操作。单击图标，选择 ϕ120mm 圆柱体上圆周面，指定矢量为ZC，【开始距离】设置为0mm，【结束距离】设置为90mm，偏置为单侧偏置，输入-10mm，布尔求和操作（图 7-7c）。选择草图曲线第三个 ϕ120mm 的圆，指定矢量为ZC，【开始距离】设置为0mm，【结束距离】设置为200mm，布尔求和操作。单击图标，选择 ϕ120mm 圆柱体上圆周面，指定矢量为ZC，【开始距离】设置为0mm，【结束距离】设置为90mm，偏置为单侧偏置，输入-10mm，布尔求和操作（图 7-7d）。使用<Ctrl+W>快捷键，隐藏草图曲线，完成机架建模。

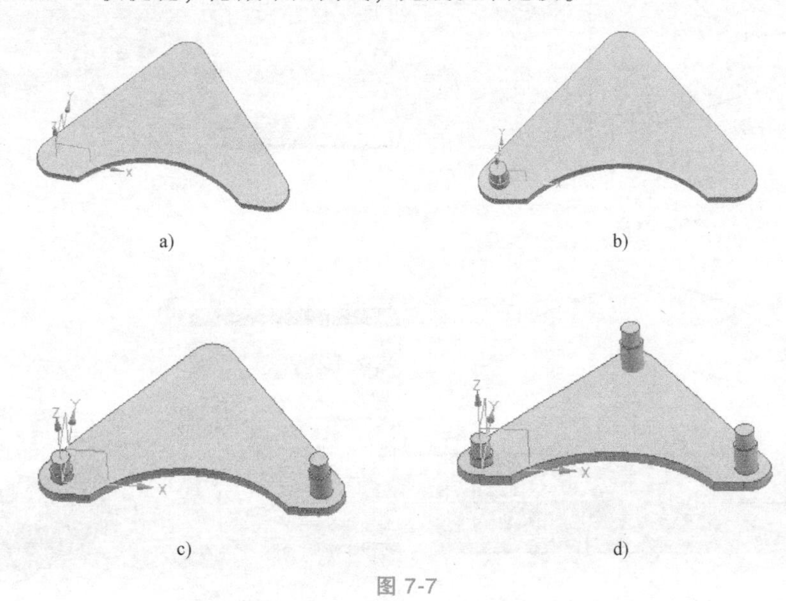

a)　　b)

c)　　d)

图 7-7

7.1.4　液压缸建模

1）新建文件，输入名称为“yeyagang_model1. prt”，然后单击【确定】按钮。单击图标，创建草图，弹出对话框，其中【类型】选择“在平面上”，【平面方法】选择“自动判断”，【指定点】选择原点，然后单击【确定】按钮。绘制如图 7-8a 所示的草图，然后单击图标完成草图。单击图标，选择绘制的草图曲线，指定矢量为ZC，对称拉伸，【距离】设置为50mm（图 7-8b），单击【确定】按钮。

2）单击图标，创建草图，弹出对话框，其中【类型】选择“在平面上”，【平面方法】选择“现有平面”，并选择YZ平面，指定点选择原点，然后单击【确定】按钮。绘制（图 7-9a）所示 ϕ220mm 的圆，然后单击完成草图。单击图标，选择绘制的草图曲线，指定矢量为XC，【开始距离】设置为98mm，【结束距离】设置为（98+450）mm（图 7-9b），布尔无操作，单击确定。

3）单击图标，创建草图，弹出对话框，其中【类型】选择“在平面上”，【平面方法】选择“现有平面”，选择 ϕ220mm 圆柱体前端面，指定点选择 ϕ220mm 圆柱体前端面圆心，然后单击【确定】按钮。绘制图 7-10a 所示 ϕ120mm 的圆，然后单击图标完成草图。

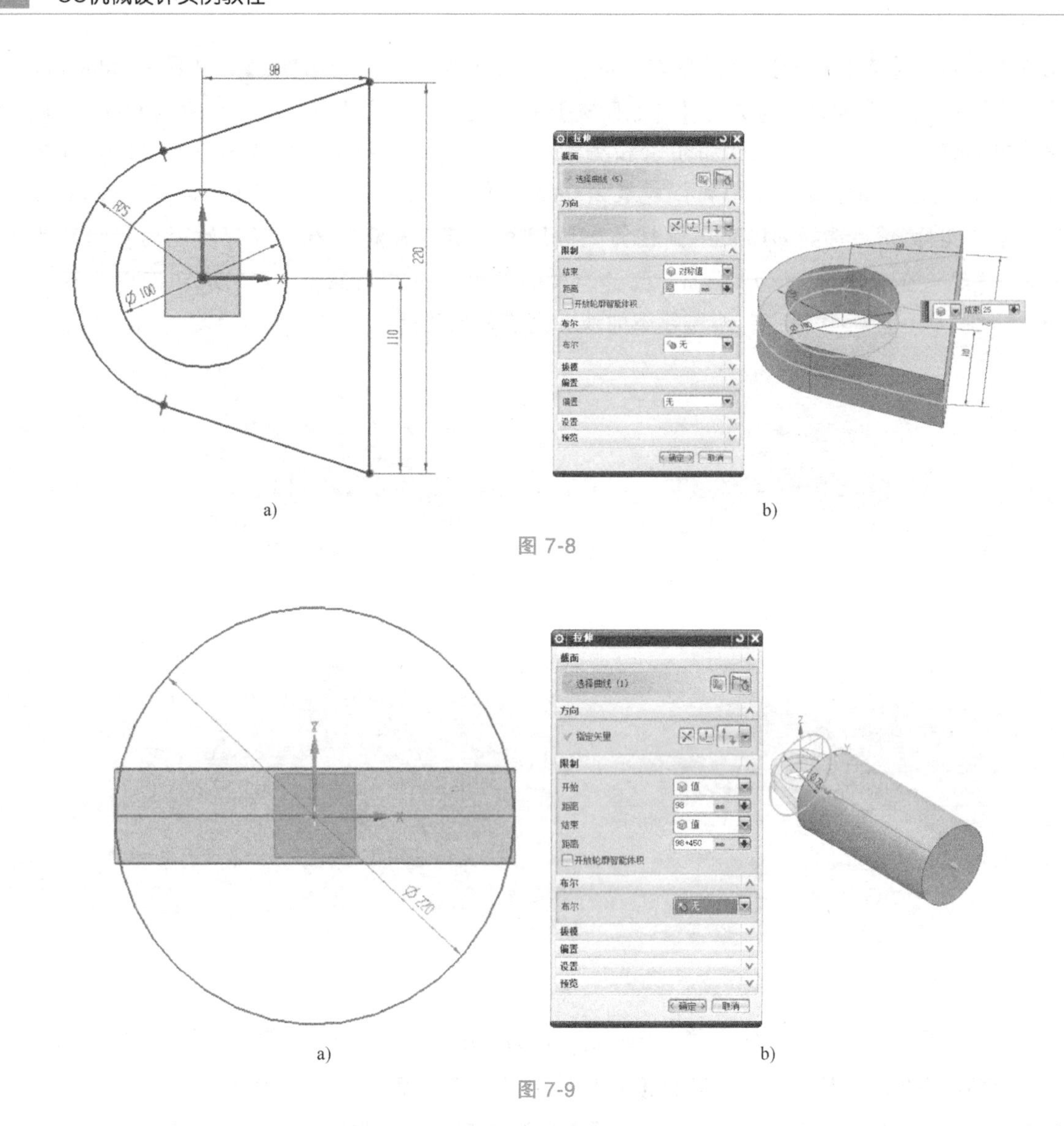

a) b)

图 7-8

a) b)

图 7-9

单击图标，选择绘制的草图曲线，指定矢量为 XC，【开始距离】设置为 0mm，【结束距离】设置为 50mm，与 ϕ220mm 圆柱体布尔求和操作（图 7-10b），单击【确定】按钮。

4）单击抽壳图标，类型选择【移除面，然后抽壳】，【厚度】设置为 10mm，选择 ϕ120mm 圆柱体前端面（图 7-11a），完成抽壳操作。单击布尔求和图标，将两个体合并为单个体。在操作界面右上角空白地方，单击右键，单击勾选同步建模，出现同步建模对话框（图 7-11b），单击调整面大小图标，【直径】设置为 80mm（图 7-11c）。使用<Ctrl+W>快捷键，隐藏草图曲线，完成液压缸建模（图 7-11d）。

7.1.5 活塞建模

1）新建文件，输入名称为“huosai_model1. prt”，然后单击【确定】按钮。选择【插入】→【基准点】→【基准 CSYS】。单击图标，创建草图，弹出对话框，其中【类型】选

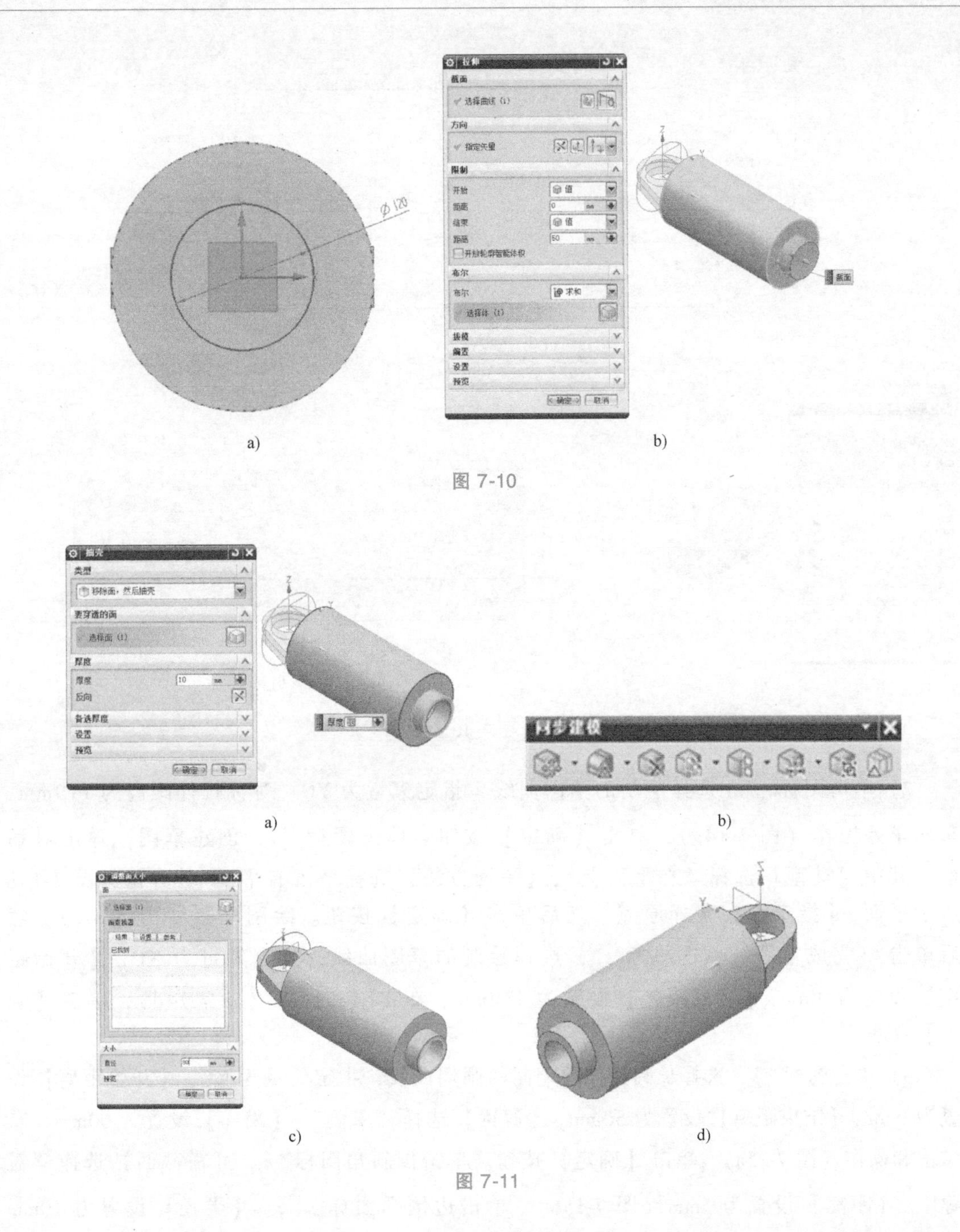

a)　b)

图 7-10

a)　b)

c)　d)

图 7-11

择“在平面上”，【平面方法】选择“自动判断”，【指定点】选择原点，然后单击【确定】按钮。绘制如图 7-12 所示的草图，然后单击完成草图。单击图标，选择绘制的草图曲线，指定矢量为 ZC，【开始距离】设置为 0mm，【结束距离】设置为 110mm（图 7-13a），单击确定。单击图标，创建草图，弹出对话框，其中【类型】选择“在平面上”，【平面方法】选择“现有平面”，并选择 XZ 平面，【指定点】选择原点，然后单击【确定】按钮。绘制草图（图 7-13b），然后单击完成草图。

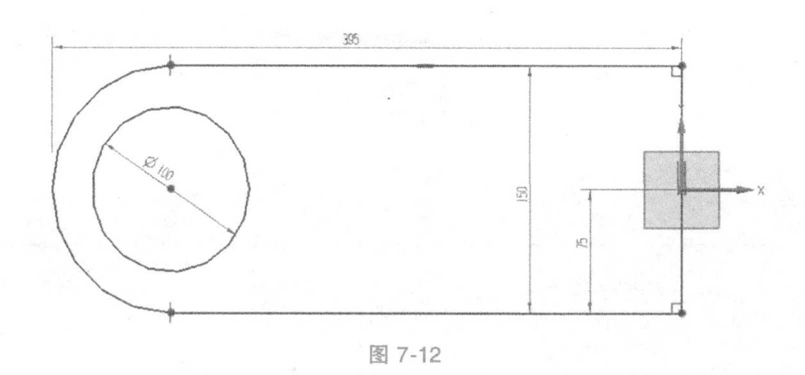

图 7-12

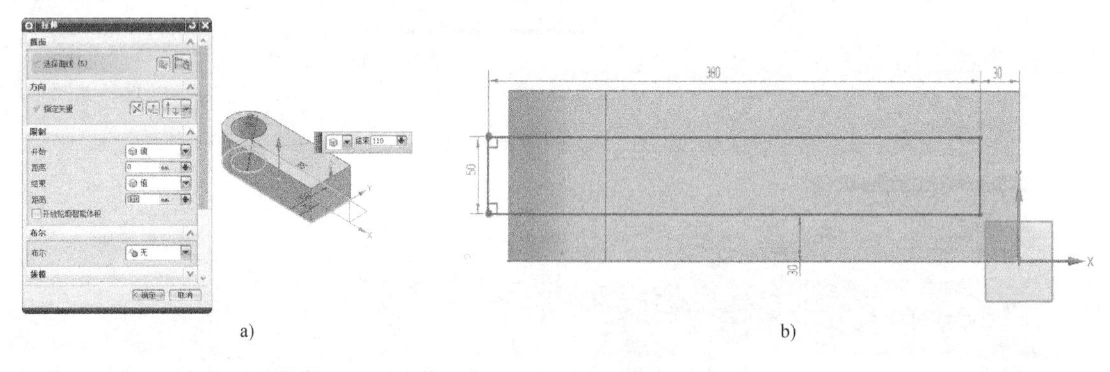

a)　　　　b)

图 7-13

2）单击图标，选择绘制的草图曲线，指定矢量为 YC，对称拉伸距离为 110mm，布尔求差操作（图 7-14a），单击【确定】按钮。单击图标，创建草图，弹出对话框，其中【类型】选择“在平面上”，【平面方法】选择“现有平面”，并选择图 7-14b 所示平面，【指定点】选择原点，然后单击【确定】按钮。绘制草图（图 7-14c），然后单击完成草图。单击图标，选择绘制的草图曲线，指定矢量为 XC，【开始距离】设置为 0mm，【结束距离】设置为 430mm，布尔求和操作（图 7-14d），单击【确定】按钮。

3）单击图标，选择长圆柱体前端面的圆周曲线，指定矢量为 XC，【开始距离】设置为 0mm，【结束距离】设置为 50mm，【偏置】选择“单侧”，【距离】设置为 60mm，布尔求和操作（图 7-15a），单击【确定】按钮。单击倒斜角图标，【横截面】选择“对称”，【距离】设置为 5mm（图 7-15b）。单击边倒圆图标，【半径】设置为 10mm（图 7-16），完成活塞的建模。

7.1.6　连杆 1 建模

新建文件，输入名称为“liangan1_model1. prt”，然后单击【确定】按钮。选择【插入】→【基准点】→【基准 CSYS】。单击图标，创建草图，弹出对话框，其中【类型】选择“在平面上”，【平面方法】选择“自动判断”，【指定点】选择原点，然后单击【确定】按钮。

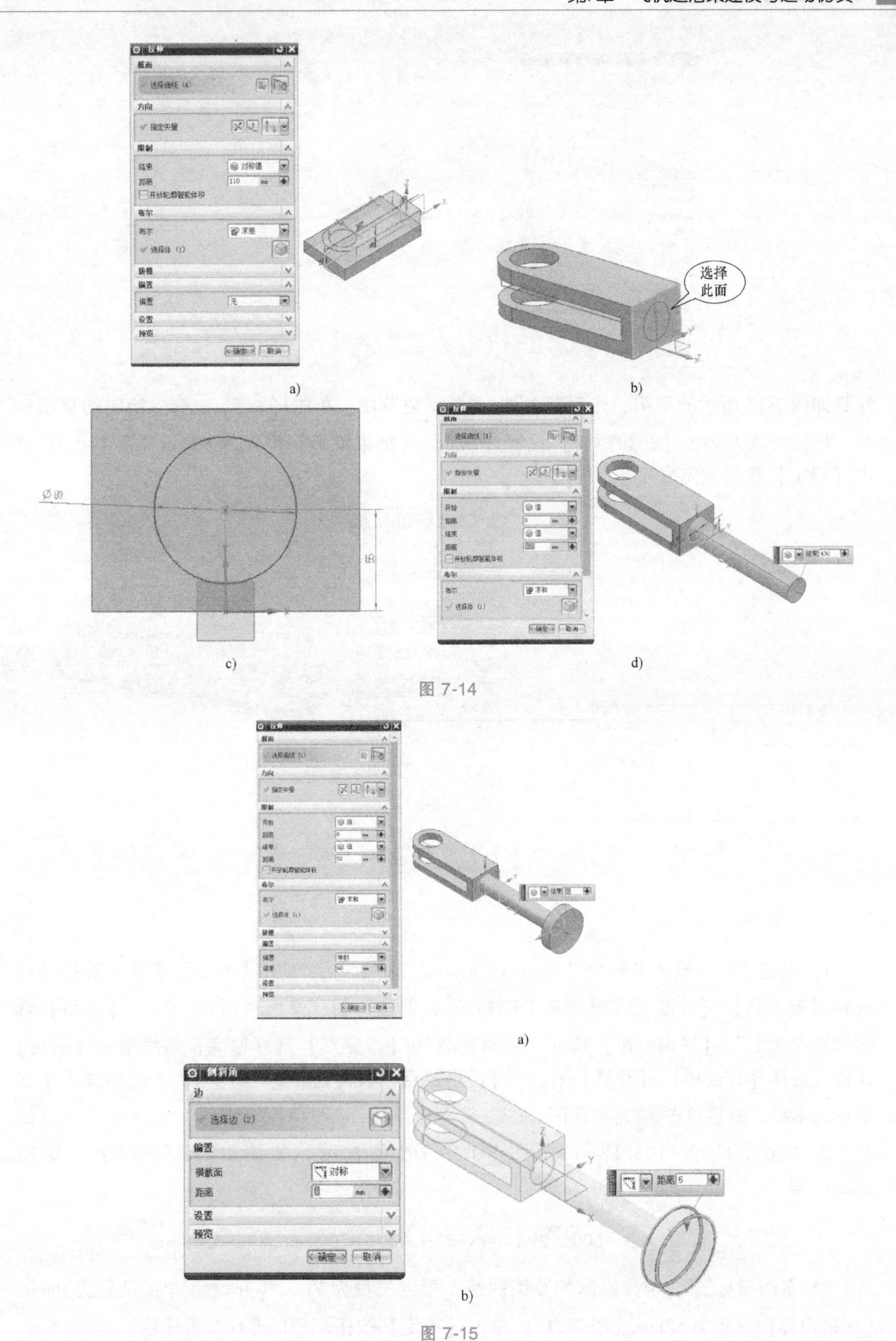
拉伸
截面
选择曲线 (4)
方向
指定矢量
限制
结束
对称值
距离
110
开放轮廓智能体积
布尔
求差
选择体 (1)
拔模
偏置
无
设置
预览
确定
取消
a)
选择
此面
b)
c)
d)
图 7-14
a)
倒斜角
边
选择边 (2)
偏置
横截面
对称
距离
设置
预览
确定
取消
距离 5
b)
图 7-15

图 7-14

图 7-15

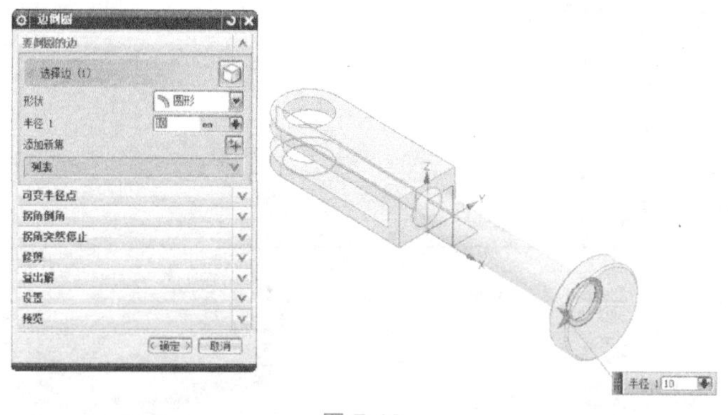

图 7-16

绘制如图 7-17 所示的草图，然后单击图标完成草图。单击图标，选择绘制的草图曲线，指定矢量为 ZC，【开始距离】设置为 0mm，【结束距离】设置为 50mm（图 7-18），单击【确定】按钮，完成连杆 1 的建模。

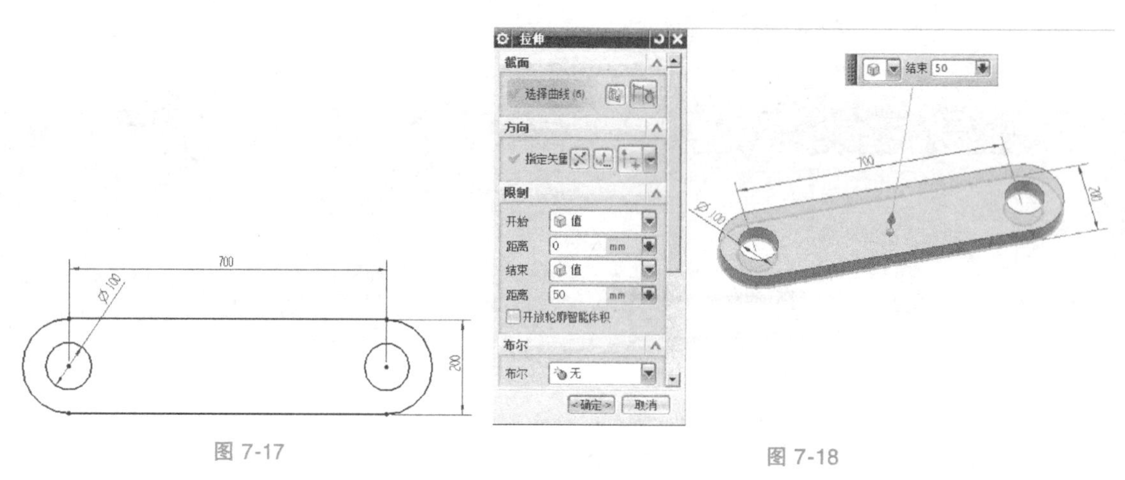

图 7-17

图 7-18

7.1.7 连杆 2 建模

1）新建文件，输入名称为“liangan2_model1. prt”，然后单击【确定】按钮。选择【插入】→【基准点】→【基准 CSYS】。单击图标，创建草图，弹出对话框，其中【类型】选择“在平面上”，【平面方法】选择“自动判断”，【指定点】选择原点，然后单击【确定】按钮。选择【首选项】→【注释】→【尺寸】，小数点位数设置为 2（图 7-19），绘制如图 7-20 所示的草图，然后单击完成草图。

图 7-20 中尺寸 1143. 88mm 是图 7-1 中 DC 的长度，其值由 $\triangle EFC$ 用余弦定理求出，即

$$l_{DC}=(\sqrt{1400^2+600^2-2\times1400\times600\cos130^\circ}-700)\text{mm}=1143.88\text{mm}$$

2）单击图标，选择绘制的草图曲线，指定矢量为 ZC，【开始距离】设置为 0mm，【结束距离】设置为 50mm（图 7-21），单击【确定】按钮，完成连杆 2 的建模。

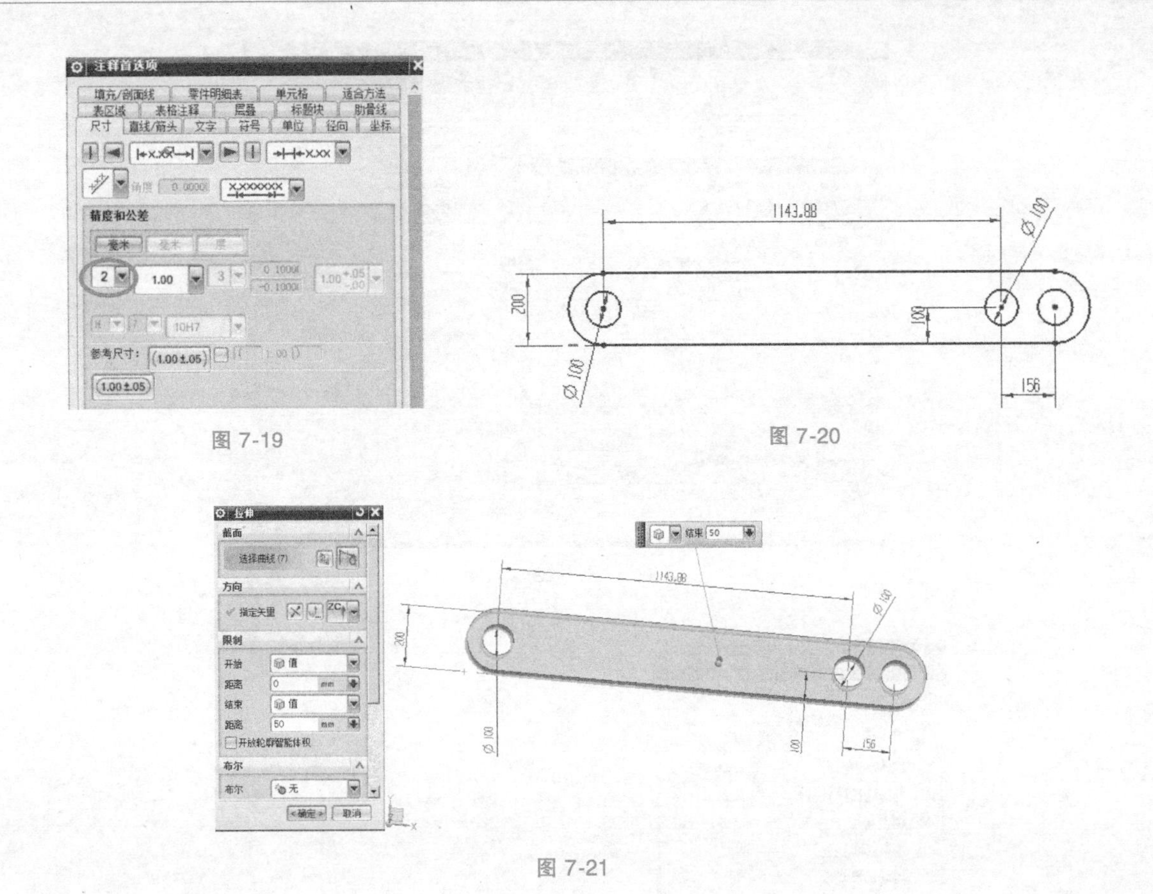

图 7-19

图 7-20

图 7-21

7.1.8　定位销

新建文件，输入名称为分别为“dingweixiao1_model1. prt”“dingweixiao2_model1. prt”“dingweixiao3_model1. prt”“dingweixiao4_model1. prt”。其中定位销 1、2、3 的尺寸为 ϕ100mm×160mm 的圆柱体，定位销 4 的尺寸为 ϕ100mm×330mm 的圆柱体，建模过程略，请读者自行完成。

7.2　装配

7.2.1　新建装配文件

选择【文件】→【新建】，建立一个新模型文件，输入名称为“feijiqiluojiajigou_asm1. prt”，保存该文件（图 7-22）。注意与之前所建立的文件保存在同一个文件夹。

在【开始】菜单中选择【装配】，或者单击装配按钮，打开装配应用模块，如图 7-23 所示。

7.2.2　飞机起落架机构的装配

1）选择【插入】→【组件】→【添加组件】，插入机架。定位为绝对原点放置，单击【确

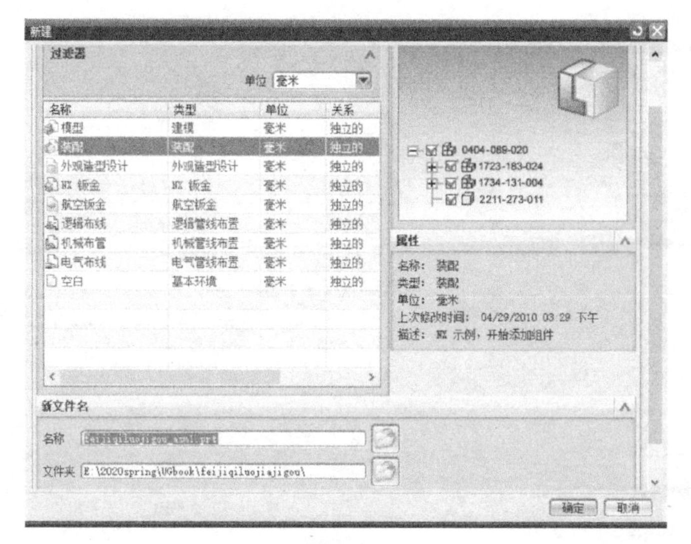

图 7-22

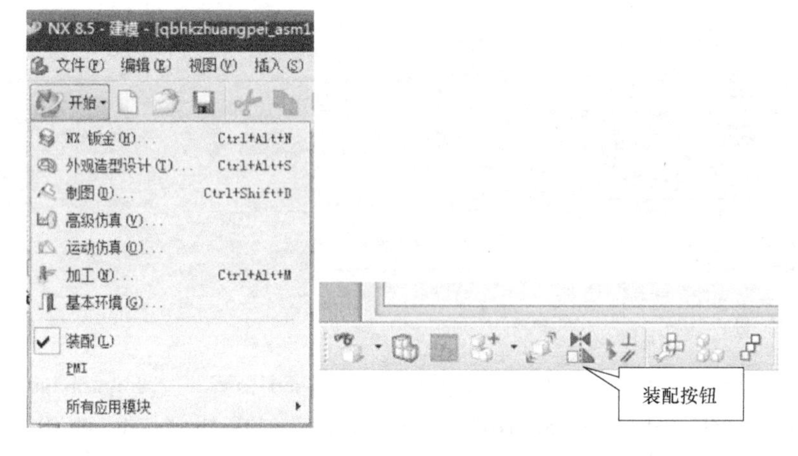

图 7-23

定】按钮，单击装配约束，如图 7-24 所示，【类型】选择“固定”，选择对象为机架，单击【确定】按钮，完成机架的固定装配。

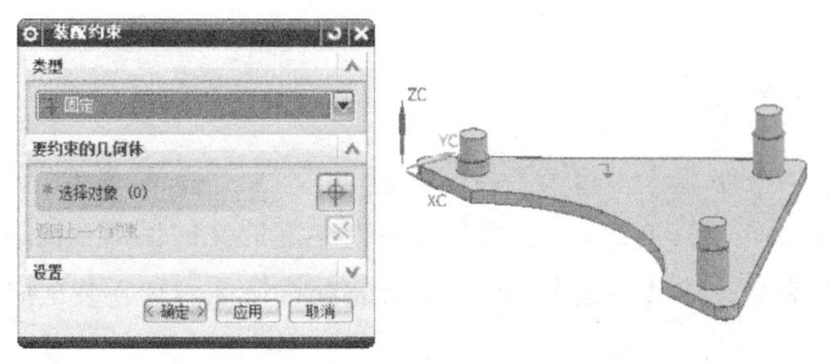

图 7-24

2）选择【插入】→【组件】→【添加组件】，插入液压缸，定位为通过约束放置，单击【确定】按钮，进入装配约束状态，选择“接触对齐”→“首选接触”、“接触对齐”→“自动判断中心/轴”（图 7-25a），完成机架和液压缸的装配（图 7-25b）。

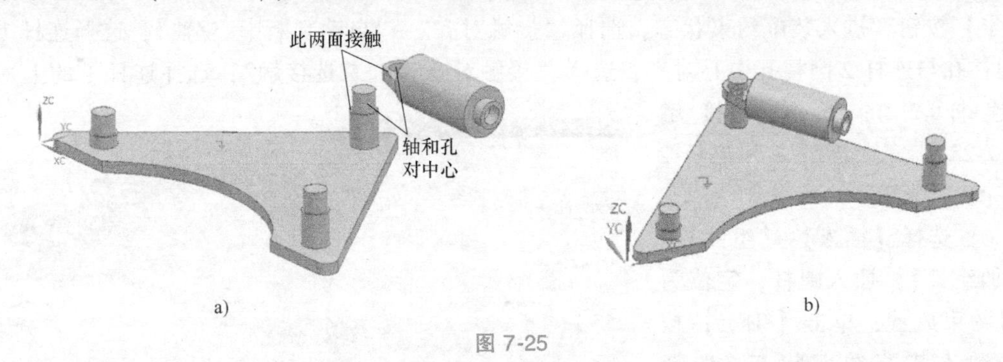

a)　　b)

图 7-25

3）选择【插入】→【组件】→【添加组件】，插入活塞，定位为通过约束放置，单击【确定】按钮，进入装配约束状态，选择“接触对齐”→“自动判断中心/轴”，选择活塞圆柱中心线和液压缸中心线对齐（图 7-26a），单击平行，选择活塞上端面和机架平面平行（图 7-26b），完成活塞和液压缸的装配。

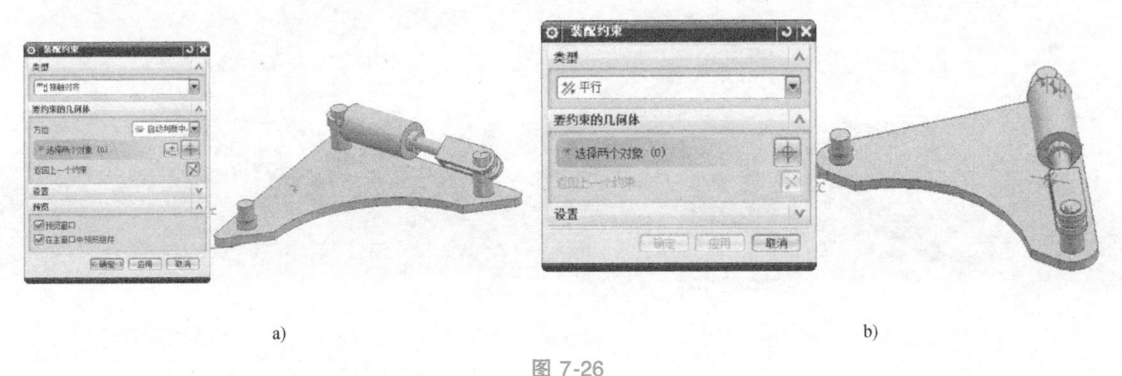

a)　　b)

图 7-26

4）选择【插入】→【组件】→【添加组件】，插入连杆 2，定位为通过约束放置，单击【确定】按钮，进入装配约束状态，选择“接触对齐”→“自动判断中心/轴”，选择连杆 2 中间圆柱孔与机架圆柱体中心对齐，选择“接触对齐”→“首选接触”，约束要求如图 7-27a 所示。选择“接触对齐”→“自动判断中心/轴”，选择连杆 2 右端的圆柱孔和活塞上的圆柱孔中心线对齐，选择“接触对齐”→“首选接触”，选择连杆 2 的上表面和活塞槽的上顶面接触（图 7-27b），完成连杆 2 和机架、连杆 2 和活塞的装配（图 7-27c）。

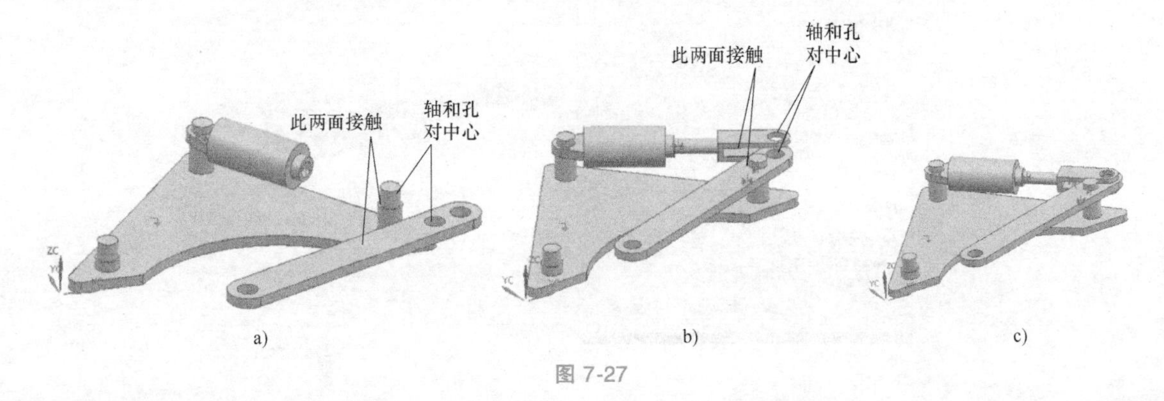

a)　　b)　　c)

图 7-27

5）选择【插入】→【组件】→【添加组件】，插入连杆 1，定位为通过约束放置，单击【确定】按钮，进入装配约束状态，选择“接触对齐”→“自动判断中心/轴”，选择连杆 1 右端圆柱孔与连杆 2 圆柱孔中心对齐，选择“接触对齐”→“首选接触”，选择连杆 1 的上平面和连杆 2 的下平面接触（图 7-28），完成连杆 1 和连杆 2 的装配。

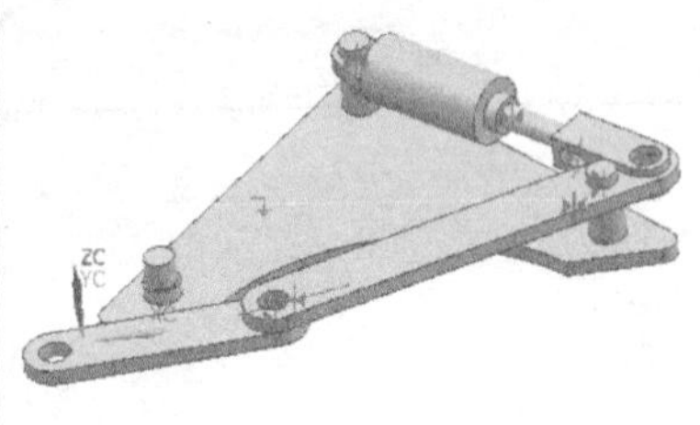

图 7-28

6）选择【插入】→【组件】→【添加组件】，插入腿杆，定位为通过约束放置，单击【确定】按钮，进入装配约束状态，选择“接触对齐”→“自动判断中心/轴”，选择腿杆一端的圆柱孔与机架圆柱中心对齐，选择“接触对齐”→“首选接触”，选择腿杆的下端面和机架的立柱接触（图 7-29a），完成腿杆和机架的装配（图 7-29b）。

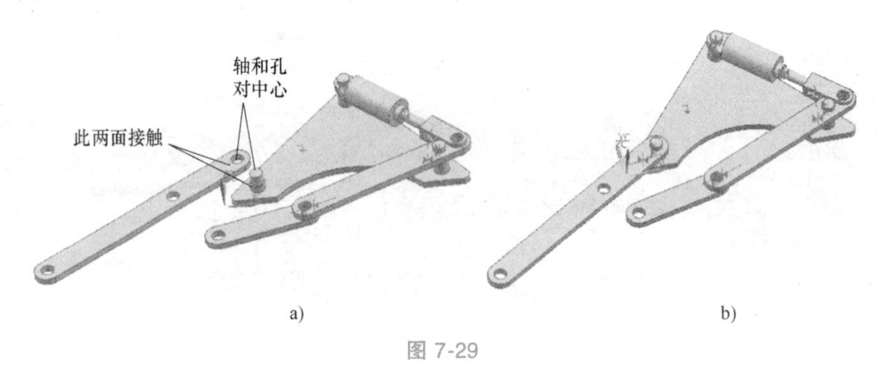

图 7-29

7）选择【插入】→【组件】→【添加组件】，插入轮胎，定位为通过约束放置，单击【确定】按钮，进入装配约束状态，选择“接触对齐”→“自动判断中心/轴”，选择轮胎的圆柱孔与腿杆圆柱孔中心对齐，选择“接触对齐”→“首选接触”，选择腿杆的上平面与轮胎的下平面接触，单击【确定】按钮，完成腿杆与轮胎的装配，如图 7-30 所示。

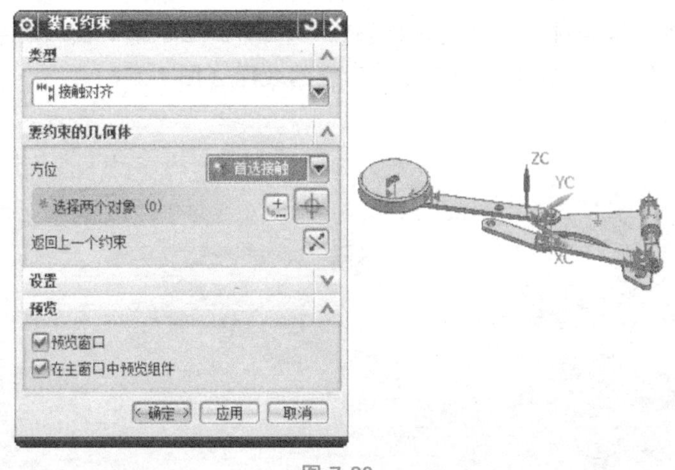

图 7-30

8）单击装配约束图标，进入装配约束状态，选择“接触对齐”→“自动判断中心/轴”，选择腿杆中间的圆柱孔与连杆 1 的圆柱孔中心对齐，选择“接触对齐”→“首选接触”，选择腿杆的上平面与连杆 1 的下平面接触，单击【确定】按钮，完成腿杆与连杆 1 的装配，如图 7-31 所示。

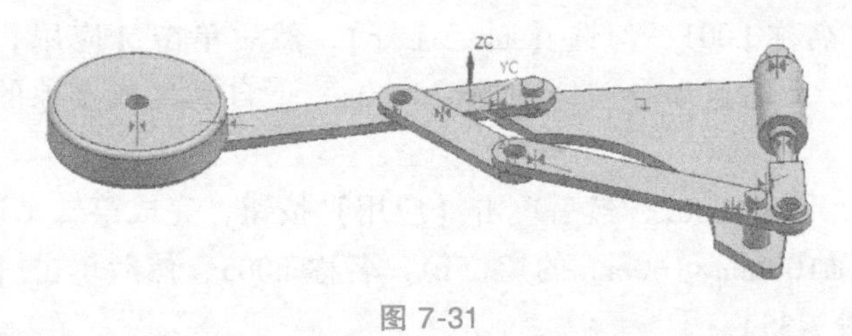

图 7-31

9）完成 3 个圆柱销的装配，其中 ϕ100mm×330mm 的上端面与轮胎的上端面距离为 40mm，ϕ100mm×160mm 的上端面与连杆 1 和连杆 2 的上端面距离为 30mm，如图 7-32 所示，请读者自行完成。

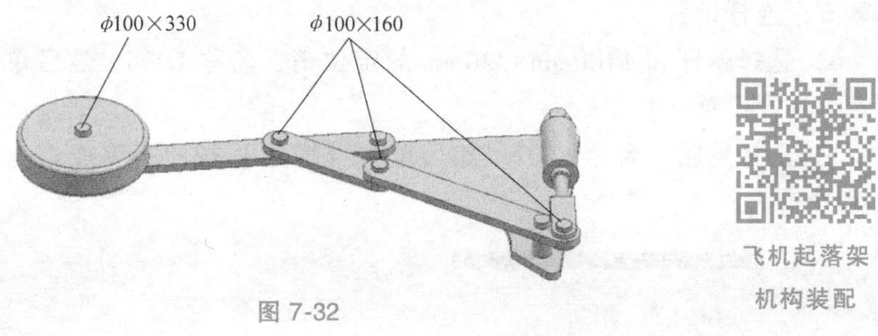

图 7-32

7.3 运动规律仿真

在【开始】菜单中选择【运动仿真】，进入仿真模块。右键单击【运动导航器】上装配文件名，选择【新建仿真】，在弹出的【环境】对话框中选择【动力学】，单击【确定】按钮（图 7-33），在弹出的【机构运动副向导】对话框（图 7-34）中单击【确定】按钮，把装配图中的构件自动转换成连杆，装配关系映射成仿真模块里的运动副。

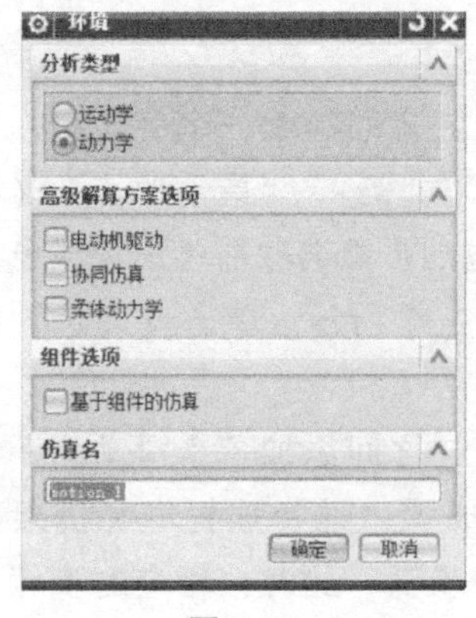

图 7-33

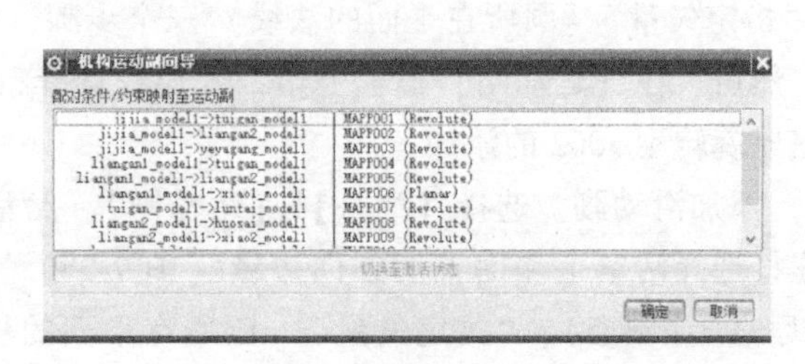

图 7-34

右键删除 motion-1 下自动生成的 Links 和 Joints，手动添加连杆和运动副。

7.3.1 添加连杆

1）选择【插入】→【连杆】，或选择运动工具条中的图标，弹出【连杆】对话框，选择连杆对象为机架，名称 L001，勾选【固定连杆】，然后单击【应用】按钮，完成第一个连杆设置（图 7-35）。此时运动导航器中的“Joints”下自动生成接地的运动副 J001，如图 7-36 所示。

2）选择液压缸，名称 L002，然后单击【应用】按钮，完成第二个连杆设置。

3）选择活塞和 ϕ100mm×160mm 的定位销，名称 L003，然后单击【应用】按钮，完成第三个连杆设置（图 7-35）。

4）选择连杆 2 和 ϕ100mm×160mm 的定位销，名称 L004，然后单击【应用】按钮，完成第四个连杆设置。

5）选择连杆 1 和 ϕ100mm×160mm 的定位销，名称 L005，然后单击【应用】按钮，完成第五个连杆设置。

6）选择腿杆和 ϕ100mm×330mm 的定位销，名称 L006，然后单击【应用】按钮，完成第六个连杆设置。

7）选择轮胎，名称 L007，然后单击【应用】按钮，完成第七个连杆设置，如图 7-36 所示。

图 7-35

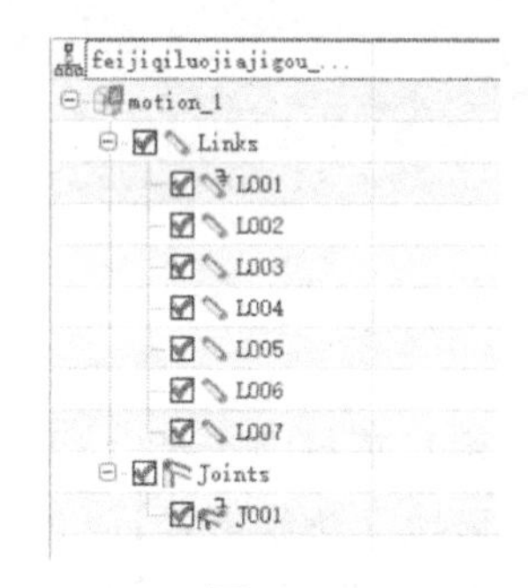

图 7-36

7.3.2 添加运动副

1）添加旋转副。选择【插入】→【运动副】，给机架和液压缸之间加上一个旋转副，第一个连杆选择液压缸端面的圆周，这样就完成了“选择连杆”（机架）、“指定原点”（圆心）、“指定矢量”（圆所在平面的法线）三个步骤，此时，相应的步骤名称前将出现绿色的√号。然后，在【运动副】面板上第二个连杆选择机架，如图 7-37 所示。单击【确定】按钮，完成旋转副 J002 的添加。

2）添加滑动副。选择【插入】→【运动副】，给活塞和液压缸之间添加一个滑动副，第一个连杆选择活塞上端面长度方向边缘（图 7-38），这样就完成了“选择连杆”（机架）、“指定原点”（圆心）、“指定矢量”（圆所在平面的法线）三个步骤，此时，相应的步骤名称前将出现绿色的√号。第二个连杆选择液压缸，完成活塞和液压缸滑动副 J003 的添加。

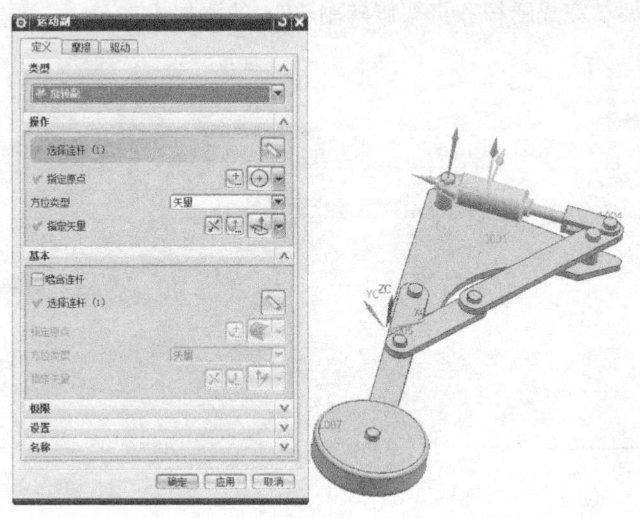

图 7-37

3）选择【插入】→【运动副】，给连杆 2 和机架之间添加一个旋转副，第一个连杆选择连杆 2 中间圆柱孔边缘（图 7-39），这样就完成了“选择连杆”（机架）、“指定原点”（圆心）、“指定矢量”（圆所在平面的法线）三个步骤，此时，相应的步骤名称前将出现绿色的√号。第二个连杆选择机架，完成连杆 2 和机架旋转副 J004 的添加。

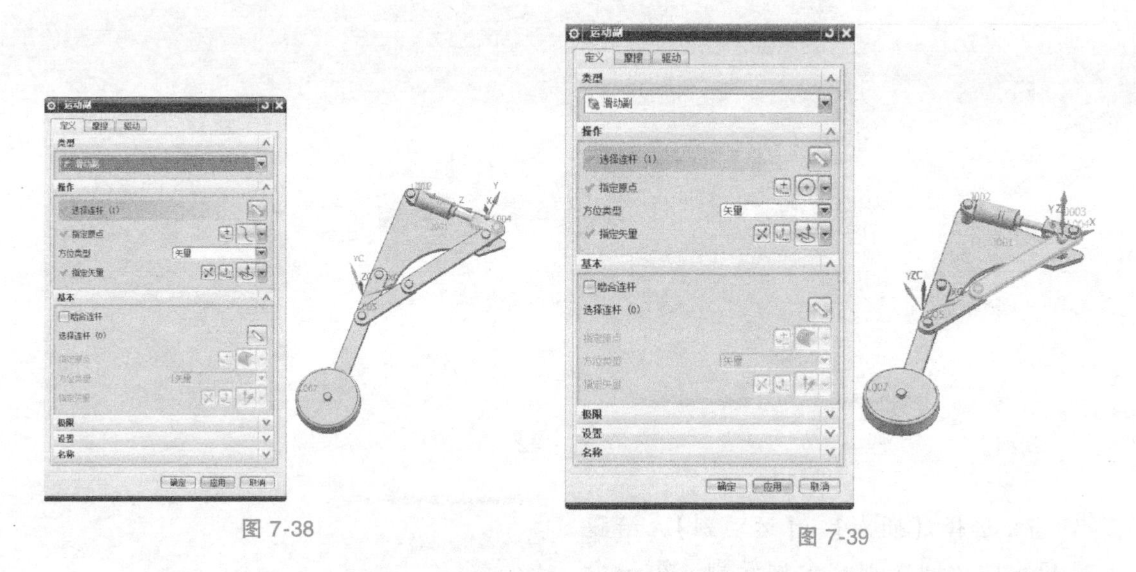

图 7-38　　　　图 7-39

4）选择【插入】→【运动副】，给连杆 2 和连杆 1 之间添加一个旋转副，第一个连杆选择连杆 2 左边圆柱孔边缘（图 7-40），这样就完成了“选择连杆”(机架)、“指定原点”（圆心）、“指定矢量”（圆所在平面的法线）三个步骤，此时，相应的步骤名称前将出现绿色的√号。第二个连杆选择连杆 1，完成连杆 2 和连杆 1 旋转副 J005 的添加。

5）选择【插入】→【运动副】，给腿杆和机架之间添加一个旋转副，第一个连杆选择腿杆右边圆柱孔边缘（图 7-41），这样就完成了“选择连杆”（机架）、“指定原点”（圆心）、“指定矢量”（圆所在平面的法线）三个步骤，此时，相应的步骤名称前将出现绿色的√号。

第二个连杆选择机架，完成腿杆和机架旋转副 J006 的添加。

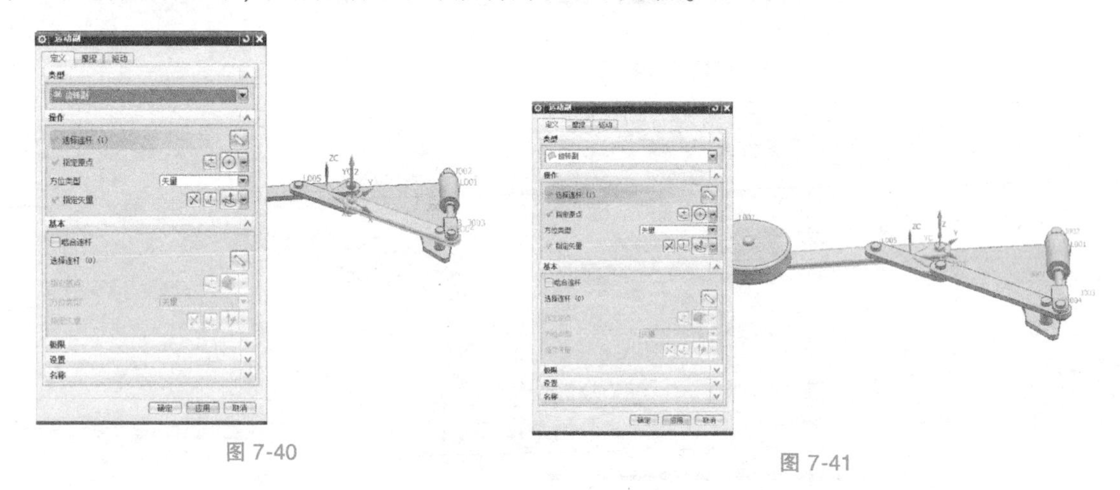

图 7-40

图 7-41

6）选择【插入】→【运动副】，给腿杆和连杆 1 之间添加一个旋转副，第一个连杆选择连杆 1 左边圆柱孔边缘（图 7-42），这样就完成了“选择连杆”（机架）、“指定原点”（圆心）、“指定矢量”（圆所在平面的法线）三个步骤，此时，相应的步骤名称前将出现绿色的√号。第二个连杆选择腿杆，完成腿杆和连杆 1 旋转副 J007 的添加。

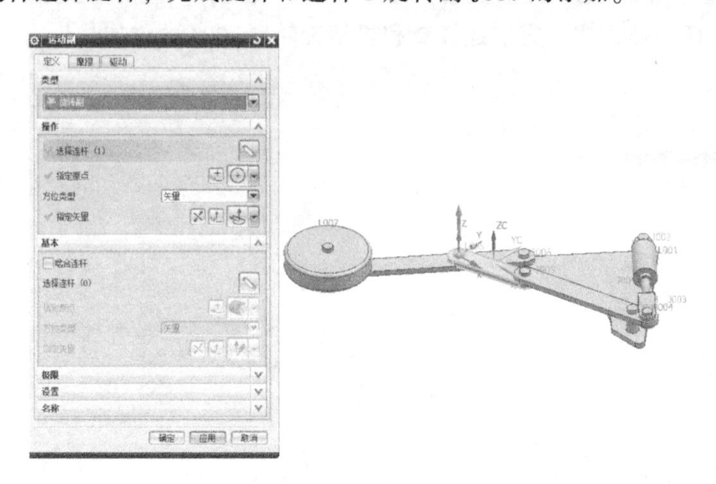

图 7-42

7）选择【插入】→【运动副】，给腿杆和轮胎之间添加一个旋转副，第一个连杆选择轮胎上端圆柱孔边缘（图 7-43），这样就完成了“选择连杆”（机架）、“指定原点”（圆心）、“指定矢量”（圆所在平面的法线）三个步骤，此时，相应的步骤名称前将出现绿色的√号。第二个连杆选择腿杆，完成腿杆和轮胎旋转副 J008 的添加。

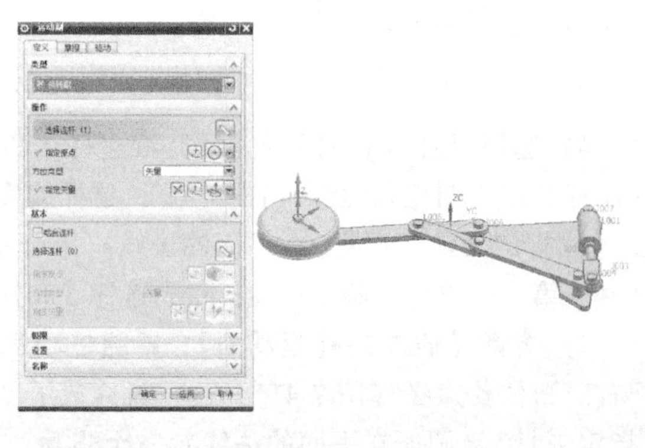

图 7-43

7.3.3 设置运动函数

双击【运动导航器】中的滑动副 J003（图 7-44a），然后单击【驱动】，选择“函数”，【函数数据类型】选择“位移”，【函数】选择“函数管理器”（图 7-44b）。单击函数管理器，进入【XY 函数管理器】对话框（图 7-44c），单击新建一个函数，在【公式】文本框中输入以下函数：

STEP(TIME,0,0,1,110)+
STEP(TIME,1,0,2,-110)+
STEP(TIME,2,0,3,110)+
STEP(TIME,3,0,4,-110)+
STEP(TIME,4,0,5,110)+
STEP(TIME,5,0,6,-110)+
STEP(TIME,6,0,7,110)+
STEP(TIME,7,0,8,-110)+
STEP(TIME,8,0,9,110)+
STEP(TIME,9,0,10,-110)+
STEP(TIME,10,0,11,110)+
STEP(TIME,11,0,12,-110)+
STEP(TIME,12,0,13,110)+
STEP(TIME,13,0,14,-110)

单击检查语法，系统提示函数定义已经通过语法检查后，在后续对话框中单击【确定】按钮（图 7-44d）。

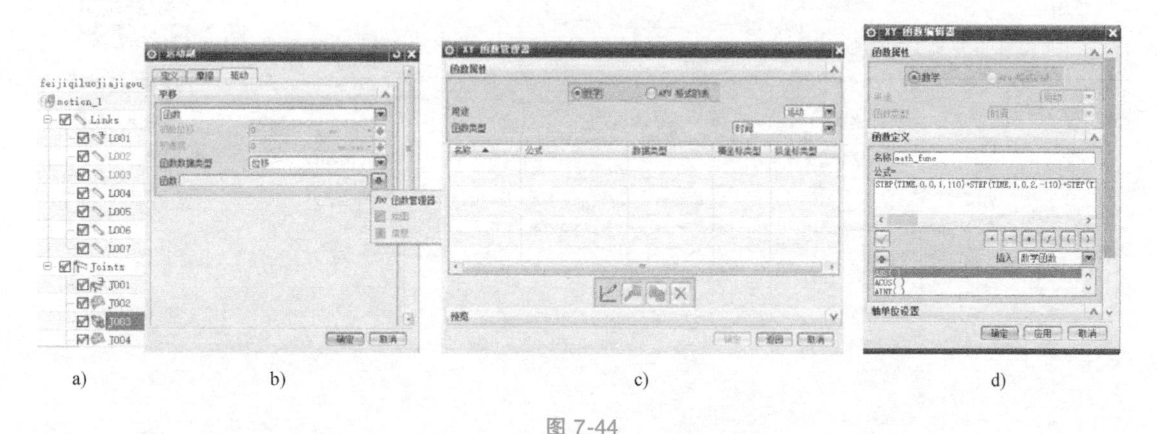

a) b) c) d)

图 7-44

在此，活塞的滑动采用两个 STEP 函数相加，在【轴单位设置中】设置 Y 轴单位为 mm。STEP 函数的格式为 STEP（TIME，x0，h0，x1，h1），其中：

TIME——自变量，可以是时间或时间的任一函数；

x0——自变量的 STEP 函数开始值，可以是常数、函数表达式或设计变量；

x1——自变量的 STEP 函数结束值，可以是常数、函数表达式或设计变量；

h0——STEP 函数的开始值，可以是常数、设计变量或其他函数表达式；

h1——STEP 函数的结束值，可以是常数、设计变量或其他函数表达式。

在实际的运用过程中，用得比较多的是增量式，其具体格式为：

STEP（x,x0,h0,x1,h1）+STEP（x,x1,h2,x2,h3）+STEP（x,x2,h4,x3,h5）+…

本例中的 STEP 函数为：

STEP(TIME,0,0,1,110)+STEP(TIME,1,0,2,110)+STEP(TIME,2,0,3,110)+STEP(TIME,3,0,4,110)+…

表示的含义为：0~1s 中，活塞在液压缸中往左移动 110，1~2s 中，活塞在液压缸中往右移动 110，2~3s 中，活塞在液压缸中往左移动 110，3~4s 中，活塞在液压缸中往右移动 110，…，活塞不断往复直线运动，通过连杆带动轮胎收放。

7.3.4 新建解算方案

右键单击【运动导航器】上仿真项目“motion_1”（图 7-45a），选择【新建解算方案】，在弹出的【解算方案】对话框中（图 7-45b）【时间】设置为 14sec，【步数】设置为 1000，通过确定进行解算前面打钩，单击【确定】按钮，进行仿真计算（图 7-45c）。

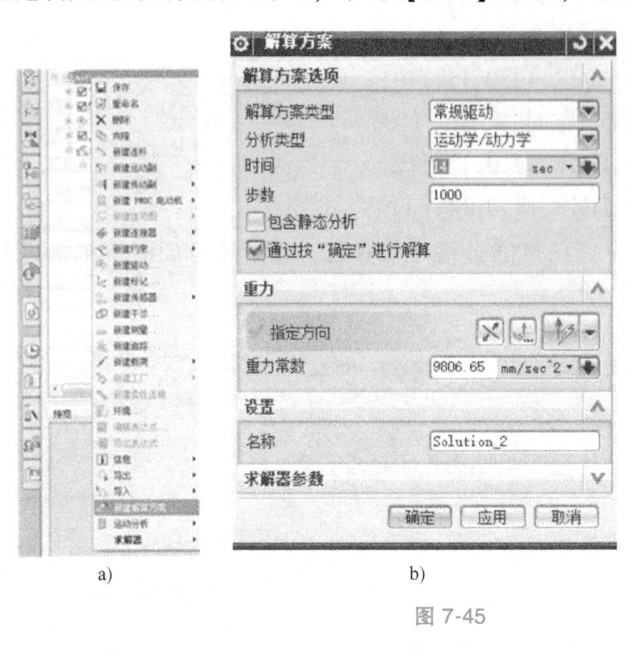

a)　　b)　　c)

图 7-45

飞机起落架机构运动仿真

第 8 章

槽轮机构设计与运动仿真

【学习目标】

1）掌握槽轮机构的设计与建模。

2）进一步熟悉自顶向下的设计方法。

3）会用 3D 碰撞方法模拟槽轮机构的运动。

【任务引入】

槽轮机构是常见的间歇运动机构，广泛用于自动化和半自动化的分度机构中。图 8-1 所示槽轮机构由主动盘 1、从动轮 2 和机架组成。主动盘 1 以角速度 ω_1 匀速转动，当圆销 A 由左侧插入轮槽 2 的径向槽内时，使槽轮顺时针方向转动（ω_2），然后在右侧脱离槽轮。此时，槽轮停止不动，并由主动盘的凸弧通过槽轮凹弧，将槽轮锁住。当构件 1 的圆销 A 又开始进入槽轮径向槽的位置，锁住弧被松开。从而实现构件 2（槽轮）的间歇运动。对于 4 个槽的槽轮机构，当主动盘 1 转一圈时，槽轮转 1/4 圈。本章以槽数 $z=4$，圆销数 $n=1$ 的槽

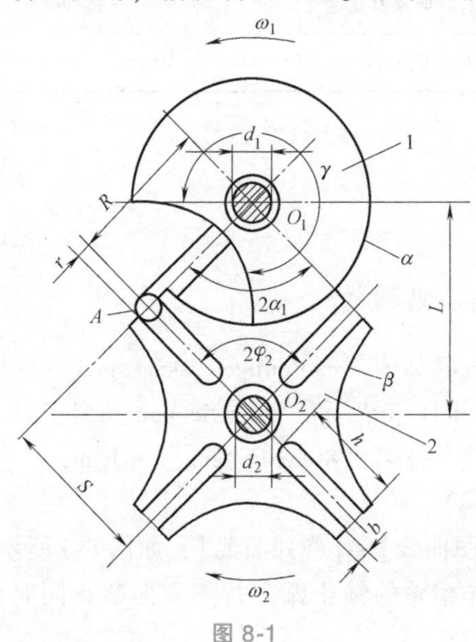

图 8-1

轮机构为例，介绍槽轮结构的设计建模与运动仿真。

【任务实施】

8.1 槽轮机构的几何尺寸关系

槽轮参数的计算见表 8-1。

表 8-1

参数	计算公式或依据
槽数 z	根据工作要求确定
圆销数 n	根据工作要求确定
中心距 L	由安装空间确定，本设计给定 $L=100\text{mm}$
回转半径 R	$R=L\sin\phi=L\sin\left(\frac{\pi}{z}\right)=100\times\sin\left(\frac{\pi}{4}\right)=70.71\text{mm}$
圆销半径 r	由受力大小确定 $r=\frac{R}{6}=\frac{70.71\text{mm}}{6}=11.78\text{mm}$
槽顶半径 S	$S=L\cos\phi=L\cos\left(\frac{\pi}{z}\right)=100\times\cos\left(\frac{\pi}{4}\right)=70.71\text{mm}$
槽深 h	$h\geqslant S-(L-R-r)=70.71\text{mm}-(100-70.71-11.78)\text{mm}=53.2\text{mm}$
拨盘轴径 d_1	$d_1\leqslant 2(L-S)=2\times(100-70.71)\text{mm}=58.58\text{mm}$
槽轮轴直径 d_2	$d_2\leqslant 2(L-R-r)=2\times(100-70.71-11.78)\text{mm}=35.02\text{mm}$
槽顶侧壁厚 b	$b=3\sim5\text{mm}$，根据经验确定
锁止弧半径 r_0	$r_0=(R-r-b)=(70.71-11.78-5)\text{mm}=53.93\text{mm}$

8.2 零件造型

8.2.1 在顶级目录下做规划设计

1）新建装配文件，输入名称为“caolunjigou_asm1. prt”，如图 8-2 所示。同时新建组件分别输入名称为“caolun_model1. prt”和“yuanxiaopan_model1. prt”，如图 8-3 所示。

2）双击部件导航器中的文件名“8-caolunjigou_asm1. prt”，使其成为工作部件。在顶级目录上绘制规划草图（图 8-4）。

3）选择【插入】→【草图曲线】→【阵列曲线】，如图 8-5 所示。

4）过圆销盘中心点，作槽轮的锁止弧，并阵列曲线，同时画出圆销盘草图，如图 8-6 所示，完成并退出草图。

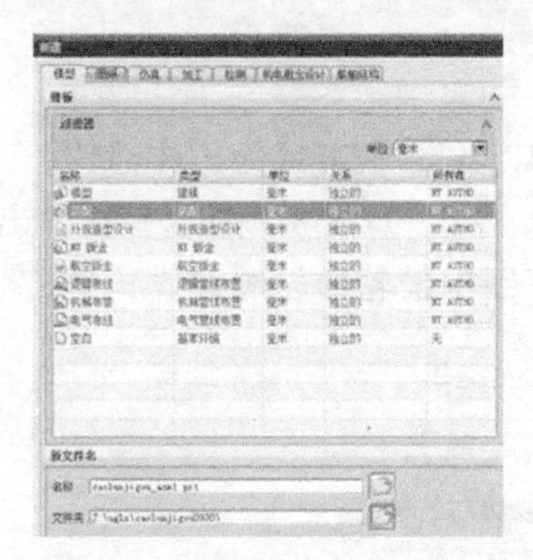

图 8-2

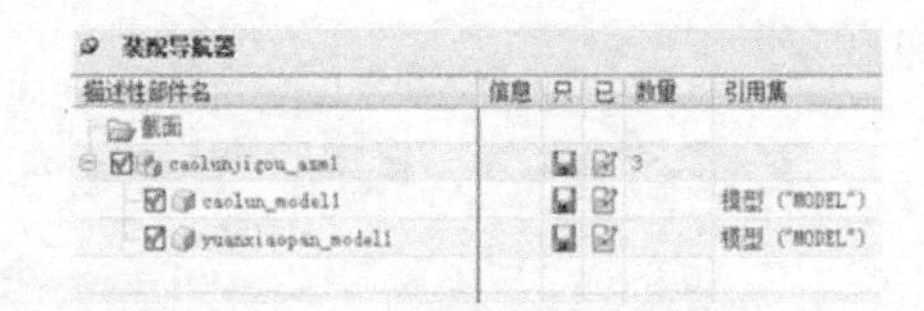

图 8-3

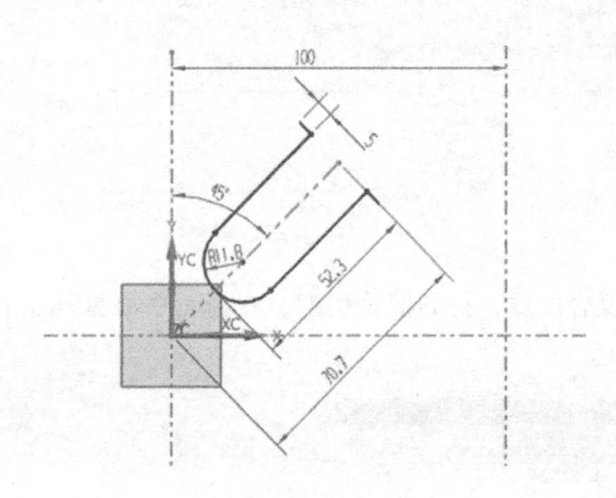

图 8-4

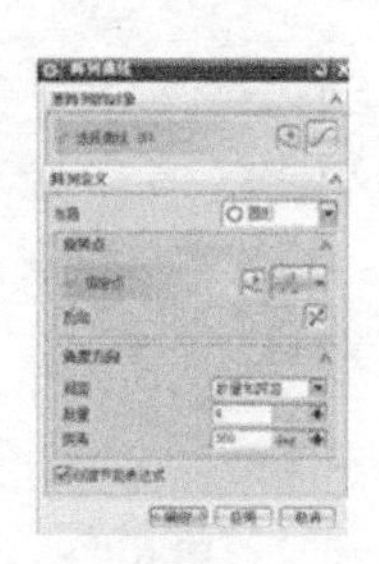

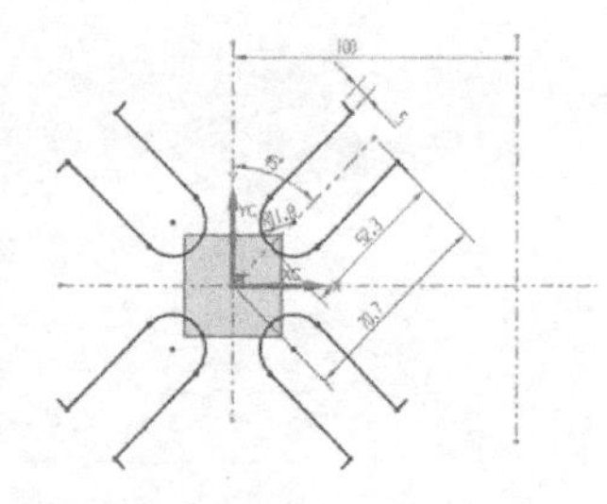

图 8-5

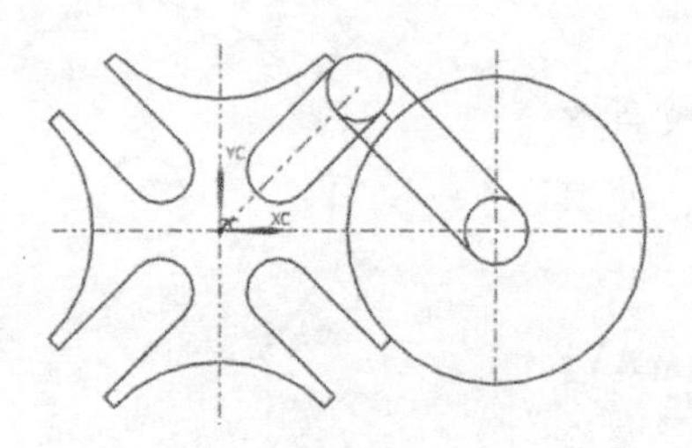

图 8-6

8.2.2 槽轮建模

1）双击部件导航器中的文件名“caolunjigou_ asm1. prt”，使其成为工作部件。

2）选择【插入】→【关联复制】→【WAVE 几何链接器】，如图 8-7 所示，在弹出的对话框中，【类型】选择“复合曲线”，【选择曲线】选择草图中槽轮的轮廓曲线，单击【确定】按钮。

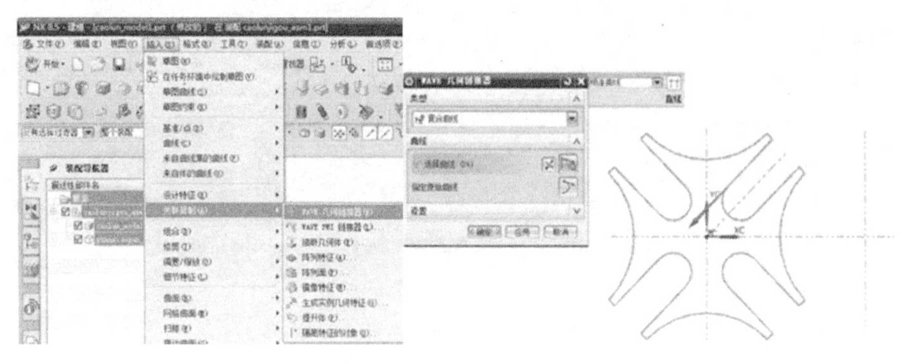

图 8-7

3）拉伸刚链接的复合曲线，得到槽轮模型，在槽轮中心打孔，【直径】设置为 25mm，布尔求差运算（图 8-8）。

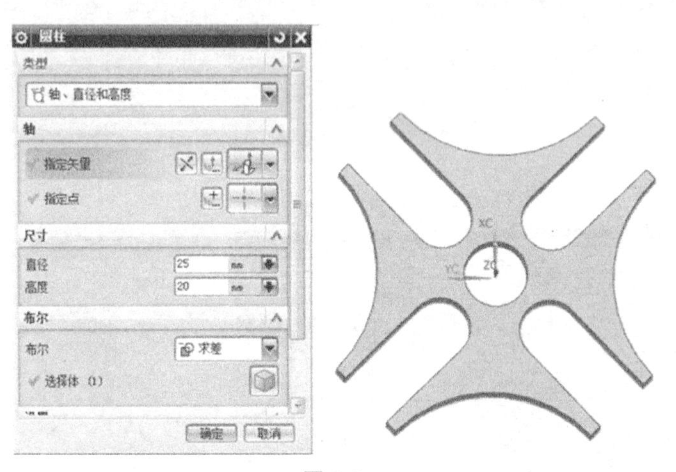

图 8-8

8.2.3 圆销盘建模

1）双击部件导航器中的文件名“8-2yuanxiaopan_model1. prt”，使其成为工作部件。

2）单击图标 ，插入【WAVE 几何链接器】，【类型】选择“复合曲线”，并拾取如图 8-9a 所示的曲

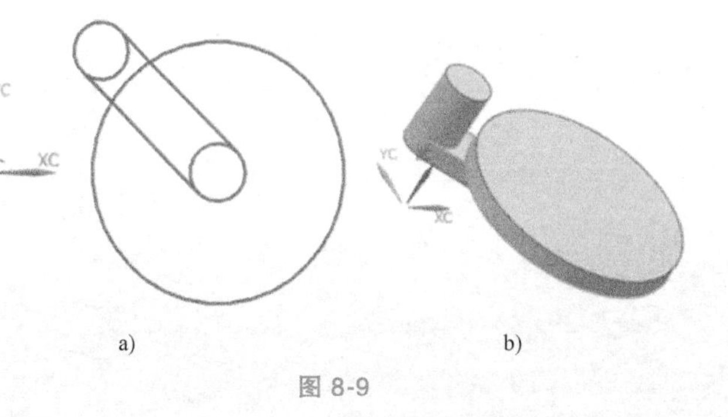

图 8-9

线，同时隐藏槽轮及草图。然后单击【确定】按钮，将圆销盘拉伸成形，如图 8-9b 所示。

3）作草图并拉伸圆销盘缺口，如图 8-10 所示。

4）双击部件导航器中的文件名“caolunjigou_asm1. prt”，使其成为工作部件，可看到槽轮机构装配结构（图 8-11）。

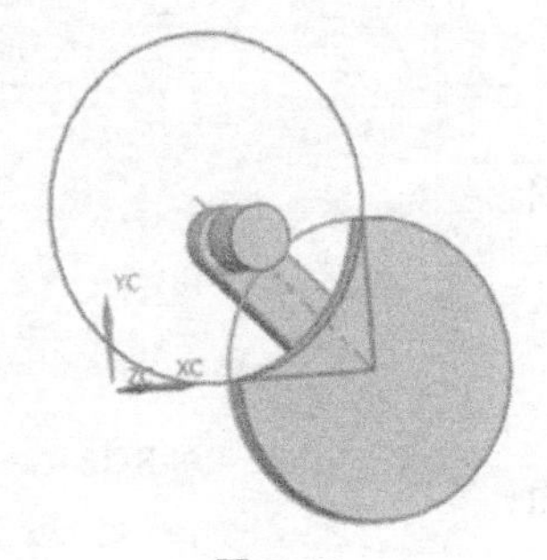

图 8-10

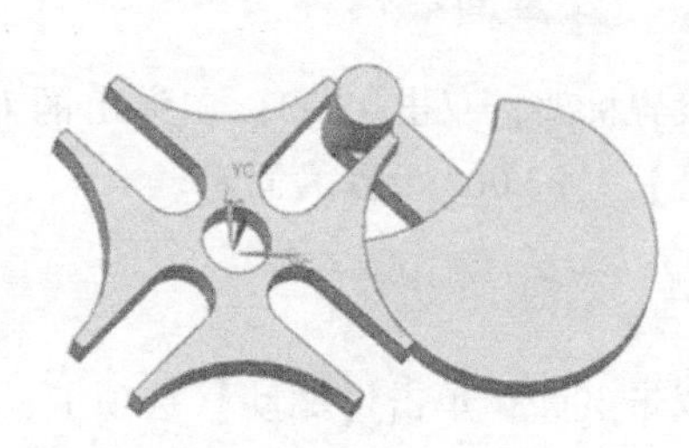

图 8-11

8.2.4　槽轮轴建模

1）新建组件，输入名称为“caolunzhou_model1. prt”。

2）双击部件导航器中的文件名“caolunzhou _ model1. prt”，使其成为工作部件。

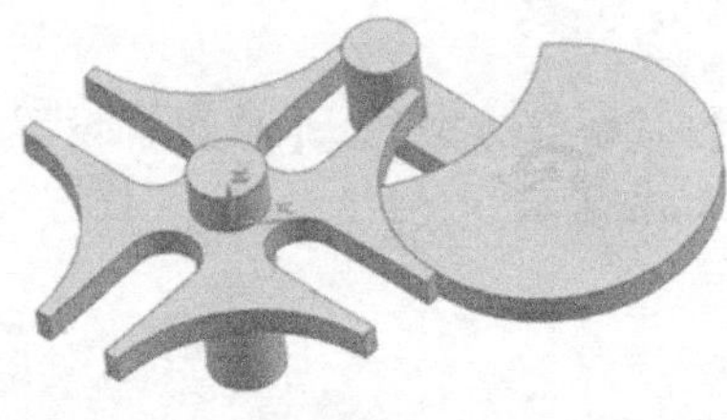

图 8-12

槽轮机构的设计

3）单击图标，弹出对话框，【类型】选择“复合曲线”，【选择曲线】选槽轮孔边线，单击【确定】按钮。

4）将链接的复合曲线拉伸成槽轮轴（图 8-12）。

8.3　运动规律仿真

8.3.1　添加连杆

1）选择【插入】→【连杆】，或选择运动工具条中的图标，弹出【连杆】对话框，选择连杆对象，双击选择圆销盘，名称 L001，然后单击【应用】按钮，完成第一个连杆设置。

2）双击选择槽轮，名称 L002，然后单击【应用】按钮，完成第二个连杆设置。

3）双击选择槽轮轴，名称 L003，然后单击【确定】按钮，完成第三个连杆设置。

8.3.2　运动副

1）添加槽轮与机架之间的旋转副。选择【插入】→【运动副】→【旋转副】。第一个连杆选择槽轮孔的圆周，这样就完成了“选择连杆”（机架）、“指定原点”（圆心）、“指定方位”三个步骤，此时，相应的步骤名称前将出现绿色的√号。然后，在【运动副】面板上第二个连杆选择机架，单击【应用】按钮，完成一个旋转副 J001 的添加。

2）同样的方法设置圆销盘与机架之间的旋转副 J002。

3）选择【插入】→【连接器】→【3D 接触】，如图 8-13 所示，弹出对话框，【操作体】选择槽轮，【基本体】选择圆销盘，单击【确定】按钮，即完成 3D 接触 G001 的设置。

图 8-13

8.3.3 设置固定构件

设置机架，双击 L003，在弹出的对话框中勾选【固定连杆】，将 L003 设置为固定。

8.3.4 添加驱动

双击 J002，单击【驱动】选项卡，【初速度】设置为 5 degrees/sec，单击【确定】按钮（图 8-14）。

8.3.5 新建解算方案

选择【插入】→【解算方案】，【时间】设置为 72sec，【步数】设置为 100，单击【确定】按钮，如图 8-15 所示。

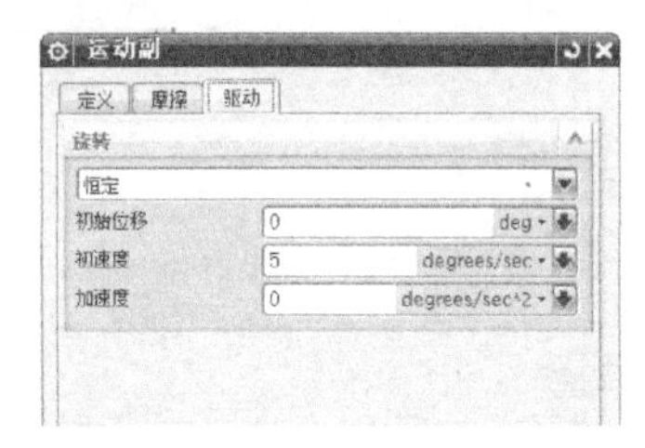

图 8-14

图 8-15

8.3.6 求解

请读者自行求解，观察运动情况。

槽轮机构的运动仿真

第 9 章

螺旋机构设计与运动仿真

【学习目标】

1）掌握螺纹的特征建模。

2）掌握螺旋副的添加方法。

3）能进行螺旋机构的建模与运动仿真。

【任务引入】

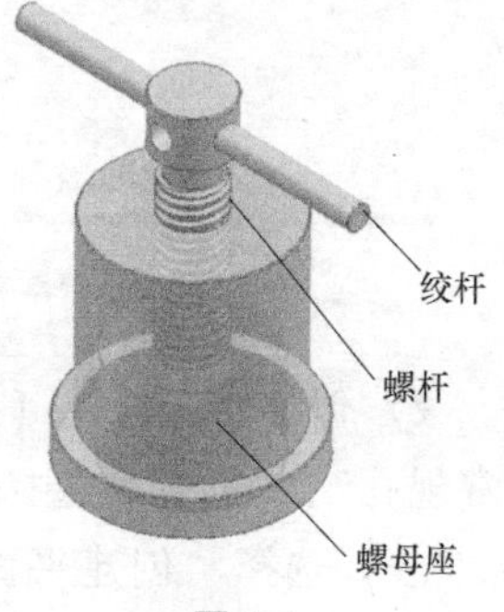

图 9-1

随着我国经济的稳步增长，汽车保有量也在逐年增加，汽车已经成为我国家庭常见的代步工具。而螺旋千斤顶作为一种安全可靠的起重设备，常用于车辆的维修和日常更换轮胎中，其结构轻巧坚固、灵活可靠，一人即可携带和操作。螺旋千斤顶采用大量标准件制造，设计时需要查阅各零件型号，请同学们立足本职工作，从小事做起，从每一个零部件的查阅、设计做起，培养自己细致认真的工作习惯，从而在走上工作岗位后，为我国成为制造强国尽一份力量。

螺旋机构广泛运用于各种机械设备中，本章以千斤顶的螺旋传动机构为例（图 9-1），典型形式为螺母固定，绞杆带动螺杆转动并移动，利用传动的增力，将较小的转矩转换成较大的轴向推力。本例采用梯形螺纹 Tr48×8，设计建模并运动仿真。

【任务实施】

9.1　零件造型

9.1.1　螺杆的建模

图 9-2

1）新建文件，输入名称为“9-1luogan_model1. prt”，然后单击【确定】按钮。在特征工具条上，单击圆柱命令图标或选择【插入】→【设计特征】→【圆柱】，命令绘制螺杆轴，【指定矢量】选择 Z 轴，【指定点】选择原点，【直径】设置为梯形螺纹的公称直径 48mm，【高度】设置为 148mm，如图 9-2 所示。

创建圆柱体，【直径】设置为 38，【高度】设置为 20mm，【指定矢量】选择 Z 轴，【指定点】选择 ϕ48mm 圆柱体上端圆心，与 ϕ48mm 圆柱体布尔求和，如图 9-3 所示。

继续创建圆柱体，【直径】设置为 60mm，【高度】设置为 40mm，【指定矢量】选择 Z 轴，【指定点】选择 ϕ38mm 圆柱上端圆心，如图 9-4a 所示，并与 ϕ48mm、ϕ38mm 的圆柱体布尔求和，ϕ48mm 圆柱体两端倒斜角，【对称偏置】设置为 3mm，其余倒斜角【对称偏置】设置为 1mm，如图 9-4b 所示。

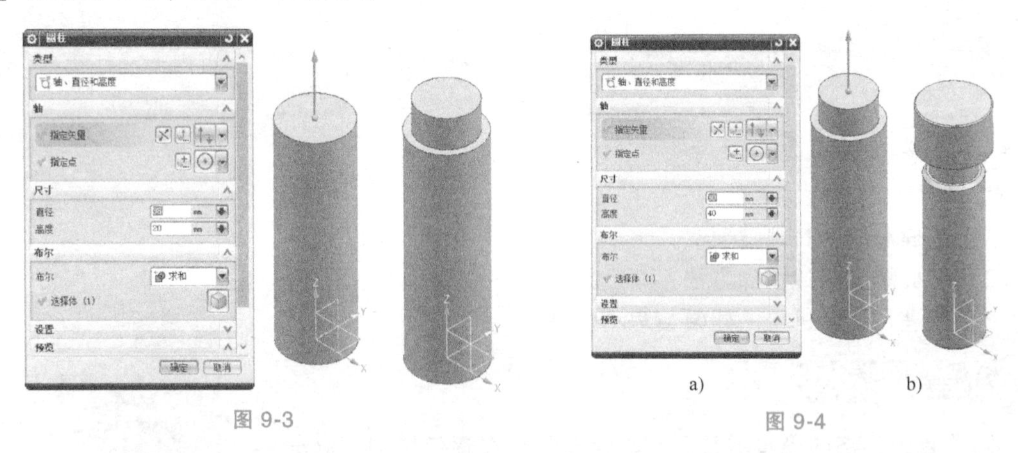

图 9-3

a) b)

图 9-4

2）创建孔，选择【插入】→【设计特征】→【孔】，在弹出的对话框中，【类型】选择“常规孔”，【位置】选择“指定点”，单击“绘制截面”，进入【创建草图】对话框，【平面方法】选择“创建平面”，【指定平面】选择 ϕ60mm 圆柱体的上端面和下端面，创建 ϕ60mm 圆柱体的等分基准平面，如图 9-5a 所示。单击【确定】按钮，出现图 9-5b 草图，单击点对话框。在点构造器输入 WCS 坐标（30，0，0），如图 9-5c 所示，单击完成草图，回到孔的对话框，【成形】选择“简单”，【直径】设置为 20mm，【深度限制】选择“贯通体”，布尔求差操作，如图 9-6a 所示。重复孔的操作，在【草图平面】里的【平面方法】选择“现有平面”，即选择之前创建的等分基准面，在草图点对话框中的点构造器输入 WCS 坐标（0，30，0），生成正交孔，如图 9-6b 所示。最后结果如图 9-6c 所示。

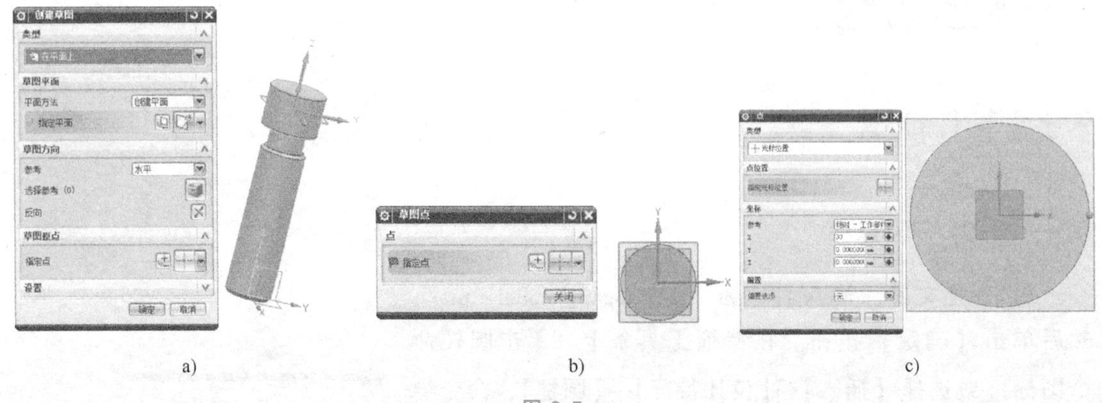

a) b) c)

图 9-5

3）创建螺纹在特征工具条中选择□，创建一个基本平面，与端面的距离为 9mm（大于螺距 8mm 即可），如图 9-7 所示。选择【插入】→【设计特征】→【螺纹】，起始面选择刚才创建的平面，如图 9-8 所示。注意：螺纹长度 154mm 是系统给出，再加一个导程 8mm，是为了保证螺纹加工完整。

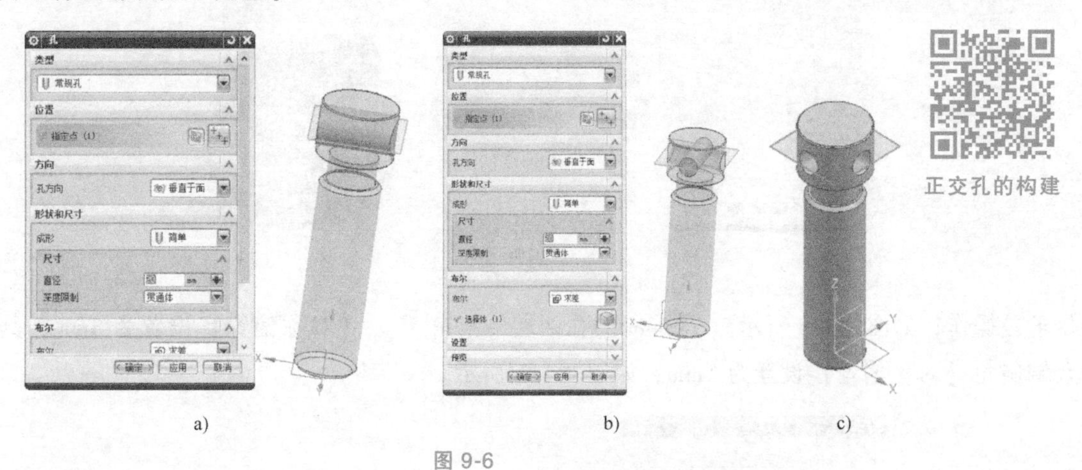

a)　　b)　　c)

图 9-6

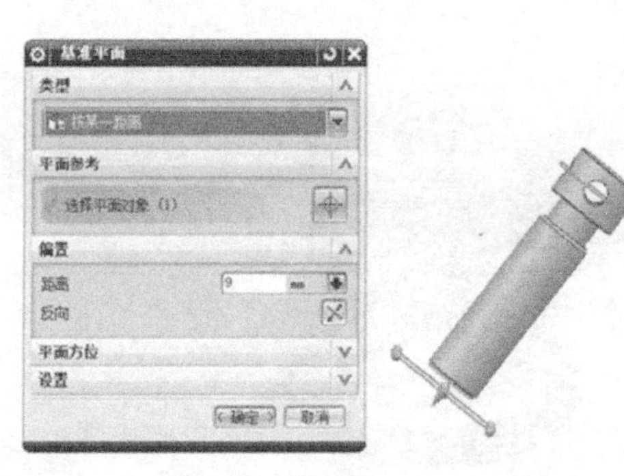

图 9-7

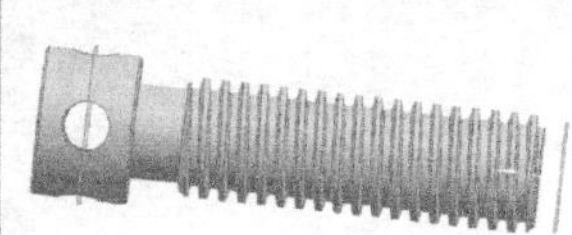

图 9-8

9.1.2 螺母座的建模

1）新建文件，输入名称为“9-2luomuzuo_model1”，然后单击【确定】按钮。选择【插入】→【设计特征】→【圆柱】，【直径】设置为 180mm，【高度】设置为 30mm，创建圆柱体，如图 9-9 所示。

创建圆柱体，【直径】设置为 150mm，【高度】设置为 150mm，【指定矢量】为 Z 轴，【指定点】选择 ϕ180mm 的圆柱体上端圆心，与 ϕ180mm 的圆柱体布尔求和，如图 9-10 所示。

2）选择【插入】→【设计特征】→【孔】，【成形】选择“沉头”，【沉头直径】设置为 120mm，【沉头深度】设置为 70mm，【直径】设置为 40mm，【深度】选择“贯通体”，布

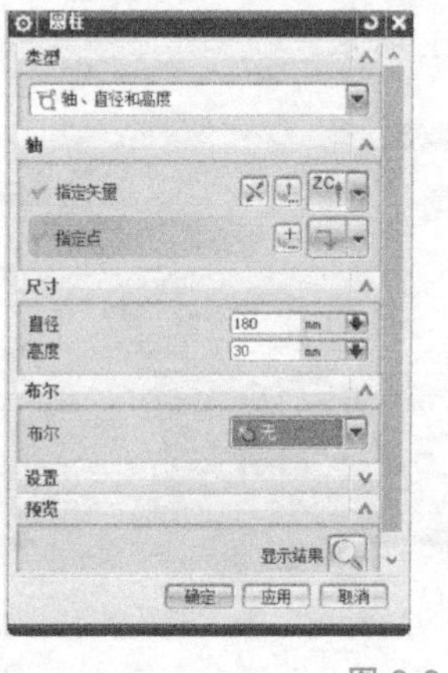

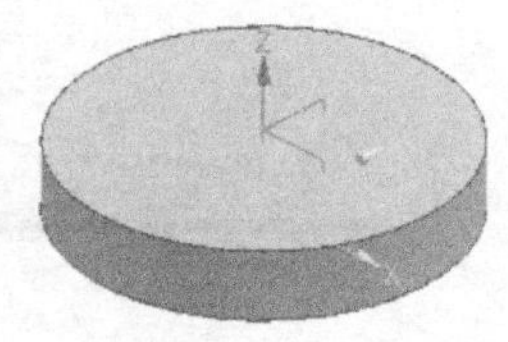

图 9-9

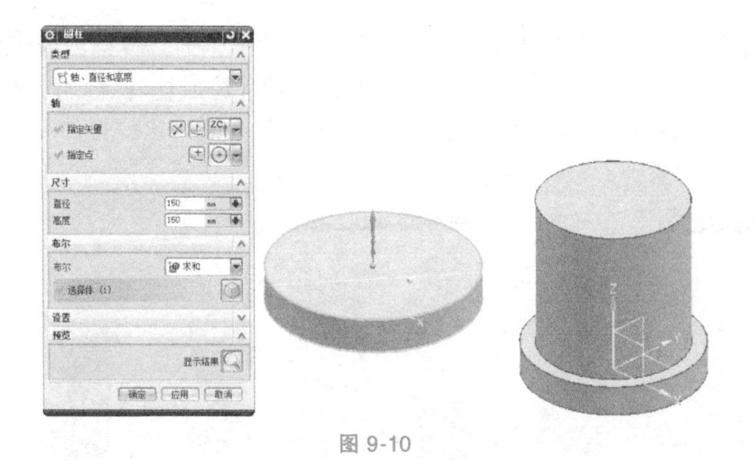

图 9-10

尔求差操作，如图 9-11a 所示。ϕ40mm 的孔两端倒斜角，【对称偏置】设置为 3mm，其余倒斜角【对称偏置】设置为 1mm，如图 9-11b 所示。

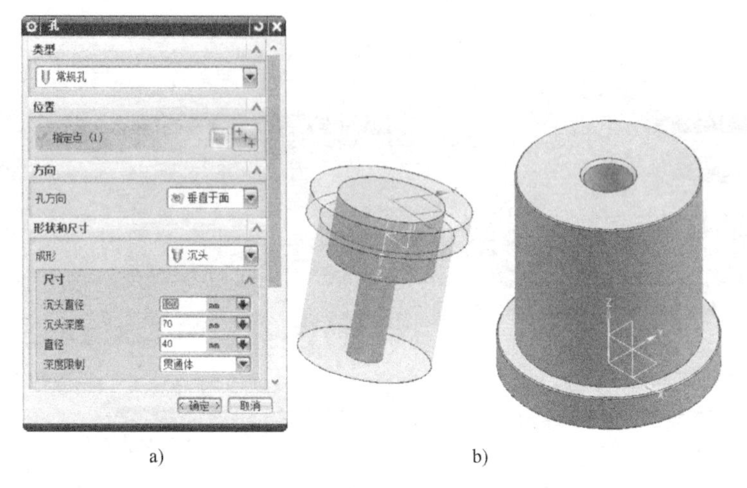

a) b)

图 9-11

3）创建螺纹在特征工具条中选择，创建一个基本平面，与端面的距离为 9mm（大于螺距 8mm 即可），如图 9-12a 所示。【插入】→【设计特征】→【螺纹】，起始面选择刚才创建的平面，如图 9-12b 所示。

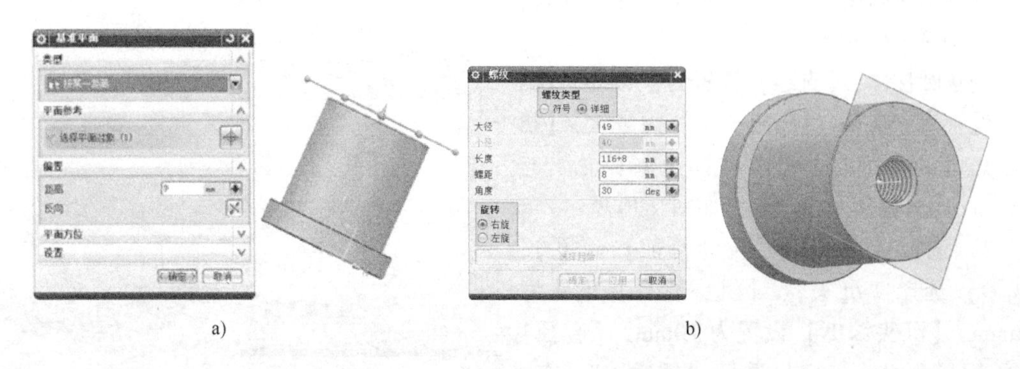

a) b)

图 9-12

9.1.3 绞杆的建模

新建文件，输入名称为“9-3jiaogan_model1”，然后单击【确定】按钮。在特征工具条上，单击圆柱命令图标或选择【插入】→【设计特征】→【圆柱】，单击【确定】按钮，【直径】设置为20mm，【高度】设置为300mm，创建圆柱体，两端倒斜角，【对称偏置】设置为1，如图9-13所示。

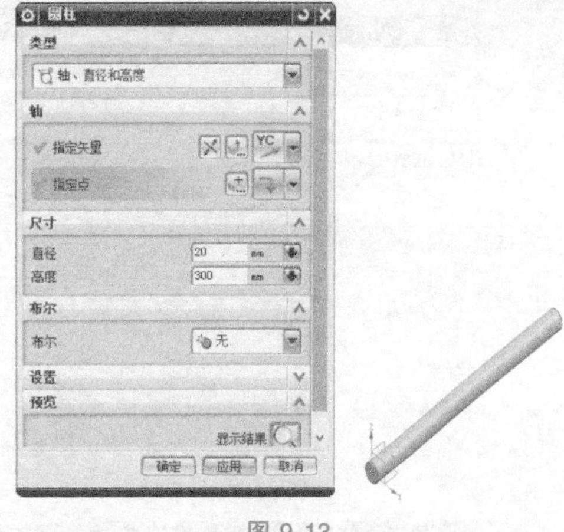

图 9-13

9.2 装配

1）单击【文件】菜单，选择【新建】，在弹出的对话框中选择【装配】，输入名称为“9-qianjinding_asm1. prt”（图9-14），选择保存路径时注意跟螺杆、螺母座、绞杆保存在同一路径下，然后单击【确定】按钮。

2）单击【确定】按钮，进入添加组件的对话框，【放置定位】选择“绝对原点”，并选择螺母座，如图9-15所示。单击螺母座，选择，【装配类型】选择“固定”。

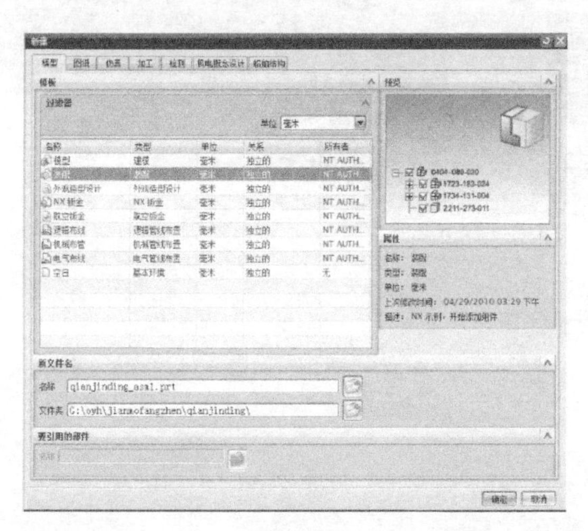

图 9-14

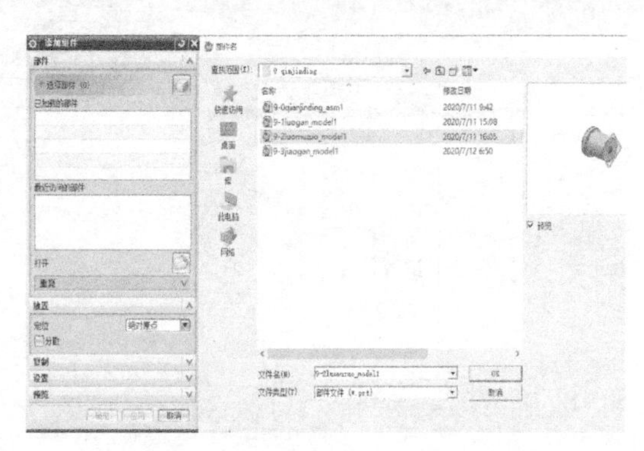

图 9-15

3）单击图标中的三角按钮，选择【添加组件】，添加螺杆，【放置定位】选择“通过约束”，【类型】选择“接触对齐”，【方位】为“自动判断中心/轴”，约束螺杆与螺母座中心线对齐，【类型】再选择“距离”装配，给螺母座和螺杆间添加一个距离，【距离】设置为50mm，如图9-16所示。

4）单击图标中的三角按钮，选择【添加组件】，添加绞杆，【放置定位】选择“通过约束”，【类型】选择“接触对齐”，【方位】为“自动判断中心/轴”，约束绞杆与螺杆一个孔的中心线对齐，选择“中心”→“1对2”，并分别选择螺杆的轴线和绞杆的两个端面，使绞杆以螺杆中心对称装配，如图9-17所示。使用<Ctrl+W>快捷键，隐藏装配约束。

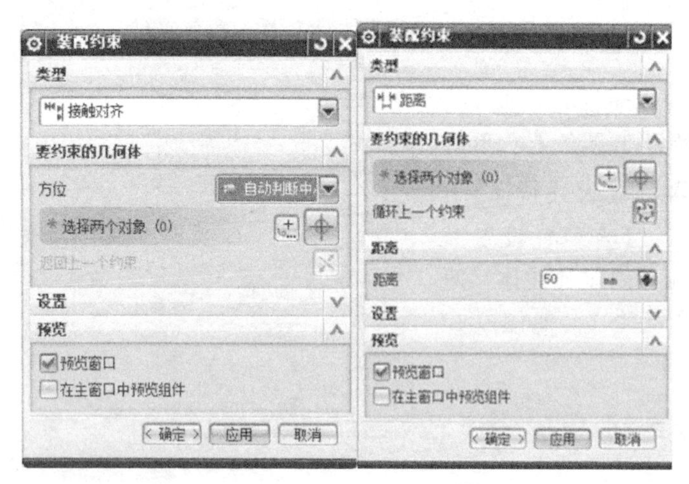

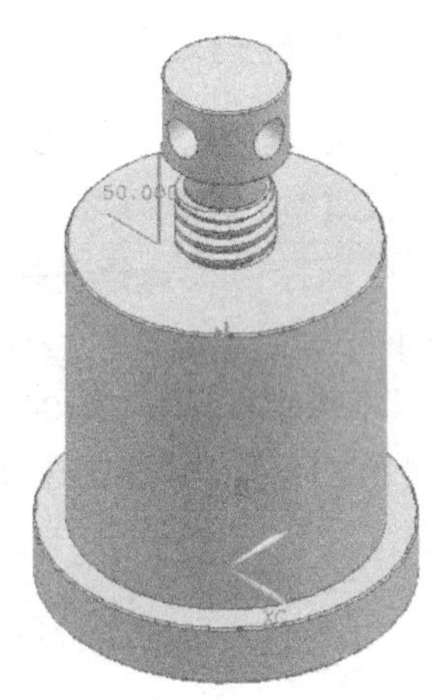

图 9-16

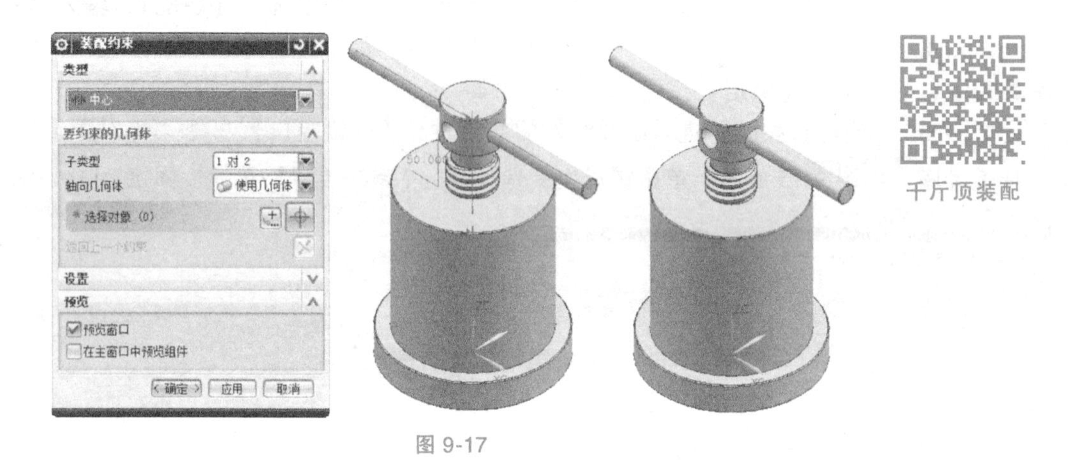

图 9-17

9.3 运动规律仿真

9.3.1 添加连杆

启动“运动仿真”应用模块，新建仿真，默认状态进入操作界面，删除软件默认设置的连杆和运动副，重新添加。

1）选择【插入】→【连杆】，或选择运动工具条中的连杆命令图标，弹出【连杆】对话框，选择连杆对象，选择螺杆和绞杆为一个构件，名称 L001，单击【应用】按钮，完成第一个连杆设置。

2）双击选择螺母座，名称 L002，设为固定连杆，单击【确定】按钮，完成第二个连杆设置。

9.3.2 运动副与驱动

1）添加螺杆与螺母座之间的柱面副。选择【插入】→【运动副】→【柱面副】。第一个连杆选择螺杆上端面的圆周，这样就完成了“选择连杆”（机架）、“指定原点”（圆心）、“指定方位”三个步骤，【指定矢量】为-ZC 轴，完成柱面副 J002 的添加，单击【驱动】选项卡，【旋转】设置为“恒定”，【初速度】设置为 360degrees/sec，如图 9-18 所示。

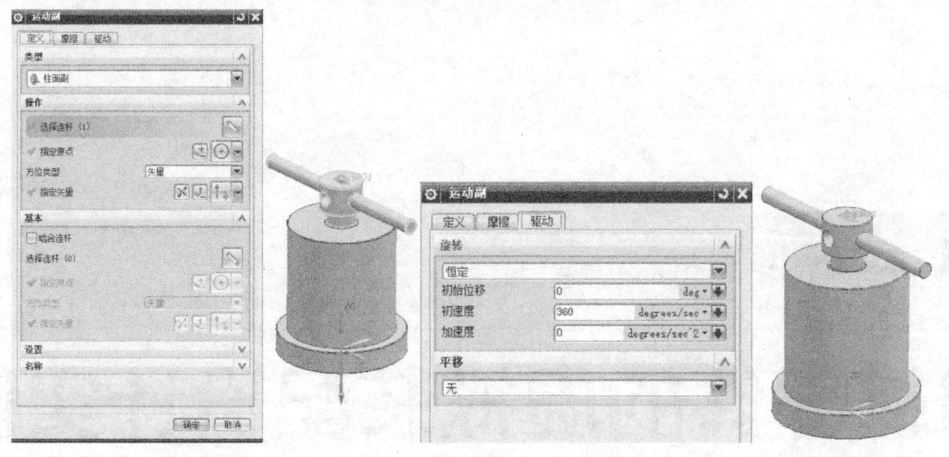

图 9-18

2）添加螺杆与螺母座之间的螺旋副。选择【插入】→【运动副】→【螺旋副】，第一个连杆选择螺杆的圆周，这样就完成了“选择连杆”（机架）、“指定原点”（圆心）、“指定方位”三个步骤，【螺旋副比率】设置为螺距 8mm，完成螺旋副 J003 的添加，如图 9-19 所示。

9.3.3　新建解算方案

选择【插入】→【解算方案】，【时间】设置为 1sec，【步数】设置为 100，单击【确定】按钮，如图 9-20 所示。

图 9-19

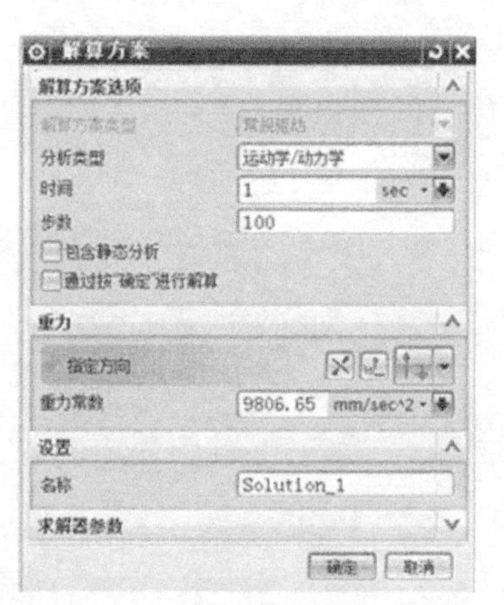

图 9-20

千斤顶运动仿真

9.3.4　求解

求解即可以观察千斤顶的运动规律。

Part 2

第 2 篇

机械部件的虚拟装配设计实例

装配建模是用于产品的模拟装配，支持“自底向上”和“自顶向下”的装配方法。装配建模的主要模型可以在总装配的上下文中设计和编辑，组件以逻辑对齐、贴合和偏移等方式灵活地配对和定位。参数化的装配建模可以描述各组件间的配对关系，也可以使各部件之间共享建模参数，它是产品设计的并行工作。装配模型生成后，可以建立爆炸视图，还可将其引入到装配工程图中。

1）自顶向下装配是指在上下文设计中进行装配。即由装配件的顶级向下产生子装配和组件，在装配层次上建立和编辑组件，从装配件的顶级开始自顶向下进行设计。上下文设计是指在一个部件中定义几何对象时引用其他部件的几何对象，如在一个组件中定义孔时需引用其他组件中的几何对象进行定位。当工作部件是尚未设计完的组件而显示部件是装配件时，上下文设计非常有用。

2）自顶向下装配的方法为先建立装配结构，此时没有任何的几何对象；使其中一个组件成为工作部件；在该组件中建立几何对象；依次使其余组件成为工作部件并建立几何对象。

3）建立关联几何对象，在装配的上下文设计中，如果要求装配中的某组件与装配中的其他组件有几何关联性，则应在组件间建立链接关系。

在组件间建立链接关系的方法是：显示部件为装配件，将工作部件改为欲建立链接关系的组件，再选择【装配】→【WAVE 几何链接器】引用显示部件的几何对象到工作部件。

优点：可以减少修改设计的成本。修改引用的几何对象后，链接的几何对象会自动改变，保持设计的一致性。

4）表达式是 UG NX8.5 的一个工具，通过算术和条件表达式，用户可以控制部件的特性。部件间表达式是指允许某个部件中的表达式控制或依赖于另一个部件中的表达式，它是部件间数据链接方式之一。

本篇将以推进器和减速器的设计装配为例，详细介绍自顶向下装配设计思路与方法，重点介绍 WAVE 几何链接器、表达式创建与应用等的操作方法。完成推进器、减速器的设计装配项目训练后，读者将学会怎样利用 UG NX8.5 所提供的功能来贯彻设计意图，系统地设计一个机械产品，在产品的零件与零件之间建立起尺寸关系、形状关系和位置关系，并以这种设计方法为基础，来完成其他产品的设计。

第10章

推进器的虚拟装配设计实例

【学习目标】

1）掌握 UG 自顶向下设计方法。

2）掌握 UG 参数化设计方法。

3）初步具有关联装配设计的能力。

4）会建立装配管理文件。

【任务引入】

分析如图 10-1 所示的推进器结构和各组件之间的连接关系；制订推进器装配方案；完成推进器的设计和装配。

【任务实施】

10.1 分析推进器的结构特征

推进器如图 10-1 所示，主要由上罩壳、下罩壳、叶轮、轴和紧固标准件等组成，上、下罩壳采用 M6 螺栓紧固，其中上罩壳有检查口。

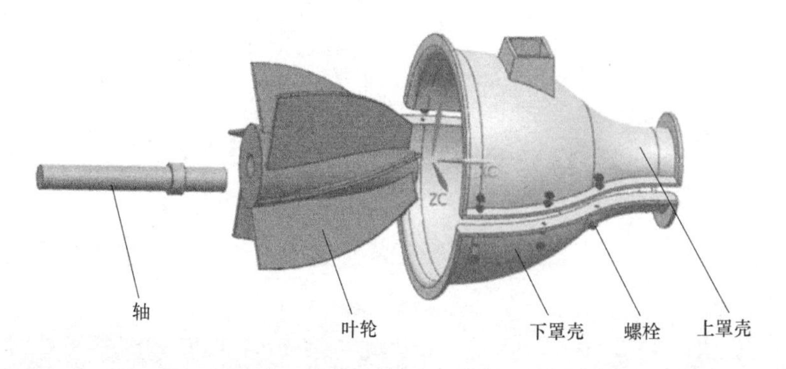

图 10-1

10.2 制订推进器的设计与装配方案

1）建立装配部件文件。

2）建立下罩壳实体。

3）建立上罩壳实体。

4）建立推进器螺旋叶轮。

5）建立推进器的轴。

6）建立装配连接与标准件。

10.3 推进器的设计与装配

10.3.1 建立装配管理文件

1）新建文件，在弹出的对话框中选择【装配】，【单位】设置为毫米，输入名称为“0000tuijinqi_asm1. prt”，单击【确定】按钮，如图 10-2 所示。

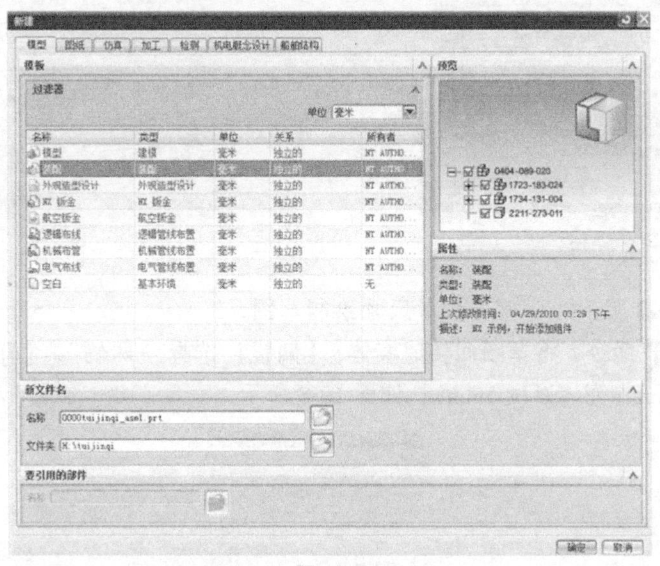

图 10-2

2）选择【装配】→【组件】→【新建组件】（图 10-3），输入名称为“0001shangzhaoke_model1. prt”，保存路径与上一步骤的文件保存路径一致（图 10-4），在弹出的对话框中的【引用集】选择“模型（MODEL）”，【图层选项】选择“原始的”，然后单击【确定】按钮，如图 10-5 所示。

3）用同样方法建立其他文件，如图 10-6 所示。

10.3.2 下罩壳建模

1）双击部件导航器中的文件名“0002xiazhaoke_model1. prt”，使其成为工作部件。

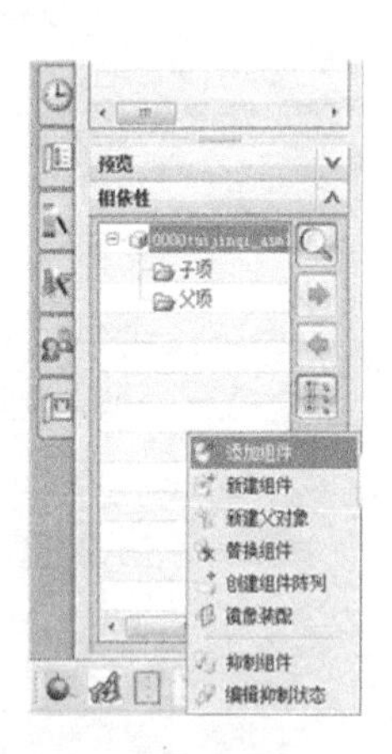

图 10-3

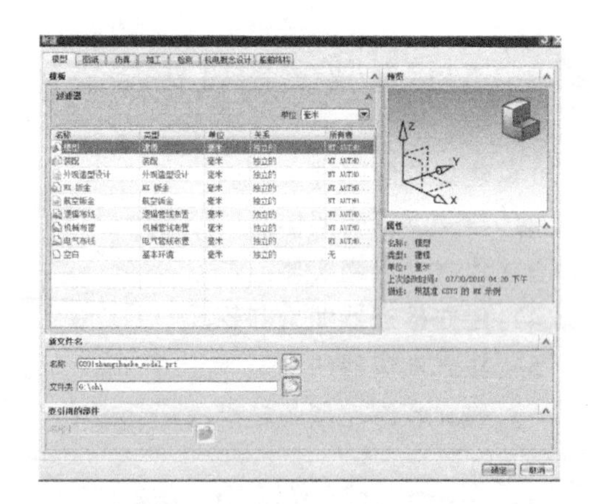

图 10-4

图 10-5

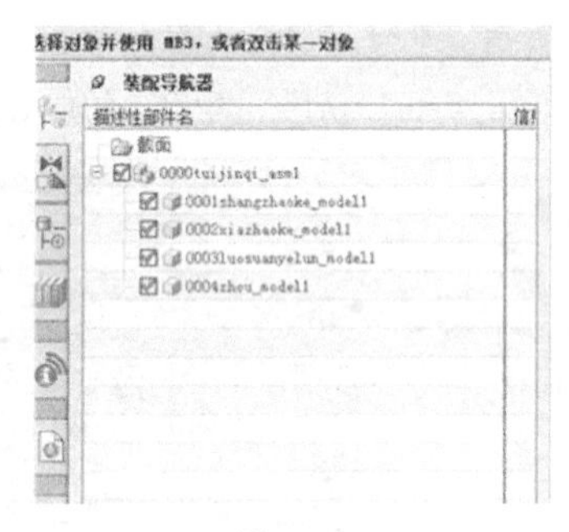

图 10-6

2）根据图 10-7 所示的下罩壳参考尺寸绘制草图。

3）用【回转】命令，将草图回转成实体，【偏置】选择“两侧”，【开始】设置为 0mm，【结束】设置为 5mm（壳体厚度 5mm），如图 10-8 所示。

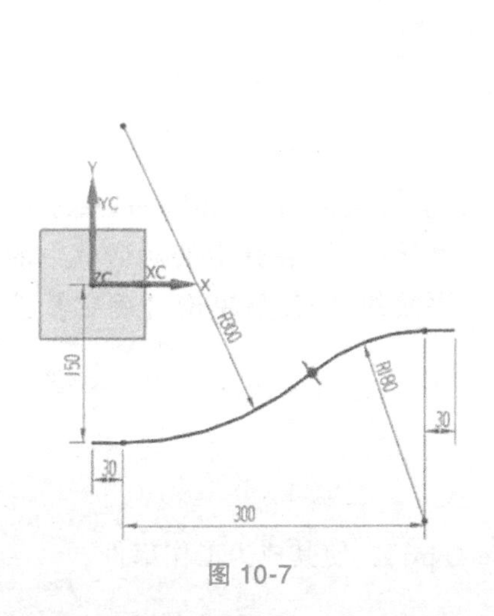

图 10-7

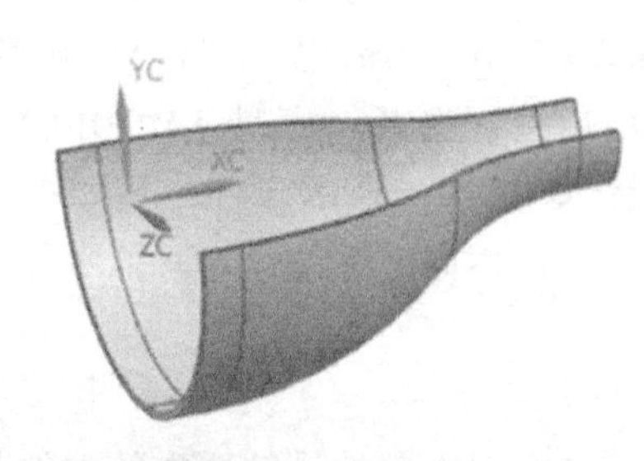

图 10-8

4）选择【工具】→【表达式】命令，建立一个变量表达式，【名称】输入“hole”，【公式】输入“6.6”，然后单击【确定】按钮，如图 10-9 所示，其中 hole 是下罩壳凸缘上的螺栓孔直径，其值为 6.6mm，建立此表达式，目的是控制该边缘，使其随着螺栓孔直径的变化而变化。

5）建立侧面凸缘实体。选择【拉伸】命令，弹出对话框（图 10-10），【选择曲线】选定侧面内边缘线，【指定矢量】选 ZC 方向，限制选项【开始距离】设置为 0mm，【结束距离】设置为 4 * hole（凸缘宽度为孔直径的 4 倍），【偏置】选择“两侧”，【开始】设置为 0mm，【结束】设置为-5mm（凸缘厚度 5mm），布尔求和操作，如图 10-11 所示。

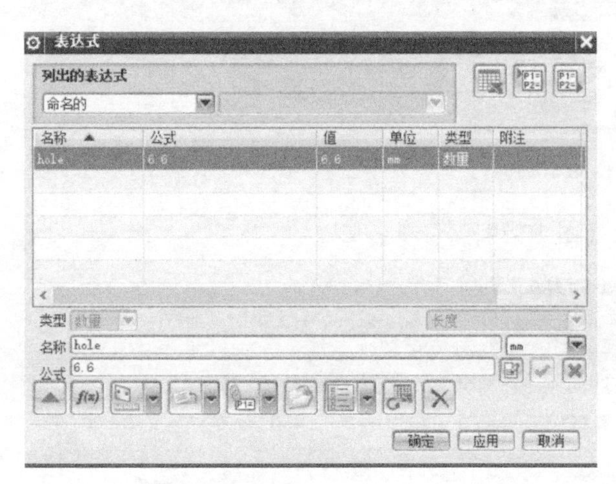

图 10-9

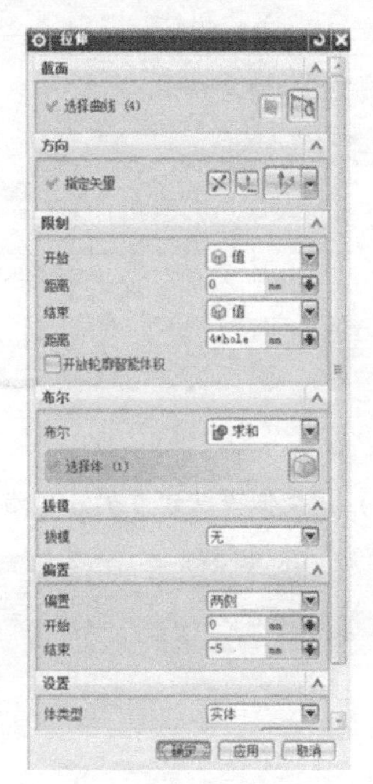

图 10-10

6）选择菜单条中的【插入】→【关联复制】→【镜像特征】，系统弹出【镜像特征】对话框。选择生成的凸缘作为镜像对象，设置 XC-YC 平面作为镜像平面，单击【确定】按钮，完成另一个侧面凸缘建模，如图 10-12 所示。

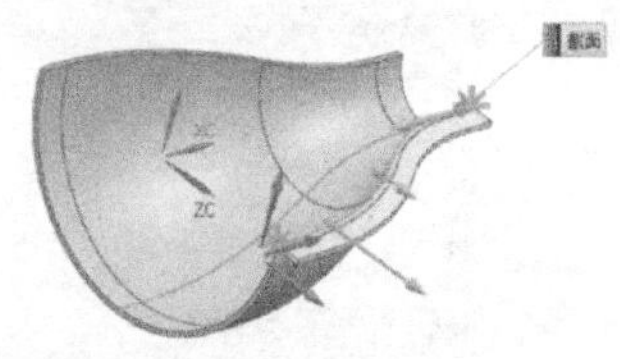

图 10-11

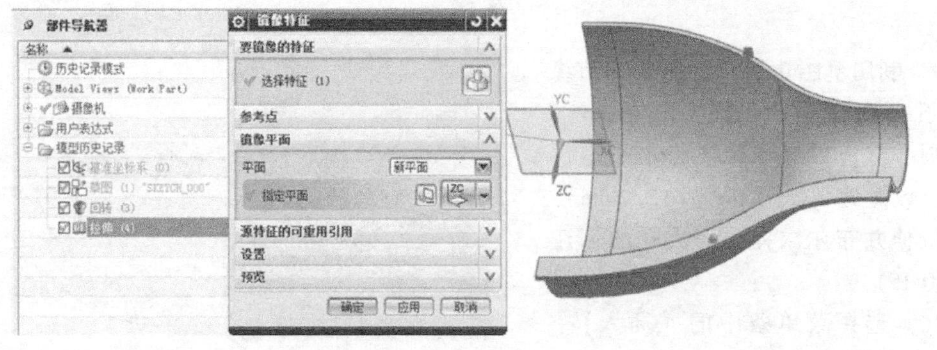

图 10-12

7）用同样的方法建立端部凸缘，【开始距离】设置为0mm，【结束距离】设置为5mm，【偏置】选择“两侧，”【开始】设置为0mm，【结束】设置为-4 * hole，布尔求和操作，如图 10-13 所示。

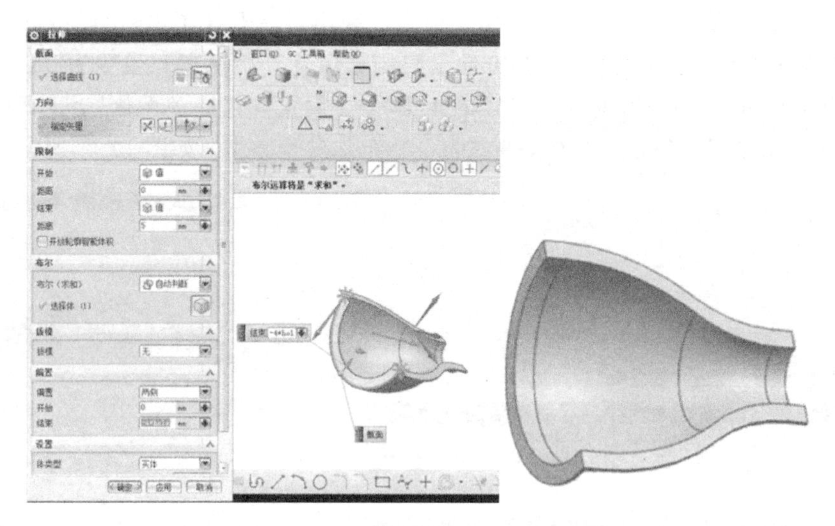

图 10-13

8）用类似方法建立另一个端部凸缘（图 10-14）。

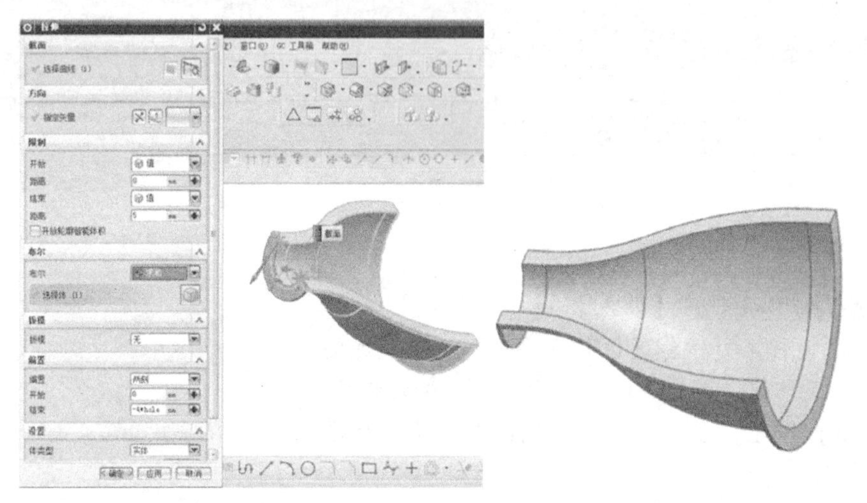

图 10-14

9）利用草图功能，绘制顶部凸缘上的孔，直径为“hole”（6.6mm），孔的圆心与边界边缘距离为水平定位尺寸，数值为“2 * hole”（13.2mm），然后拉伸并布尔求差，完成孔的创建（图 10-15）。

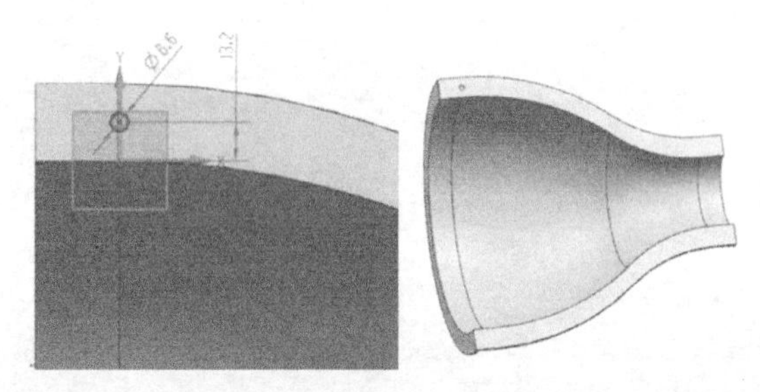

图 10-15

10）选择菜单条中的【插入】→【关联复制】→【阵列特征】，系统弹出

【阵列特征】对话框。【布局】选择“圆形”，选择刚生成的孔作为阵列对象，【数量】设置为 3，【节距角】设置为 20deg，选择与孔中心线平行的方向为矢量方向，【指定点】选择内壁大圆弧圆心，单击【确定】按钮完成操作，如图 10-16 所示。

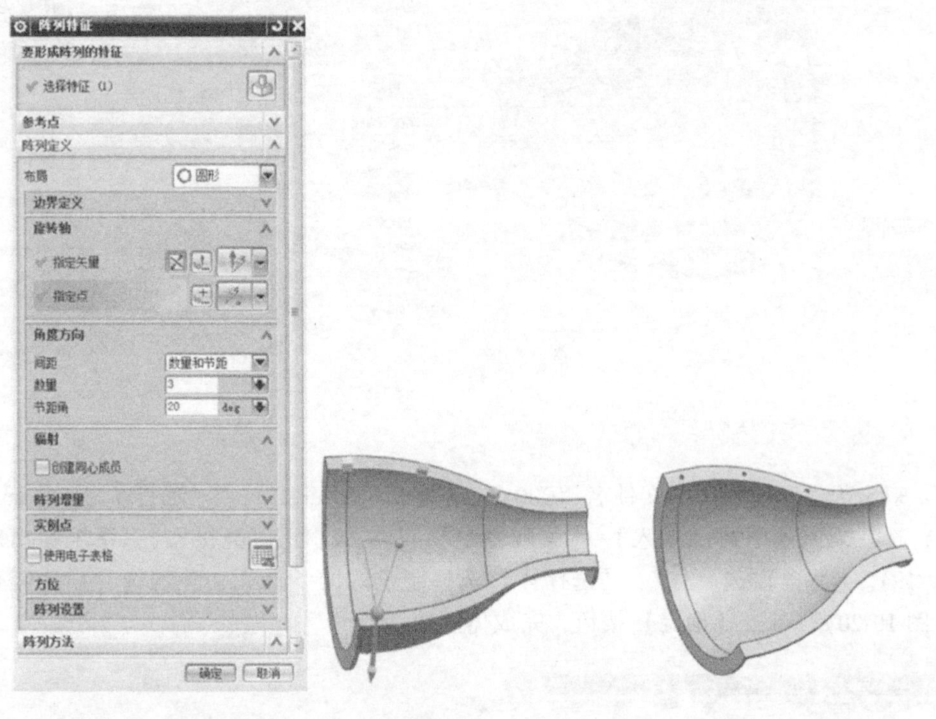

图 10-16

11）选择菜单条中的【插入】→【关联复制】→【镜像特征】，系统弹出【镜像特征】对话框。单击【选择特征】按钮，选择刚生成的三个孔作为镜像对象，设置 XC-YC 平面为镜像平面，单击【确定】按钮完成操作，如图 10-17 所示。

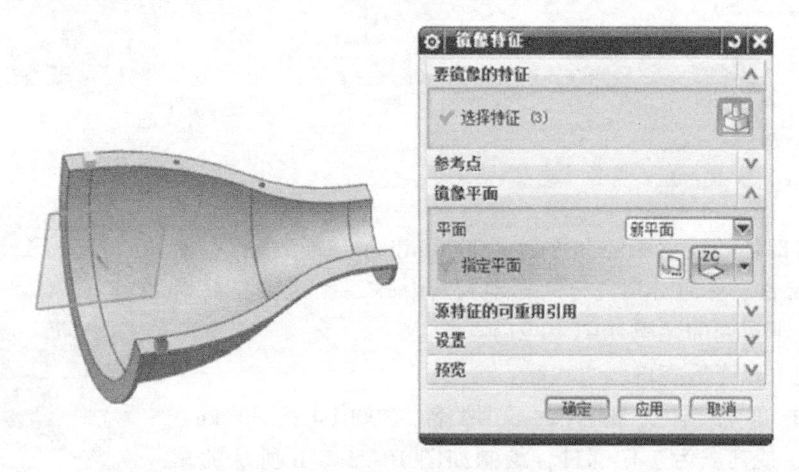

图 10-17

12）边倒圆，【半径】设置为 10mm（图 10-18）。

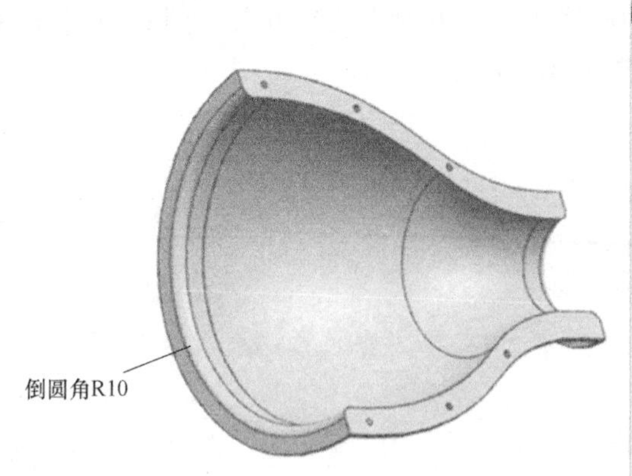

下罩壳的建模

图 10-18

10.3.3 上罩壳建模

1）双击部件导航器中的文件名“0001shangzhaoke_model1. prt”，使其成为工作部件。

2）选择菜单条中的【插入】→【关联复制】→【WAVE 几何链接器】，系统弹出对话框（图 10-19）。【类型】选“体”，【选择体】选择刚建好的下罩壳，并勾选【设为与位置无关】（图 10-20），单击【确定】按钮，完成体链接。

图 10-19

图 10-20

3）双击部件导航器中的文件名“0000tuijinqi_asm1. prt”，使其成为工作部件，然后分别进行“自动判断中心”→“接触”→“对齐”，完成上下罩壳的装配（图 10-21）。

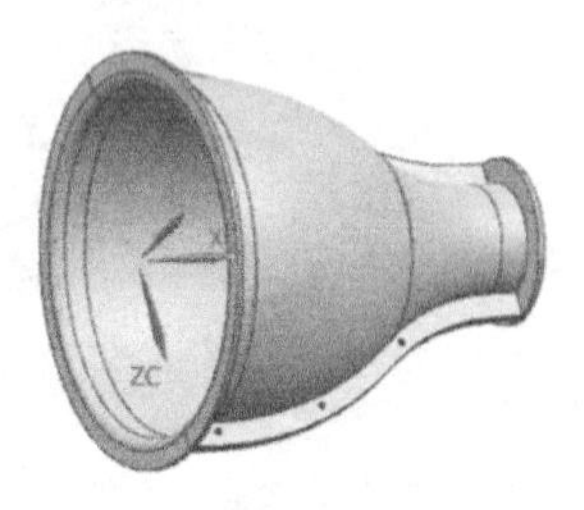
图 10-21

4）绘制上罩壳检查口。

① 双击部件导航器中的文件名“0001shangzhaoke_model1. prt”，使其成为工作部件，绘制如图 10-22a、b 所示的草图，并拉伸，【拔模】中的【角度】设置为 7deg，如图 10-22c、d 所示。

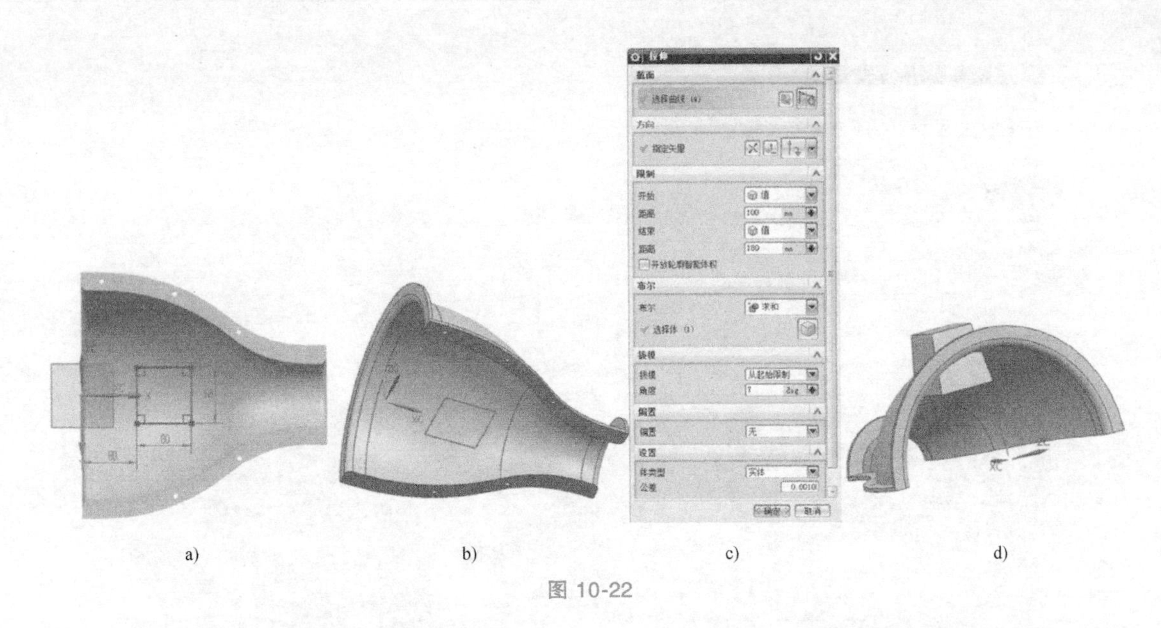

图 10-22

② 采用同步建模中的【替换面】命令（图 10-23），弹出对话框（图 10-24），其中【要替换的面】选择检查口凸台底部平面（图 10-25a），【替换面】选择上罩壳内壁曲面（图 10-25b），然后单击【确定】按钮，得到如图 10-25c 所示的模型。

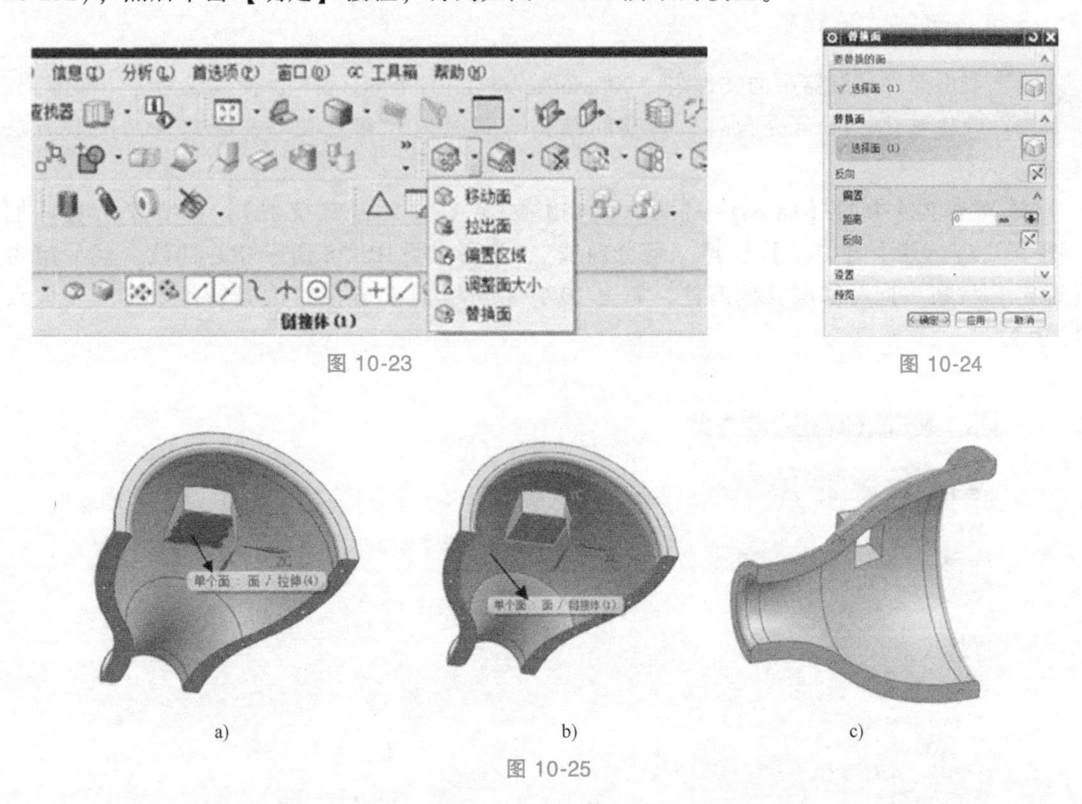

图 10-23

图 10-24

图 10-25

③ 采用【拉伸】命令，【截面】中的【选择曲线】选择检查口凸台顶面边线，【偏置】选择“单侧”，【结束】设置为-5mm，布尔求差运算，如图 10-26 所示。

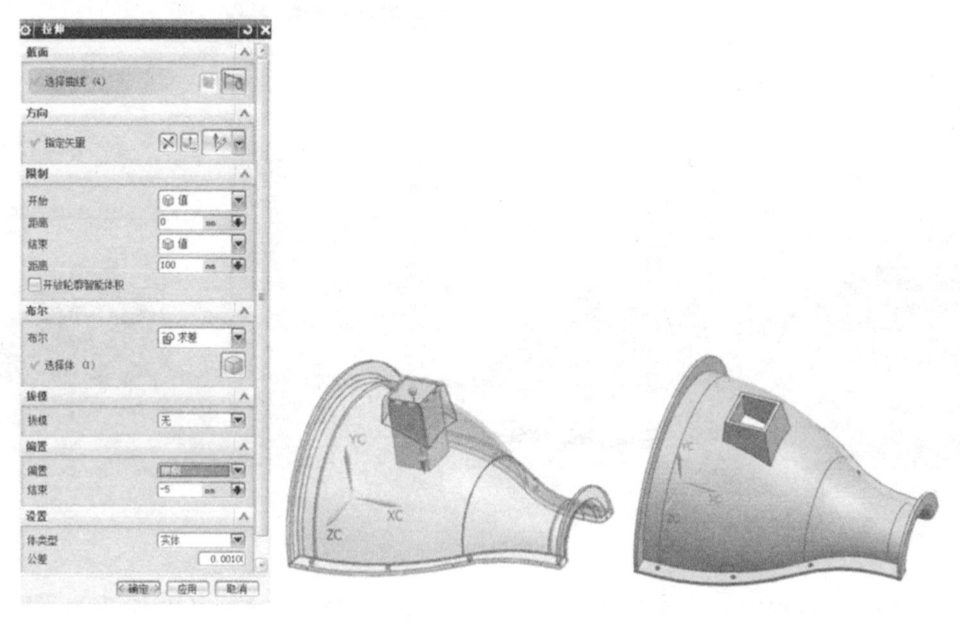

图 10-26

10.3.4 螺旋叶轮建模

1）双击部件导航器中的文件名“0003luoxuanyelun_model1.prt”，使其成为工作部件。

2）叶轮被上、下罩壳包容，其空间结构与罩壳内腔相互关联，因此采用关联方法建模。

选择菜单条中的【插入】→【关联复制】→【WAVE 几何链接器】，系统弹出对话框（图 10-27）。其中【类型】选择“复合曲线”，选择如图 10-28 所示相连曲线，然后单击【确定】按钮，同时隐藏其他部件，如图 10-29 所示。此步骤的目的是初步确定叶轮大致尺寸。

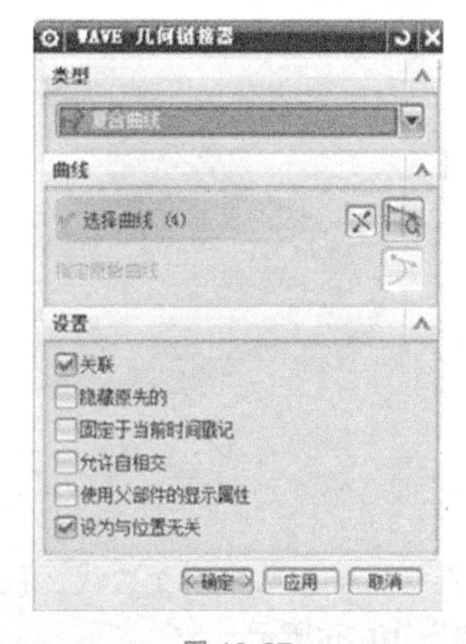

图 10-27

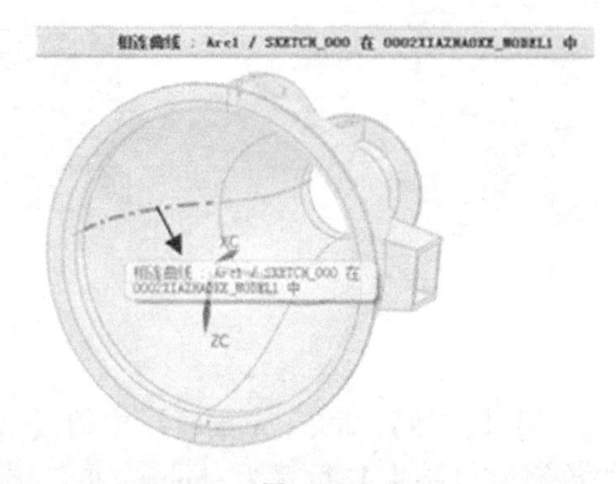

图 10-28

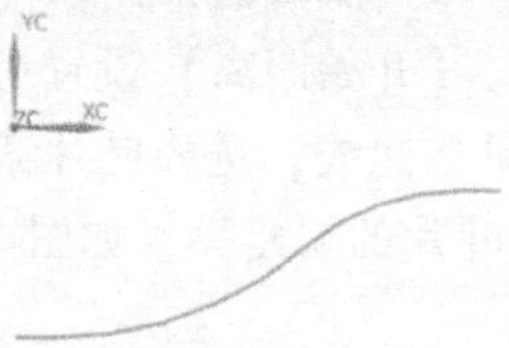

3）绘制草图。在刚链接出来的复合曲线所包容的区域绘制草图，可以初步确定叶轮轴空间大小，如图 10-30 所示。本案例仅介绍建模方法，具体的叶轮尺寸及形状，请读者根据具体需求确定。

图 10-29

4）选择【回转】命令，在弹出的对话框中（图 10-31a），【指定矢量】选择 XC 轴，【指定点】选择原点，【开始角度】设置为 0deg，【结束角度】设置为 360deg，【单条曲线】选择图 10-31b 中箭头所指的曲线，然后单击【确定】按钮，完成锥体造型（图 10-31c）。

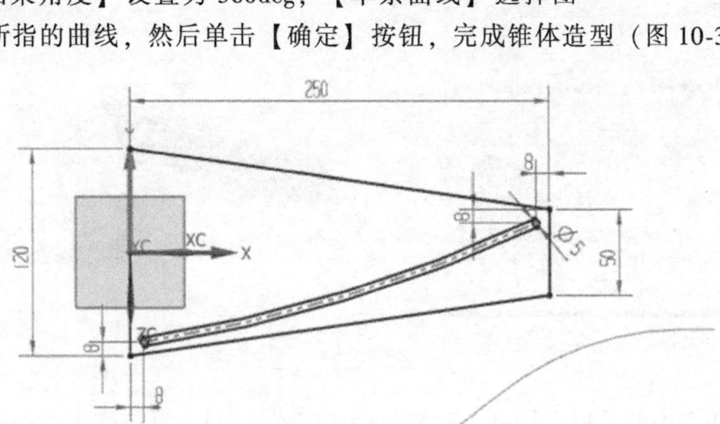

图 10-30

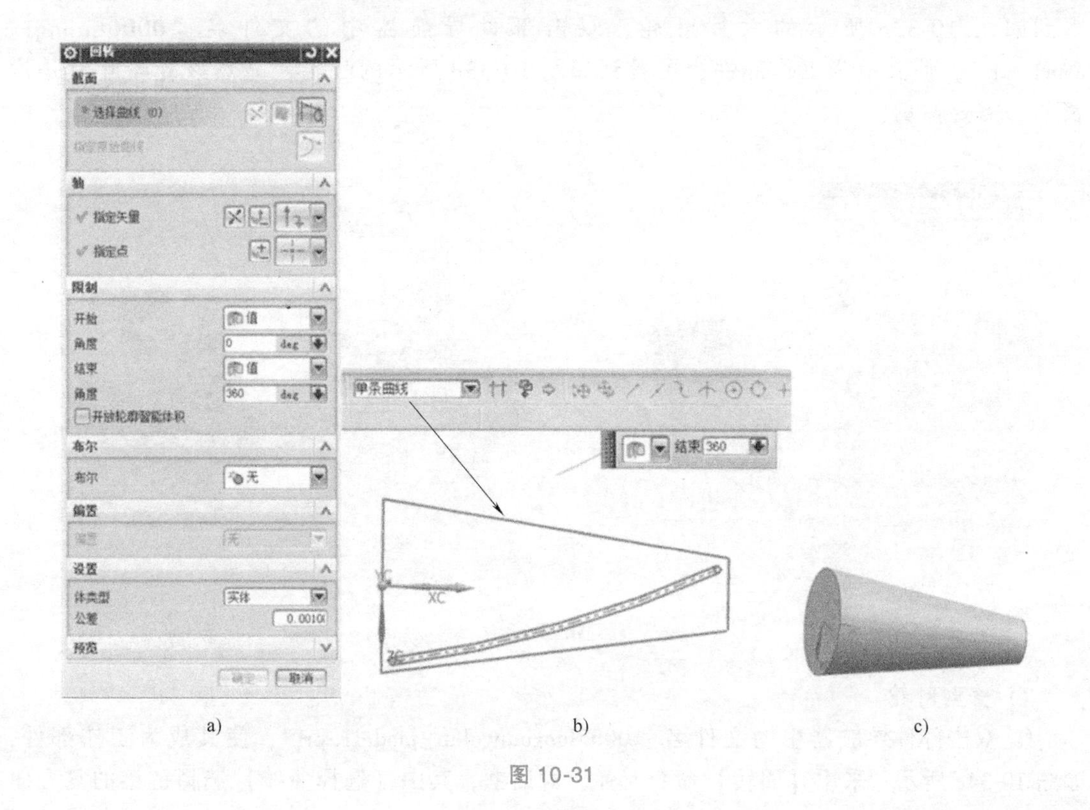

a)　　　b)　　　c)

图 10-31

5）隐藏圆锥体，再采用【拉伸】命令，在弹出的对话框中的【指定矢量】选择YC轴，【开始距离】设置为0mm，【结束距离】设置为300mm（这个尺寸偏大，后面再修剪），【单条曲线】选择叶片截面的外轮廓曲线，布尔求和操作，然后单击【确定】按钮，完成一片叶片的初建模，如图10-32所示。

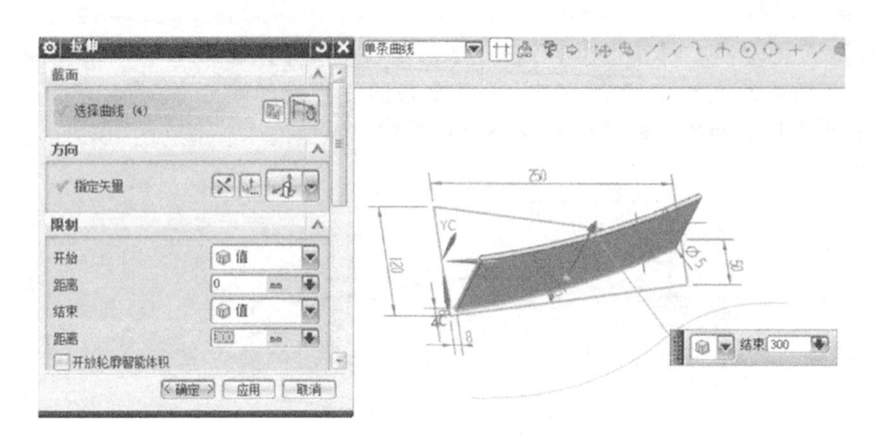

图 10-32

6）选择菜单条中的【插入】→【关联复制】→【阵列特征】，系统弹出对话框（图10-33a），其中【特征】选择刚建好的叶轮，【布局】选择“圆形”，【指定矢量】选择X轴（圆锥轴线方向），【指定点】选择原点（圆锥底面圆心）如图10-33b所示，【间距】选择“数量和跨距”，【数量】设置为6，【跨角】设置为360deg，然后单击【确定】按钮，得到如图10-33c所示的六片叶轮，双击部件导航器中的文件名“0000tuijinqi_asm1. prt”，使其成为工作部件，可看到如图10-33d所示的叶轮，显然该叶轮叶片是过长的，需要修剪。

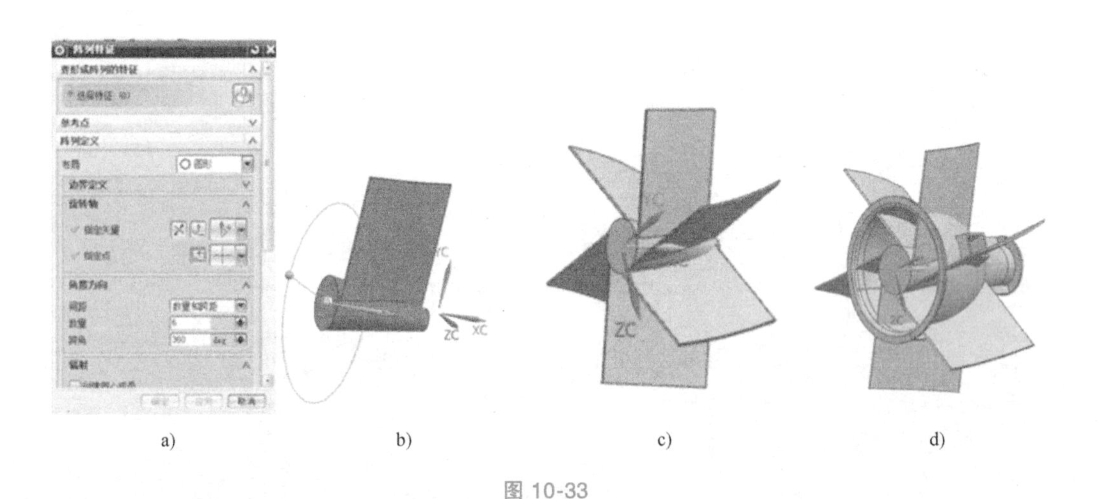

a) b) c) d)

图 10-33

7）修剪叶轮。

① 双击部件导航器中的文件名“0003luoxuanyelun_model1. prt”，使其成为工作部件，如图10-34a所示。采用【回转】命令，弹出对话框，其中【选择曲线】选择链接的复合曲

线，【指定矢量】选择 X 轴，【指定点】选择圆锥底面圆心，【开始角度】设置为 0deg，【结束角度】设置为 360deg，【体类型】选择“片体”，如图 10-34b 所示，然后单击【确定】按钮，得到如图 10-34c 所示的图形。

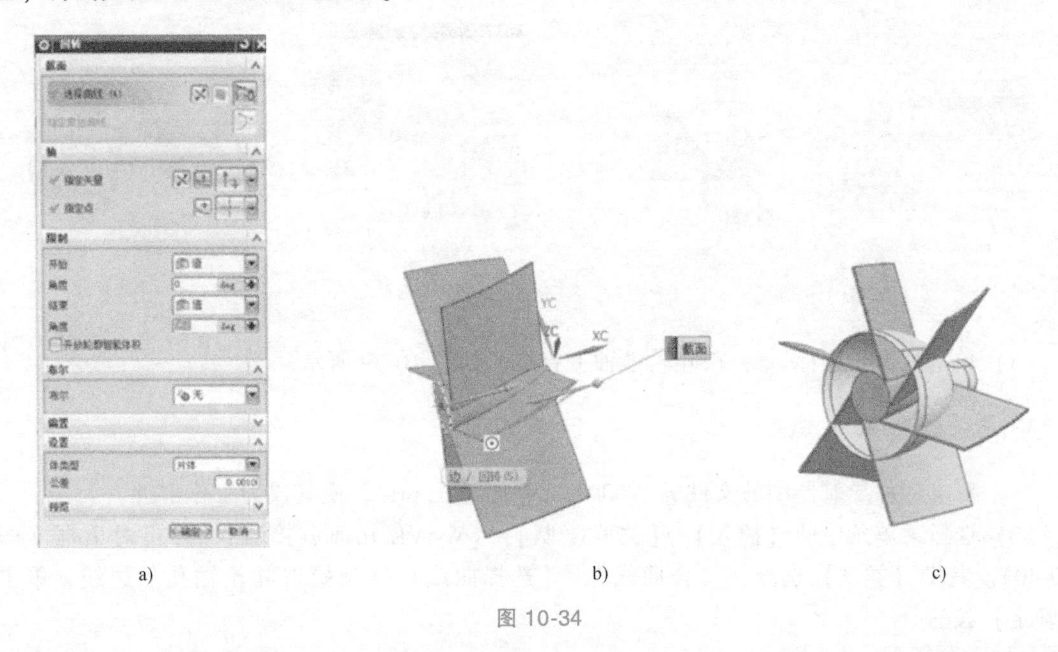

a) b) c)

图 10-34

② 单击【同步建模】工具条中的三角形按钮，弹出对话框（图 10-35a），选择【偏置区域】命令，在弹出的对话框中，【选择面】选择上一步骤刚拉伸完的曲面（片体），单击按钮，控制向内偏置，【距离】设置为 2mm（这是叶片顶部与罩壳内壁之间的间隙），如图 10-35b 所示，然后单击【确定】按钮，如图 10-35c 所示。

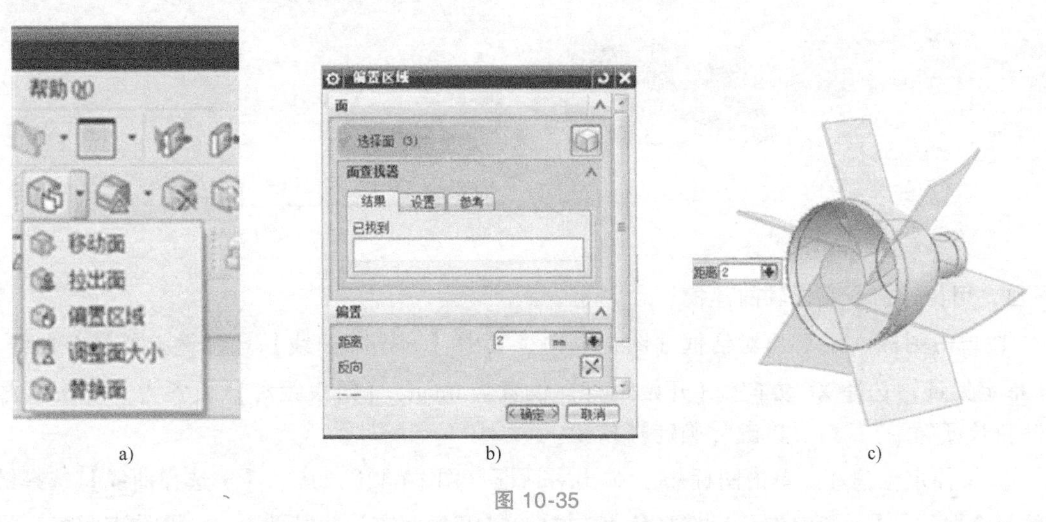

a) b) c)

图 10-35

③ 选择【插入】→【修剪】→【修剪体】（图 10-36），弹出对话框（图 10-37），其中【目标】选择叶轮，【工具】选择片体，单击按钮选择修剪掉片体以外的部分，单击【确定】按钮，然后将片体隐藏，完成叶轮的建模（图 10-38）。

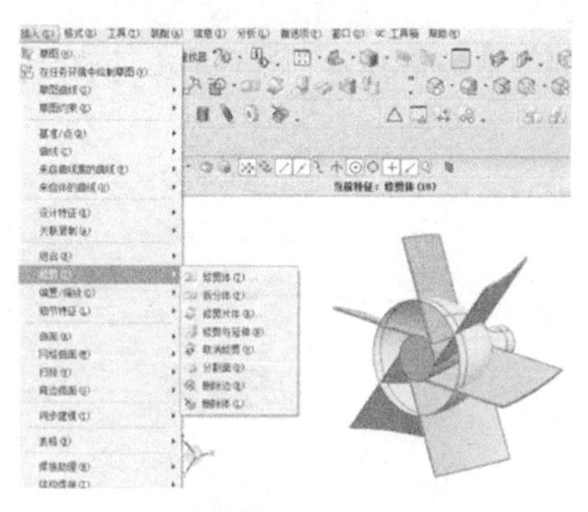

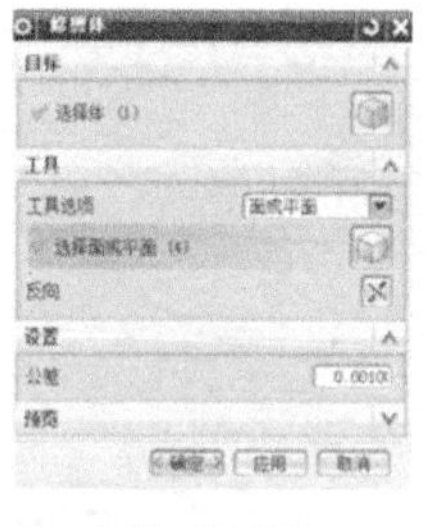

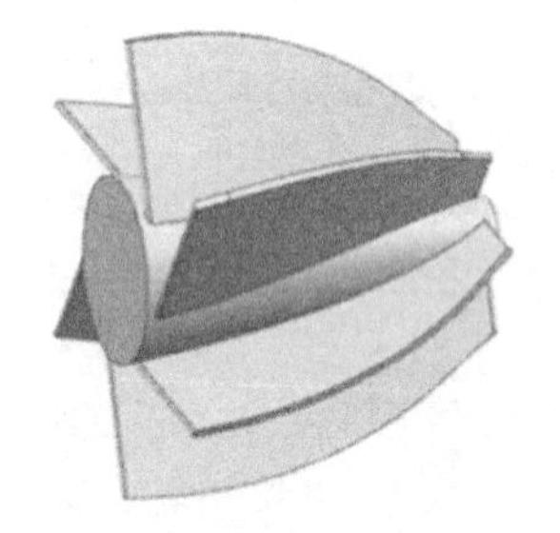

图 10-36　　图 10-37　　图 10-38

8）单击孔命令图标，在叶轮锥轴上打孔，如图 10-39 所示。

10.3.5　轴建模

1）双击部件导航器中的文件名“0004zhou_model1. prt”，使其成为工作部件。

2）选择菜单条中的【插入】→【关联复制】→【WAVE 几何链接器】，弹出对话框（图 10-40）。其中【类型】选择“复合曲线”，【选择曲线】选项拾取叶轮轴孔的边线，单击【确定】按钮。

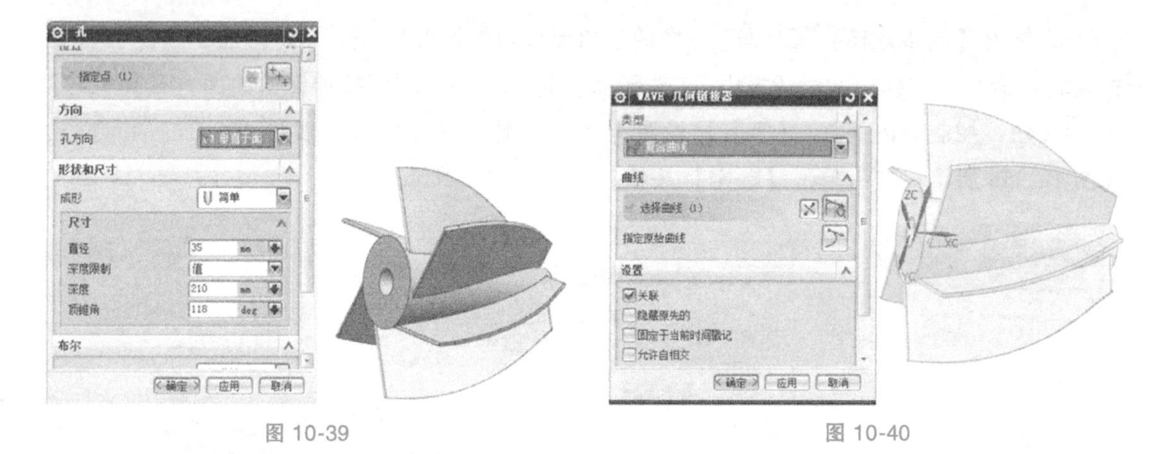

图 10-39　　图 10-40

3）用拉伸命令完成轴的建模。

① 单击图标，弹出对话框（图 10-41），其中【＊选择曲线】选择链接的复合曲线，【＊指定矢量】选择 XC 方向，【开始距离】设置为 0mm，【结束距离】设置为 200mm（根据叶轮长度确定），然后单击【确定】按钮。

② 拉伸定位轴环。单击图标，弹出对话框（图 10-42），其中【＊选择曲线】选择链接的复合曲线，【＊指定矢量】选择负 XC 方向，【开始距离】设置为 0mm，【结束距离】设置为 30mm，【偏置】选择“单侧”，【结束】设置为 5mm，然后单击【确定】按钮，得图 10-43 所示结构。

③ 拉伸轴身。单击图标，弹出对话框（图 10-44），其中【＊选择曲线】选择轴环端面

圆边线，【＊指定矢量】选择负 XC 方向，【开始距离】设置为 0mm，【结束距离】设置为 100mm，【偏置】选择“单侧”，【结束】设置为-5mm，然后单击【确定】按钮，得图 10-45 所示结构。

④ 轴端倒角，倒圆，读者可自行完成。

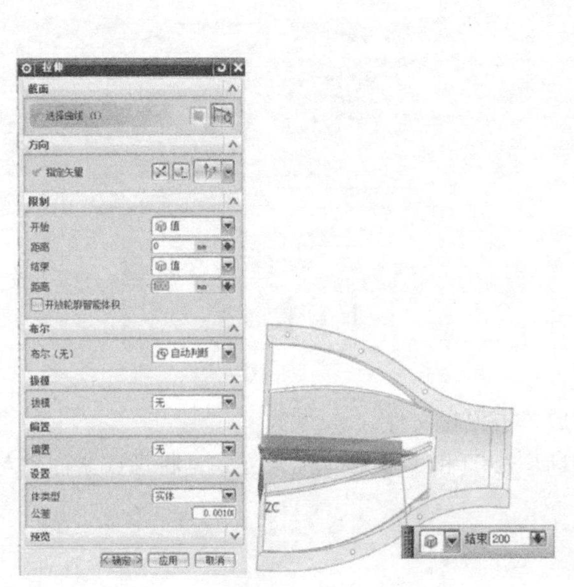

图 10-41

图 10-42

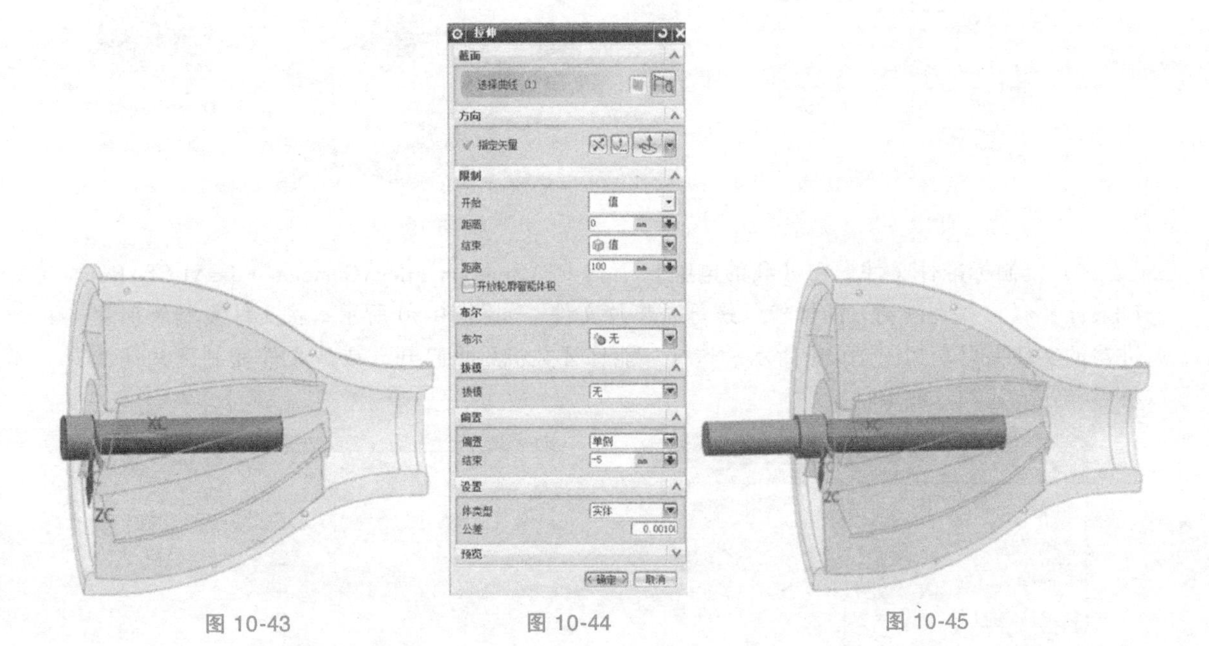

图 10-43　　图 10-44　　图 10-45

10.3.6 连接螺钉的选用

1）单击选择重用库命令，在弹出的窗口（图10-46）中，双击“GB Standard Parts”，根据需求选择需要的螺栓（图10-47），鼠标左键按住所选的螺栓，保持按压状态并拖动到安装孔处，松开左键。弹出对话框（图10-48），其中【Size】（公称直径）选项，UG NX8.5会根据孔径自动匹配选择相应的螺栓公称直径，【Length】（长度）选项，根据两个连接件的厚度选择，本案例选择20mm。

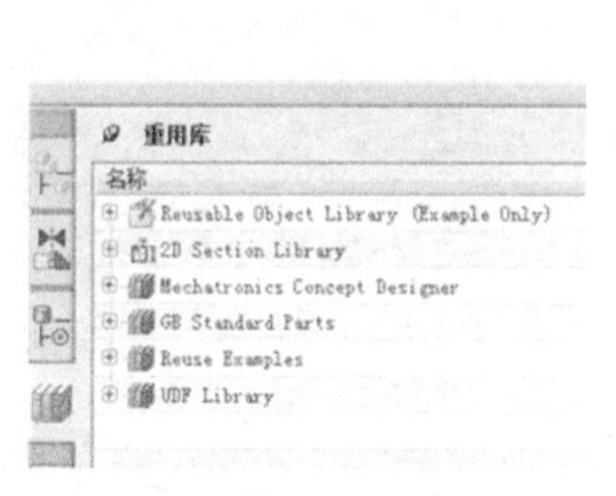

图10-46

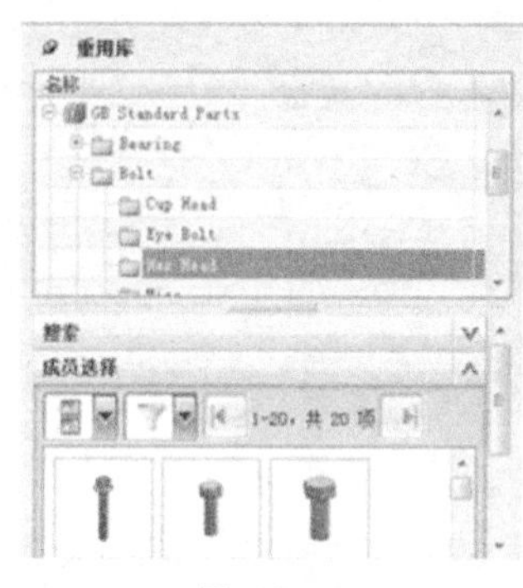

图10-47

2）用同样的方法调入垫圈和螺母，然后单击保存文件。

3）螺纹连接件装配。分别用“自动判断中心”和“接触”配对方式，将螺纹紧固件与罩壳进行装配约束（图10-49）。

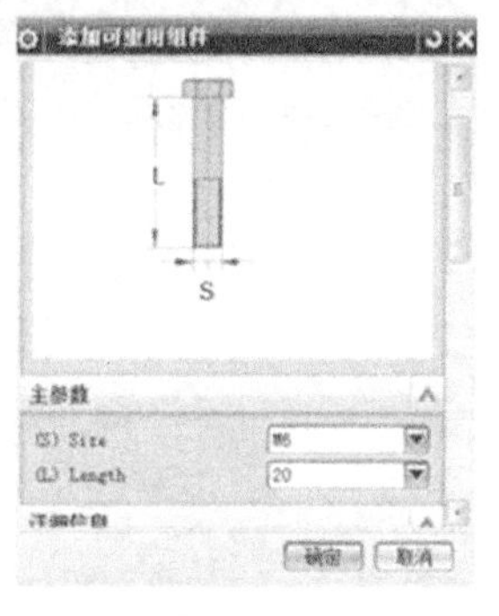

图10-48

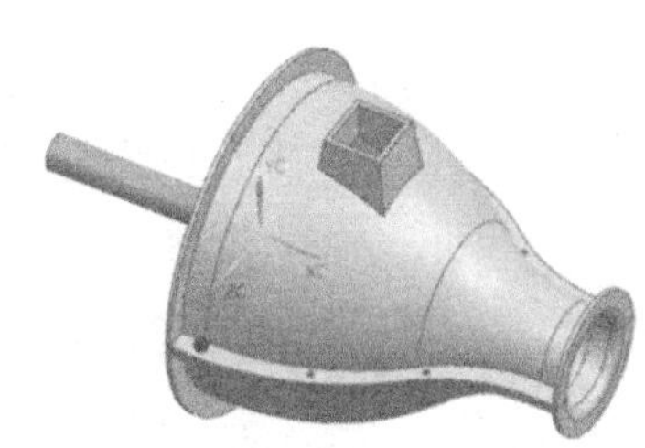

图10-49

螺纹连接件的调用和装配

4）复制标准件文件。在【我的电脑】下的C:\Program Files\Common Files\UGS\Reuse Library路径，找到刚调入的螺栓、螺母、垫片文件，如图10-50所示。将文件复制到保存推进器的文件夹里，如图10-51所示。这样才能保证关机后再打开，或者文件复制到其他计算机后，还能找到这些零件。

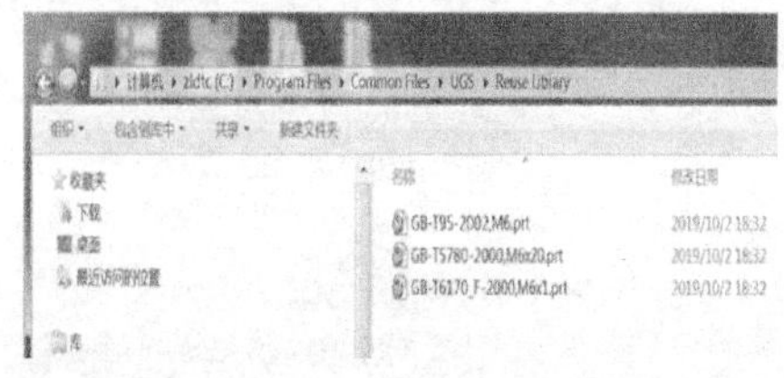

图10-50

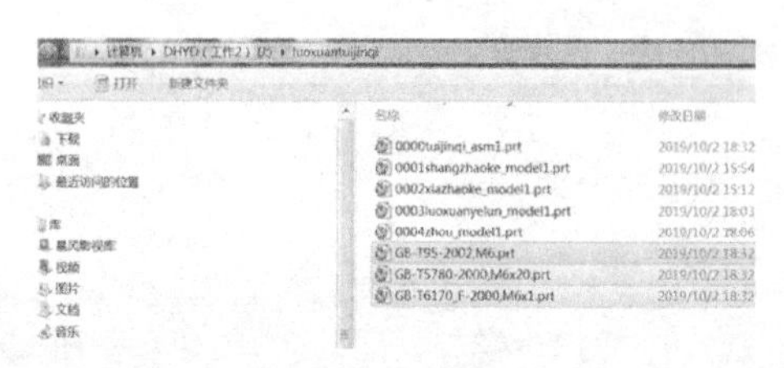

图10-51

5）复制装配螺栓组。单击图标，弹出对话框（图 10-52a），【复制】中的【模式】选择“复制”，【＊选择组件】选项同时拾取螺栓、螺母、垫片，【运动】选择“点到点”，【＊指定出发点】选择复制螺栓组所在孔的圆心（图 10-52b），【＊指定终止点】选择要复制到的孔的圆心（图 10-52c），单击【确定】按钮，得到图 10-53 所示的结构。

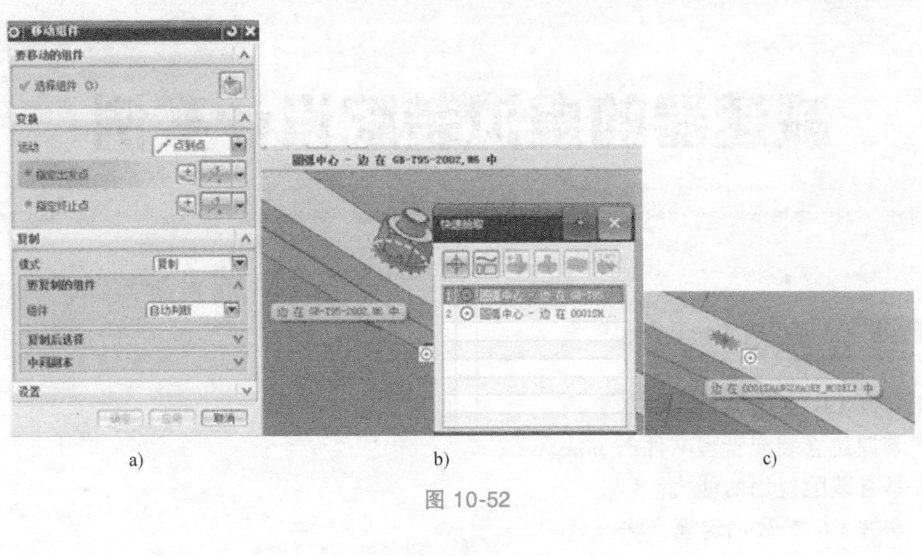

a)　　　　　　　　b)　　　　　　　　c)

图 10-52

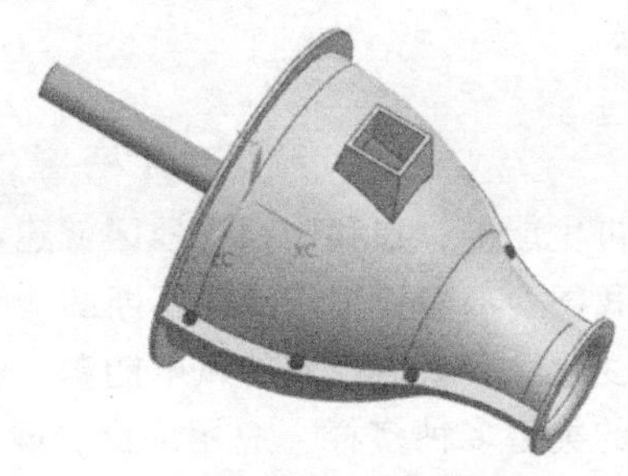

图 10-53

第11章

减速器的虚拟装配设计实例

【学习目标】

1）掌握 UG 自顶向下设计方法。
2）掌握建立装配管理文件的方法。
3）具有装配规划的能力。
4）掌握 UG 参数化建模方法。
5）掌握关联装配设计方法。

【任务引入】

风电是一种绿色环保的可再生能源，在我国西部地区就建设有很多风电站，一座座巨大的风车矗立于苍茫大地上，为我国西部建设提供源源不断的能源。但自然之力喜怒无常，风力强弱也随季节、天气而时常变化，要获取稳定的风电能源，就需要用到一种能调节输出转速的装置——减速器。减速器的类型多种多样，应用广泛，除了风电设备，在汽车、机床、船舶等机械设备中都有它的身影。在此，以简单的一级圆柱齿轮减速器为例进行介绍，帮助同学们掌握减速器的装配设计方法。

分析图 11-1 所示减速器结构和各组件之间的连接关系；制订减速器装配方案；完成其

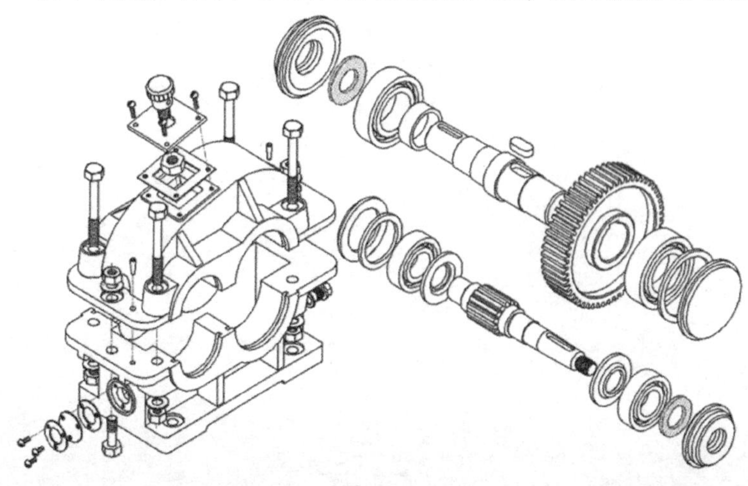

图 11-1

装配设计，需要时可根据情况进行结构优化。

已知：齿轮传动比 $i=3.74$，齿数 $z_1=21$，$z_2=iz_1=79$，模数 $m=3\text{mm}$。小齿轮厚度为65mm，大齿轮厚度为60mm。传递的功率 $P_{\text{I}}=2.88\text{kW}$，$P_{\text{II}}=2.8\text{kW}$，传递的转矩：$T_{\text{I}}=57.3\text{N}\cdot\text{m}$，$T_{\text{II}}=208.35\text{N}\cdot\text{m}$，转速 $n_{\text{I}}=480\text{r/min}$，$n_{\text{II}}=128.34\text{r/min}$，材料为45钢。

【任务实施】

11.1　分析减速器的结构特征

减速器如图11-1所示，主要由齿轮、轴、轴承、端盖、键、密封圈、箱体、箱盖、螺钉连接等结构组成，用于传递运动和转矩。

11.2　制订减速器的设计与装配方案

1）建立装配部件文件。
2）整体规划设计。
3）建立齿轮。
4）建立轴。
5）建立轴承。
6）建立端盖、密封圈。
7）建立键连接。
8）建立箱体。
9）建立箱盖。
10）建立螺栓连接。

11.3　建立装配管理文件

11.3.1　新建装配文件

单击新建文件，在弹出的对话框中选择【装配】，【单位】设置为毫米，输入名称为“0000jiansuqi_asm1.prt”，单击【确定】按钮，如图11-2所示。

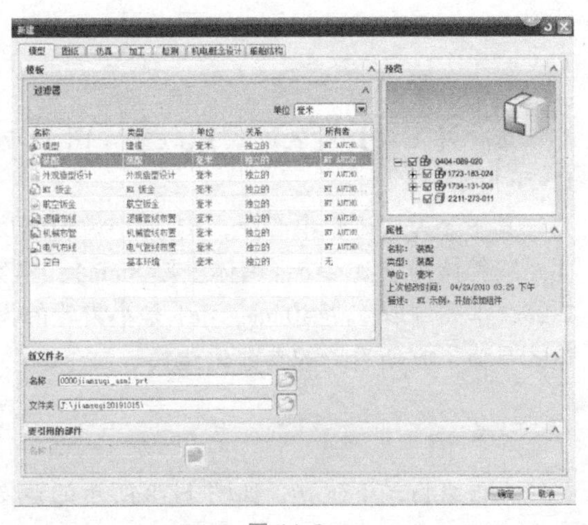

图11-2

11.3.2　新建组件

选择【装配】→【组件】→【新建组件】（图11-3），在弹出的对话框中选择【装配】，输入名称为“0100gaosuzhouxi_asm1.prt”，保存路径与上一步骤的文件保存路径一致，单击【确定】按钮（图 11-4）。在弹出的对话框中的【引用集】选择“其他”，【引用集名称】选择“PART”（图 11-5），单击【确定】按钮。

重复上述步骤建立其他装配组件文件，如图 11-6 所示。

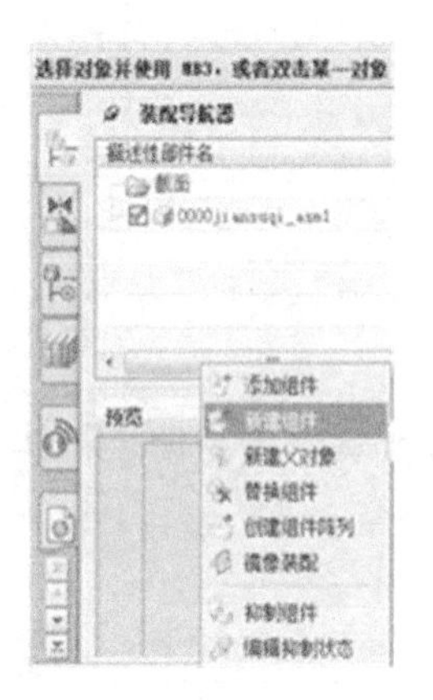

图 11-3

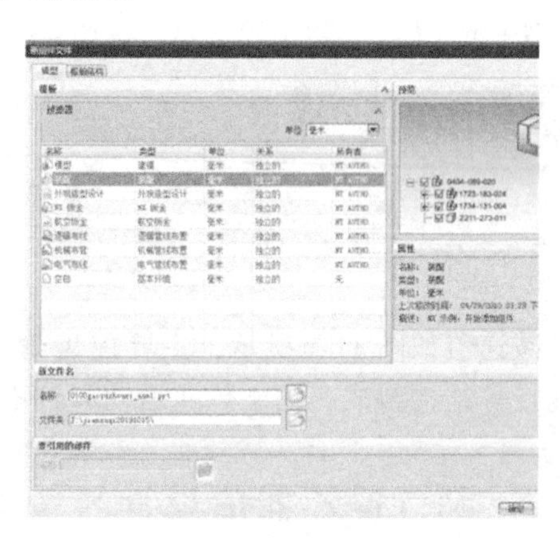

图 11-4

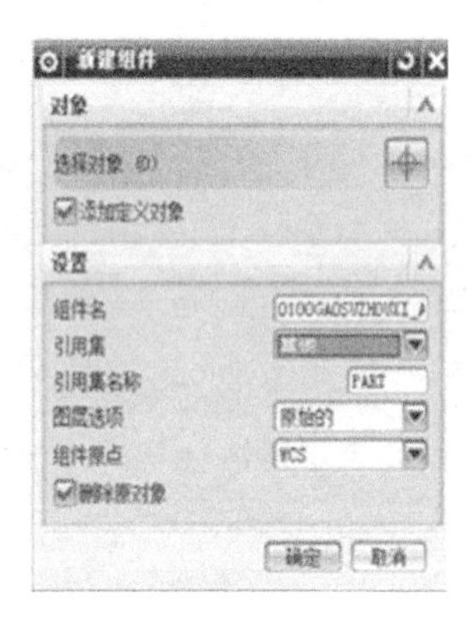

图 11-5

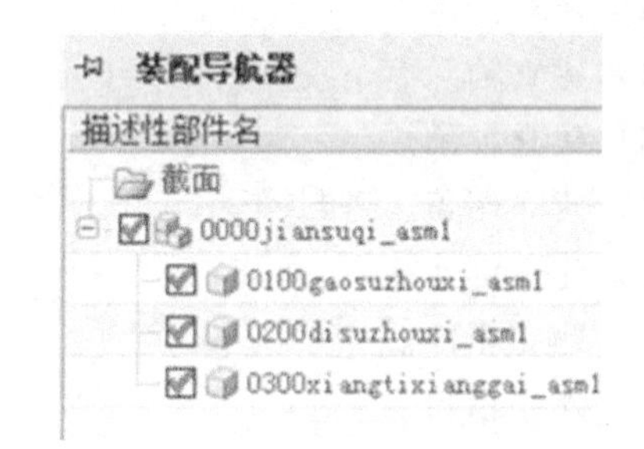

图 11-6

11.4　整体规划

11.4.1　建立表达式

选择【工具】→【表达式】命令（图 11-7a），在弹出的对话框中的输入表达式，如图 11-7b 所示。

其中 a 为两齿轮中心距，B1 为小齿轮厚度，B2 为大齿轮厚度，为了方便拆装，齿轮端面距离箱体内壁 $\Delta_1 \geqslant \delta$（箱体壁厚 8mm），本案例取 15mm；齿轮齿顶圆距离箱体内壁 $\Delta_2 \geqslant 1.2\delta$，本案例取 $\Delta_2 \geqslant 40$mm，da1 是小齿轮的齿顶圆直径，da2 是大齿轮的齿顶圆直径。此表达式是为了方便后续的参数化建模。

11.4.2　作规划草图

在顶级目录下建立，如图 11-8 所示的草图，注意尺寸输入采用表达式输入，完成并退出草图。

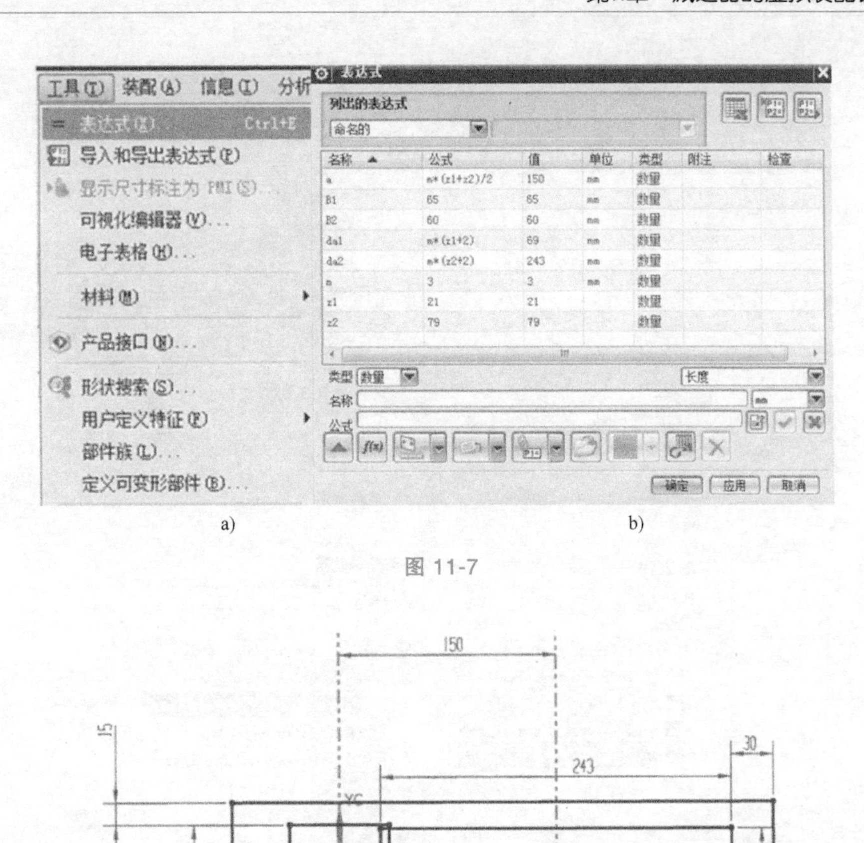

a)　　b)

图 11-7

图 11-8

11.5　齿轮传动建模与装配

11.5.1　高速轴齿轮建模

1）新建组件。选择【装配】→【组件】→【新建组件】（图 11-9），在弹出的对话框中的【引用集】选择“模型（MODEL）”，输入名称为“0101xiaochilun_model1. prt”，【图层】选择“原始的”，然后单击【确定】按钮，如图 11-10a 所示。并将“0101xiaochilun_model1. prt”拖进“0100gaosuzhouxi_asm1. prt”中，如图 11-10b 所示。

2）用 GC 工具箱建模。双击部件导航器中的文件名“0101xiaochilun_model1. prt”，使其成为工作部件。

选择菜单工具条中的【GC 工具箱】→【齿轮建模】→【圆柱齿轮】命令，如图 11-11a 所示。在弹出的对话框中选择【创建齿轮】，单击【确定】按钮，如图 11-11b 所示。在弹出的对话框中选择【直齿轮】→【滚齿】，单击【确定】按钮，如图 11-11c 所示。

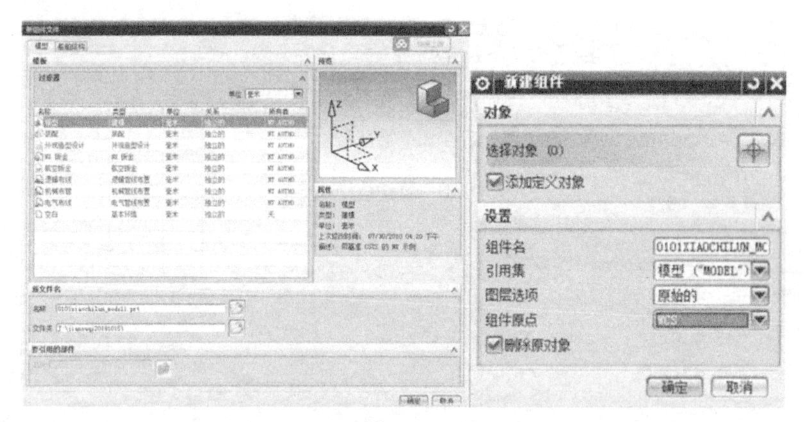

图 11-9

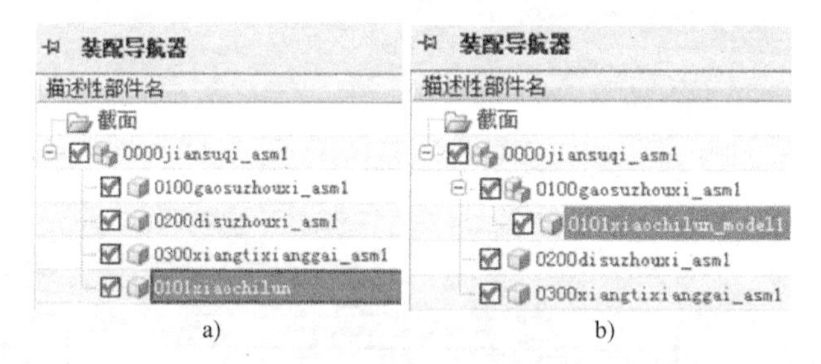

a) b)

图 11-10

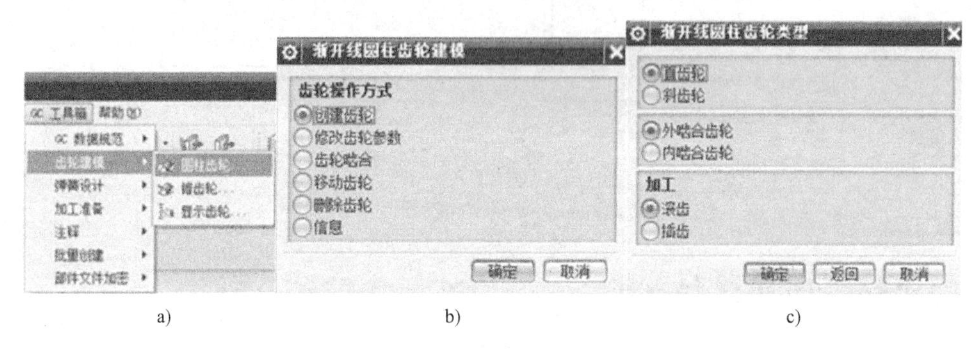

a) b) c)

图 11-11

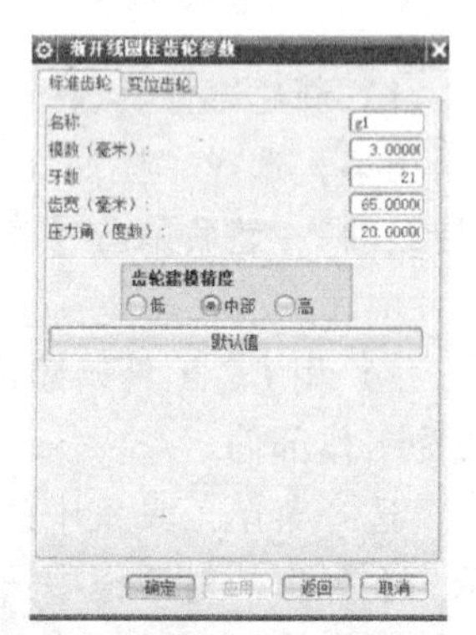

图 11-12

在弹出的对话框中的【名称】输入 g1，【模数】设置为 3mm，【牙数】设置为 21，【齿宽】设置为 65mm，【压力角】设置为 20，单击【确定】按钮（图 11-12），在弹出的对话框中，【类型】选择“自动判断的矢量”，【＊选择对象】选择 Y 轴（图 11-13），单击【确定】按钮，在弹出的对话框（图 11-14）中，【参考坐标】选择原点，单击【确定】按钮，并保存文件，完成小齿轮粗建模，如图 11-15 所示。

3）返回父项。右键单击“0101xiaochilun_model1. prt”选择显示父项并返回，如图 11-16 所示。

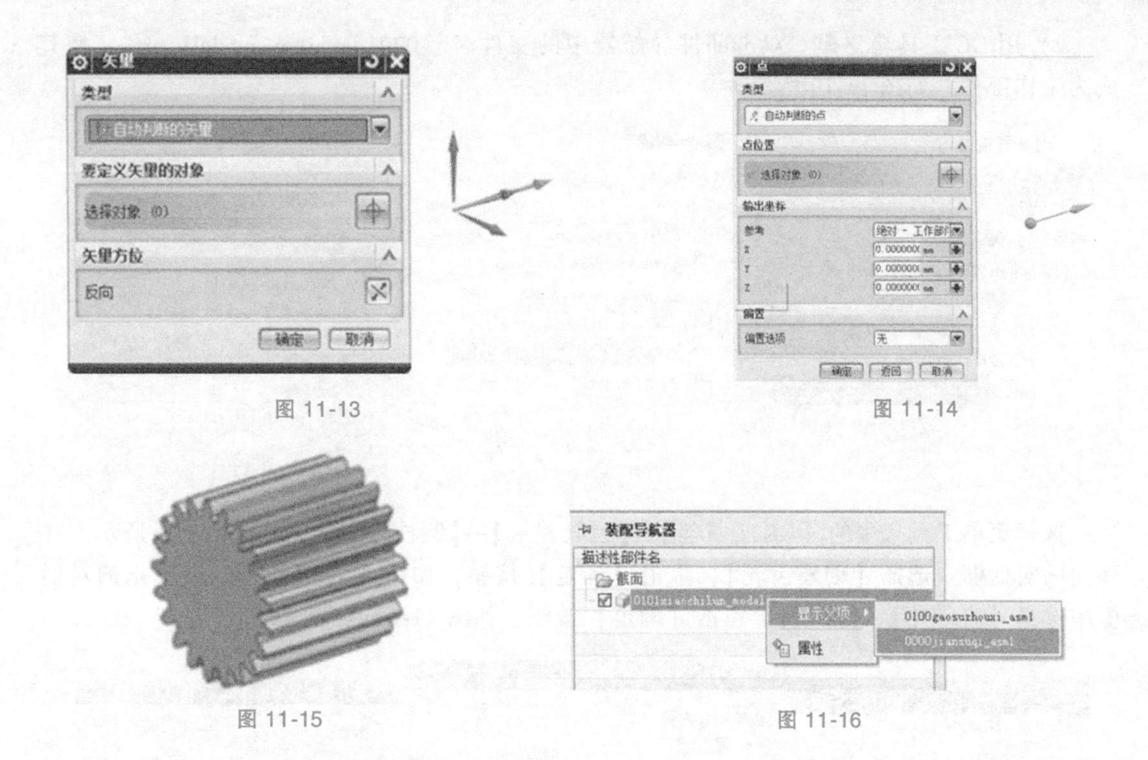

图 11-13

图 11-14

图 11-15

图 11-16

11.5.2 低速轴大齿轮建模

1）新建组件。双击部件导航器中的文件名“0000jiansuqi_asm1. prt”，使其成为工作部件。

选择【装配】→【组件】→【新建组件】（图 11-17a），在弹出的对话框中的【引用集】选择“模型（MODEL）”，输入名称为“0201dachilun_model1. prt”，【图层】选择“原始的”，然后单击【确定】按钮，如图 11-17b 所示。

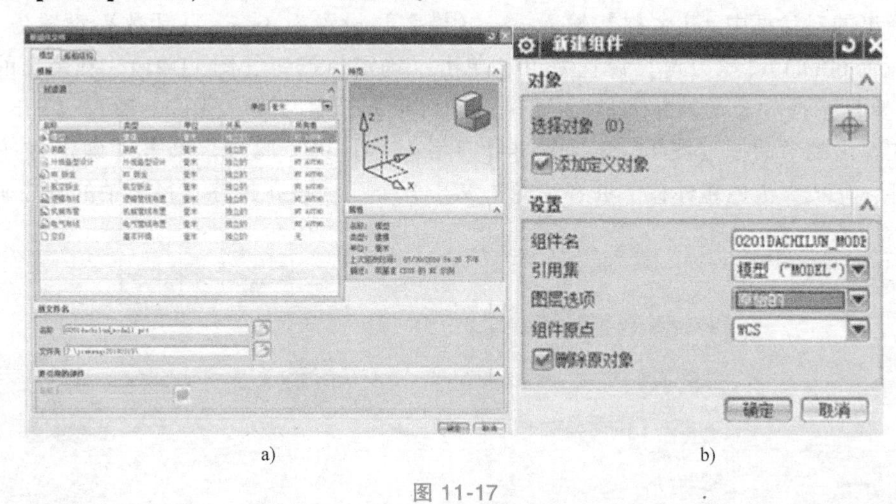

a)

b)

图 11-17

选择部件导航器中的大齿轮文件名“0201dachilun_model1. prt”，将其拖进“0200disuzhouxi_asm1. prt”里，如图 11-18 所示。

2）用 GC 工具箱建模。双击部件导航器中的文件名“0201dachilun_model1. prt”，使其成为工作部件，如图 11-19 所示。

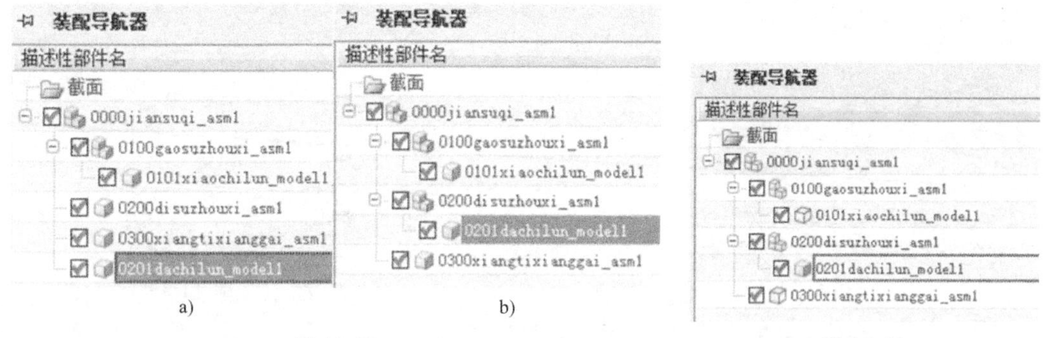

图 11-18　　　　图 11-19

选择菜单工具条中的【GC 工具箱】→【齿轮建模】→【圆柱齿轮】，如图 11-20a 所示。在弹出的对话框中选择【创建齿轮】，单击【确定】按钮，如图 11-20b 所示。在弹出的对话框中选择【直齿轮】→【滚齿】，单击【确定】按钮，如图 11-20c 所示。

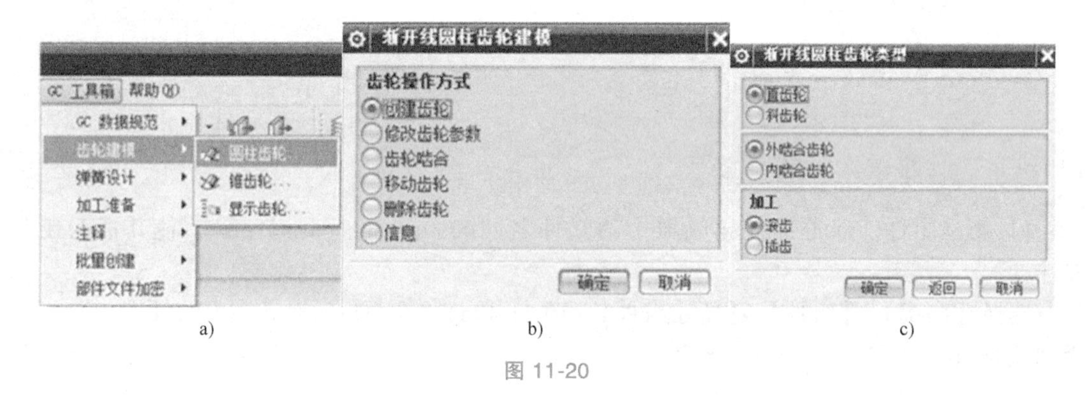

图 11-20

在弹出的对话框中，【名称】输入 g2，【模数】设置为 3mm，【牙数】设置为 9，【齿宽】设置为 60mm，【压力角】设置为 20，单击【确定】按钮（图 11-21），在弹出的对话框中，【类型】选择“自动判断矢量”，【 * 选择对象】选择 Y 轴（图 11-22），单击【确定】按钮，在弹出的对话框（图 11-23）中的【参考坐标】选择原点，单击【确定】按钮，并保存文件，完成大齿轮粗建模，并在齿轮上初步开个孔（该孔最终直径由轴的直径确定）。

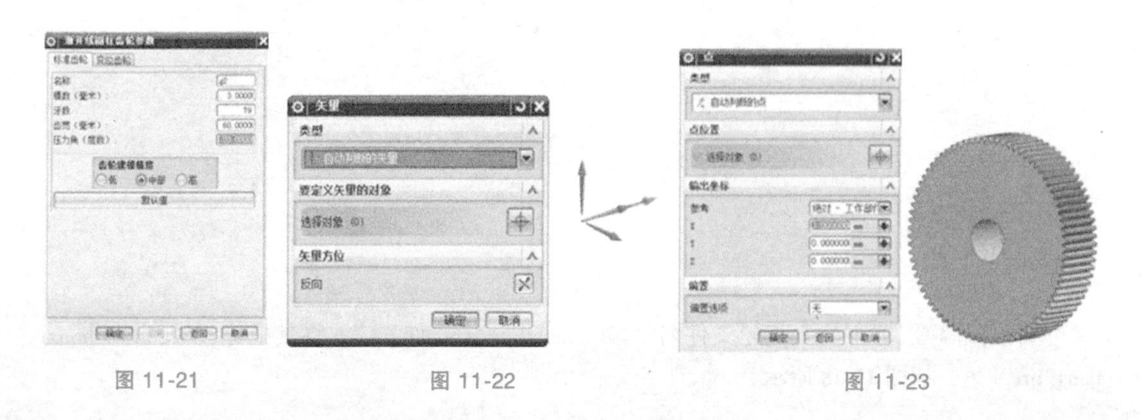

图 11-21　　　　图 11-22　　　　图 11-23

3）齿轮结构设计。利用草图功能完成齿轮减重设计，如图 11-24 所示。

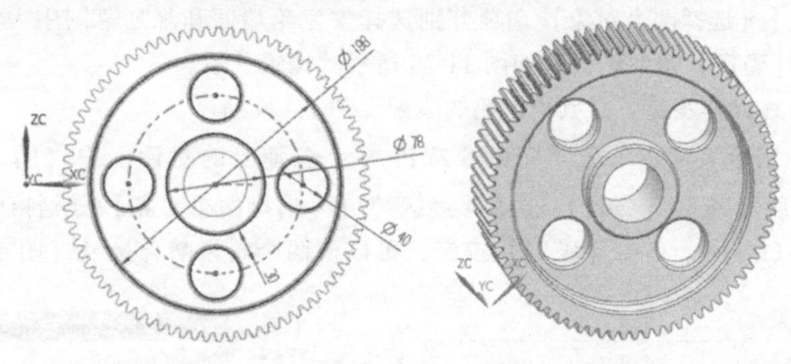

图 11-24

11.5.3　齿轮传动装配

1）在部件导航器中，双击部件导航器中的文件名“0000jiansuqi_asm1. prt”，使其成为工作部件，此时可以同时查看小齿轮、大齿轮和装配规划草图，如图 11-25 所示。

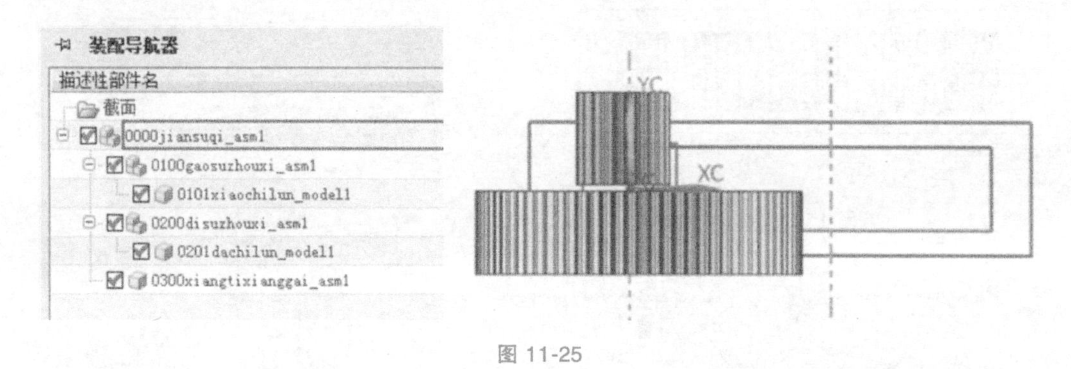

图 11-25

2）单击装配命令按钮，在弹出的对话框中（图 11-26），【类型】选择“接触对齐”，【方位】选择“自动判断中心”，【＊选择两个对象】选项分别选择大齿轮中心线和规划草图中大齿轮的中心基准线，单击【确定】按钮，得到如图 11-27 所示的装配关系。

图 11-26

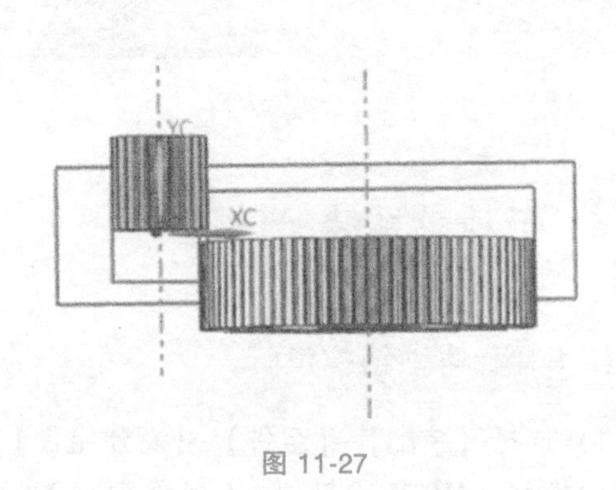

图 11-27

3）单击装配命令按钮，在弹出的对话框中的【类型】选择“接触对齐”，【方位】选择“对齐”，【＊选择两个对象】选项分别选择大齿轮端面和规划草图中大齿轮的相应的端面线，单击【确定】按钮，得到如图 11-28 所示的位置关系。

4）重复上述操作步骤，完成小齿轮的装配，图 11-29 所示。

5）两齿轮啮合装配。单击装配命令按钮，在弹出的对话框中（图 11-30），【类型】选择“接触对齐”，【方位】选择“接触，”【＊选择两个对象】分别拾取两个齿轮的一个齿面（图 11-31），单击【确定】按钮，可以使两个轮齿啮合接触（图 11-32）。

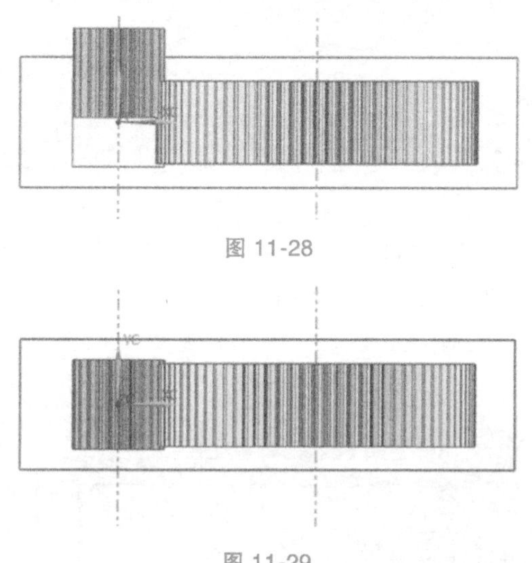

图 11-28

图 11-29

图 11-30

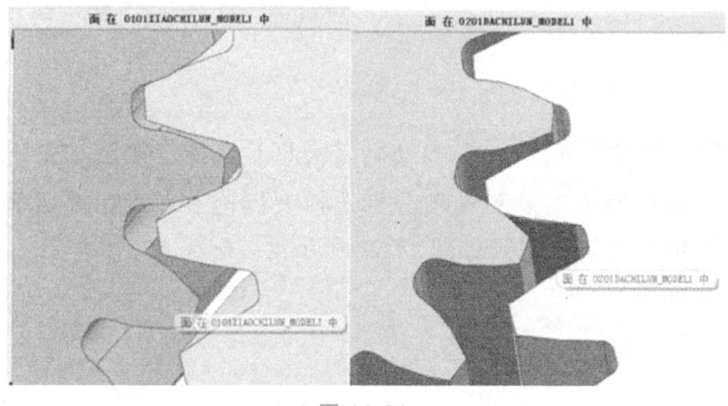

图 11-31

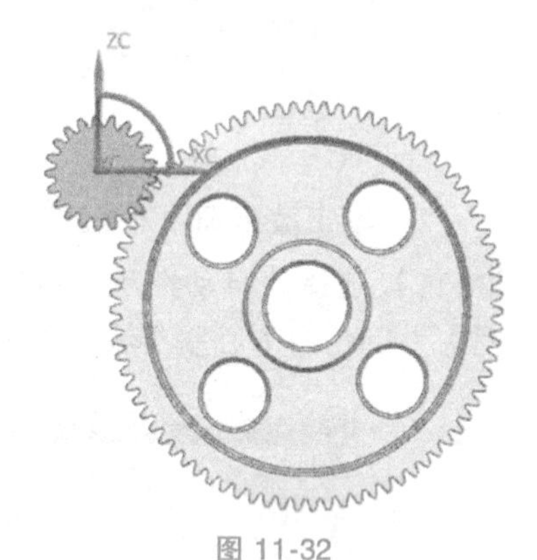

图 11-32

11.6 低速轴系装配设计

11.6.1 低速轴结构设计

1）选择【装配】→【组件】→【新建组件】（图 11-33），在弹出的对话框中的【引用集】选择“模型（MODEL）”，输入名称为“0202disuzhou_model1. prt”，【图层】选择“原始的”，然后单击【确定】按钮，如图 11-34 所示。并在部件导航器中将“0202disuzhou_model1. prt”拖进“0200disuzhouxi_asm1. prt”中，如图 11-35 所示。

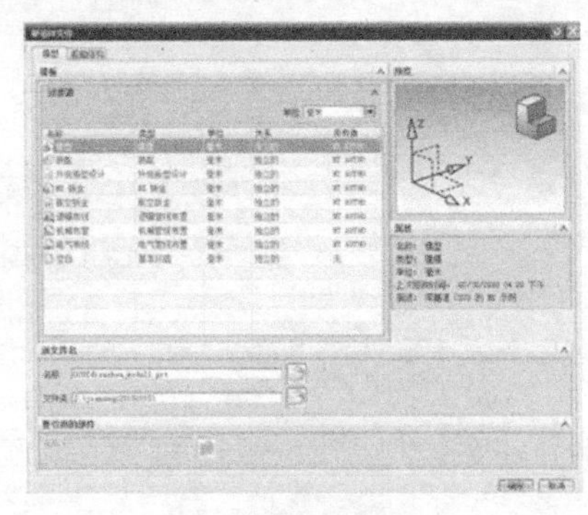

图 11-33

图 11-34

2）双击部件导航器中的文件名“0202disuzhou_model1. prt”，使其变为工作部件。

3）单击 WAVE 几何链接器命令图标，弹出【WAVE 几何链接器】对话框，如图 11-36a 所示，其中【类型】选择“复合曲线”，【＊选择曲线】选择齿轮孔的边线，如图 11-36b 所示，取消勾选【关联】（否则当齿轮孔开了键槽以后，边线形状改变，轴会丢失或有出错报警），然后单击【确定】按钮。

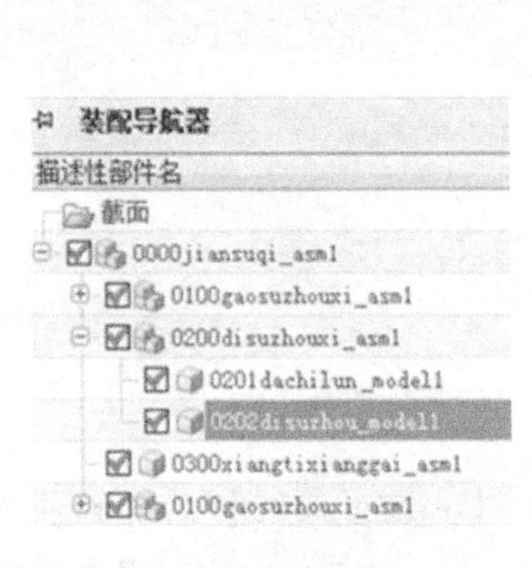

图 11-35

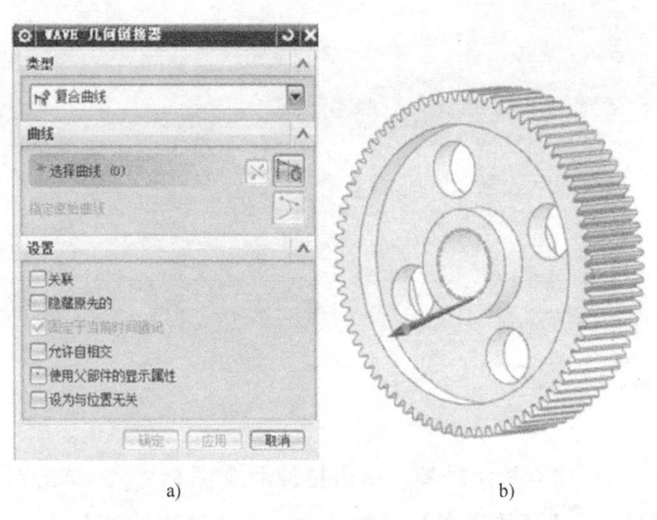

图 11-36

4）建立齿轮轴头。单击拉伸命令图标，弹出【拉伸】对话框（图 11-37），其中【＊选择曲线】选择链接的复合曲线，【＊指定矢量】选择齿轮轴线方向（图 11-38），【开始距离】设置为 0mm，【结束距离】设置为 B2-2（即 60mm－2mm＝58mm，比齿轮宽度略短），以保证定位套筒的可靠定位，然后单击【确定】按钮（若采用表达式输入会有出错警报，应先建立表达式）。

5）建立齿轮定位轴环。单击拉伸命令图标，弹出【拉伸】对话框（图 11-39）其中【＊选择曲线】选择链接的复合曲线，【＊指定矢量】选择齿轮轴线方向，如图 11-40 所示，

【开始距离】设置为 0mm，【结束距离】设置为 20mm，【偏置】选择【单侧】，【结束】设置为 5mm（保证定位轴环高度），布尔求和运算，然后单击【确定】按钮，得到如图 11-41 所示的结构。

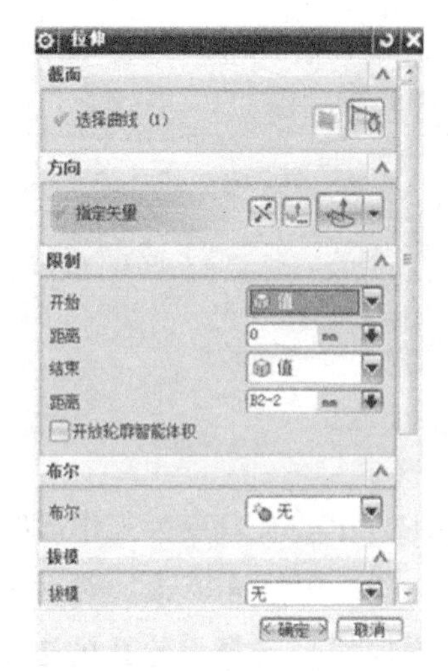

图 11-37

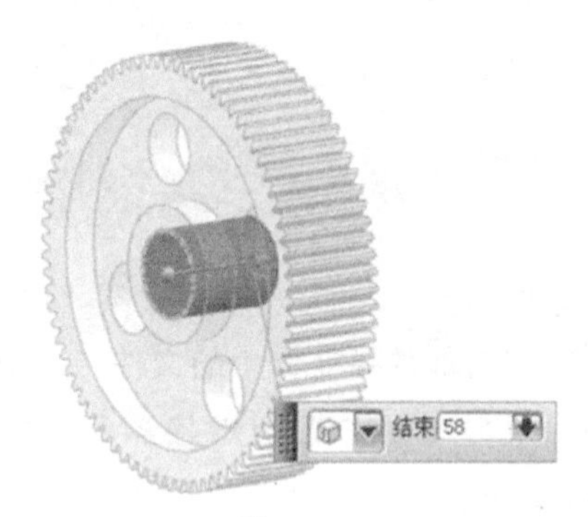

图 11-38

图 11-39

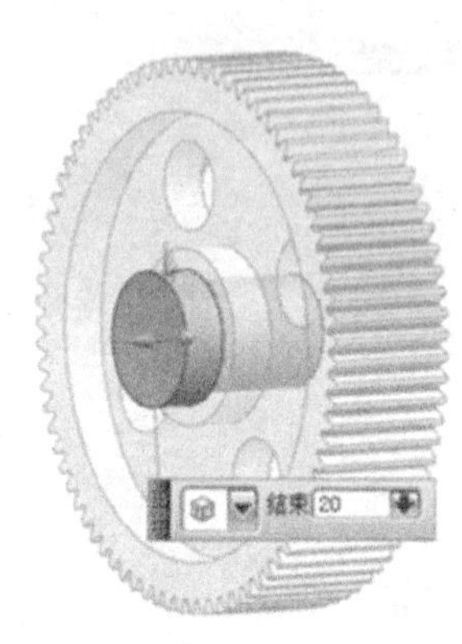

图 11-40

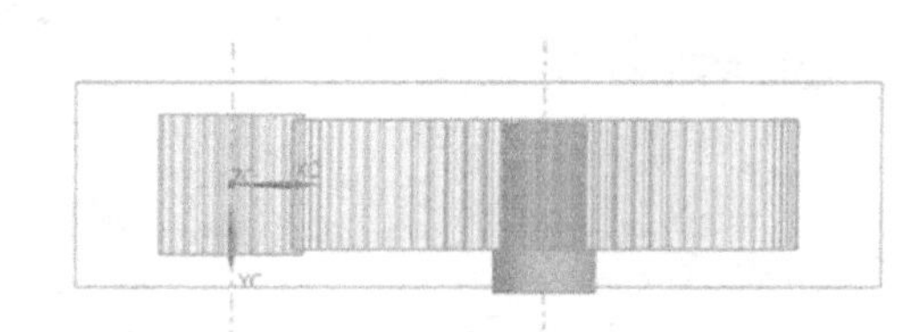

图 11-41

6）建立轴承轴颈。单击拉伸命令图标，弹出对话框【＊选择曲线】选择轴环端部圆边，【开始距离】设置为 0mm，【结束距离】设置为 18mm（初定，后续会根据轴承尺寸修改），【偏置】选择【单侧】，【结束】设置为-10mm（初定），布尔求和运算，然后单击【确定】按钮，得到如图 11-42 所示的图形。读者也可采用圆柱体命令完成该轴段建模。

7）建立另一端轴承轴颈。单击拉伸命令图标，弹出对话框【＊选择曲线】选择轴头端部圆边，【开始距离】设置为 0mm，【结束距离】设置为（18+20+2）mm（【结束距离】为初定，保证与左端轴颈对称），【偏置】选择【单侧】，【结束】设置为-5mm（初定），布尔求和运算，然后单击【确定】按钮，得到如图 11-43 所示的图形。读者也可采用圆柱体命令完成该轴段建模。

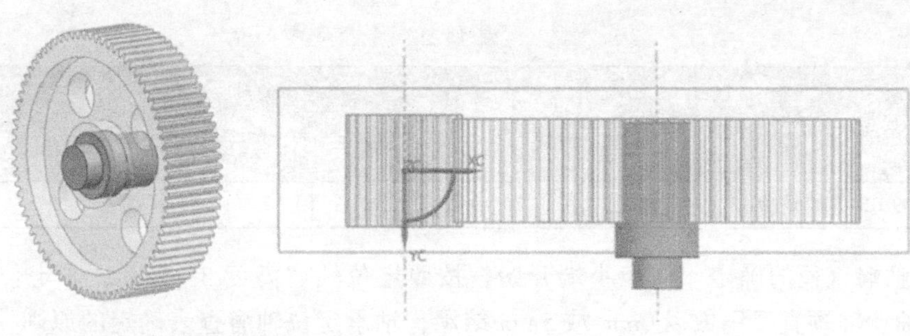

图 11-42

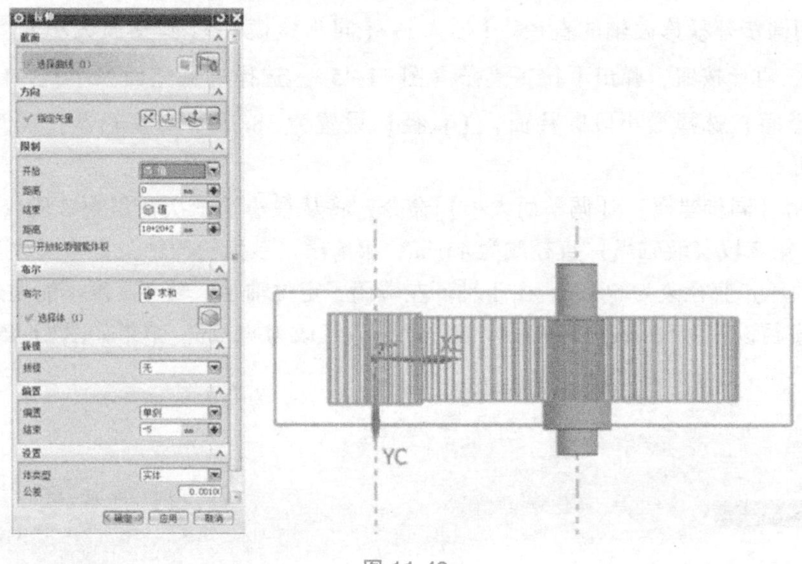

图 11-43

8）同样的方法建立轴身和联轴器轴头。长度和直径均初定（图 11-44）。

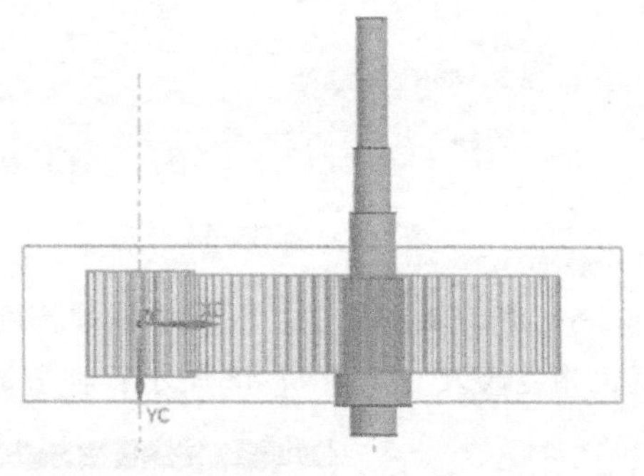

图 11-44

11.6.2　低速轴的尺寸设计

1）估算最小直径（计算公式查阅《机械设计基础》相关内容）。

$$d_{2\min}=C\sqrt[3]{\frac{P_2}{n_2}}=115\times\sqrt[3]{\frac{2.8\text{kW}}{128.34\text{r/min}}}=32.13\text{mm}$$

2）选择联轴器型号。根据逐步估算的轴最小直径，综合考虑轴传递的转矩和转速，选择弹性套柱销联轴器，其型号及参数见表 11-1。

表 11-1

型号	公称转矩/N · m	许用转速/(r/min)	轴孔长度/mm	孔径/mm
TL6	250	3800	82	38

根据联轴器尺寸，取轴的直径 $d_{2\min}=38\text{mm}$，轴头长度为 80mm。

3）选择轴承规格。根据工况，选择深沟球轴承，其型号及参数见表 11-2。

表 11-2

代号	孔径 d /mm	外径 D/mm	宽度 B /mm	内圈定位轴肩直径 d_{amin} /mm	外圈定位环孔 D_{amin} /mm
滚动轴承 6009 GB/T 276—2013	45	75	16	51	69

4）各轴端直径的确定。从最小端开始，按照定位轴肩高度 3~5mm，非定位轴肩高度 1~3mm，轴承轴颈直径尾数以 0mm 或 5mm 结尾，轴承定位轴肩查表确定的原则，依次放大轴的直径。

5）采用同步建模修改轴的直径。【插入】→【同步建模】→【调整面大小】，或者单击按钮 中的三角形按钮，弹出下拉工具条（图 11-45），选择【调整面大小】，在弹出的对话框中，【选择面】选择最小段圆柱面，【直径】设置为 38mm（与联轴器孔径匹配），单击【确定】按钮。

同样采用【同步建模】→【调整面大小】命令，将从最小端依次往里第 2 段（轴身）直径改为 44mm，第 3 段（装轴承）直径改为 45mm，第 5 段（装齿轮的轴头）直径改为 50mm，第 6 段（定位轴环）直径改为 56mm，由于轴环左端用于定位轴承，轴环高度不能超过轴承内圈，将轴环左段直径设计为 53mm，第 7 段（装轴承）直径改为 45mm。结果如图 11-46 所示。

图 11-45

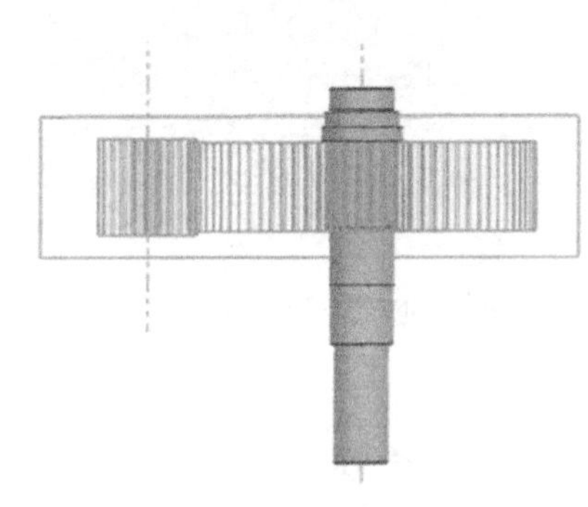

图 11-46

6）修改轴的长度。将轴承轴颈长度改为 16mm，如图 11-47 所示。同样，另一端轴颈长度也相应修改，如图 11-48 所示，轴端倒角等工艺结构细节，请读者自行思考完成。

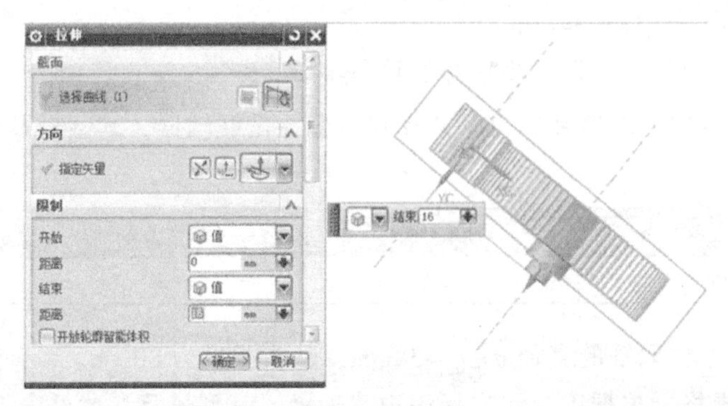

图 11-47

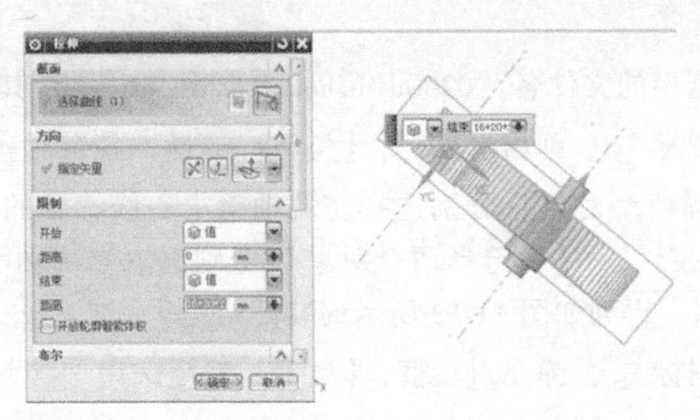

图 11-48

11.6.3　调用轴承标准件

1）双击部件导航器中的文件名“0200disuzhouxi_asm1.prt”，使其成为工作部件。

2）单击选择重用库命令图标，在弹出的窗口（图 11-49）中，双击“GB Standard Parts”，根据需求选择需要的轴承，鼠标左键按住所选的轴承（图 11-50），保持按压状态并拖动到安装轴颈处，松开左键，弹出对话框（图 11-51），其中【(d) Inner Diameter】(内径）选项，UG NX8.5 会根据轴颈直径自动匹配选择相应的轴承内孔直径，【(D) Outer Diameter】(外径）选项，可根据需求选择，本案例选择 75mm，单击【确定】按钮完成轴承调入。

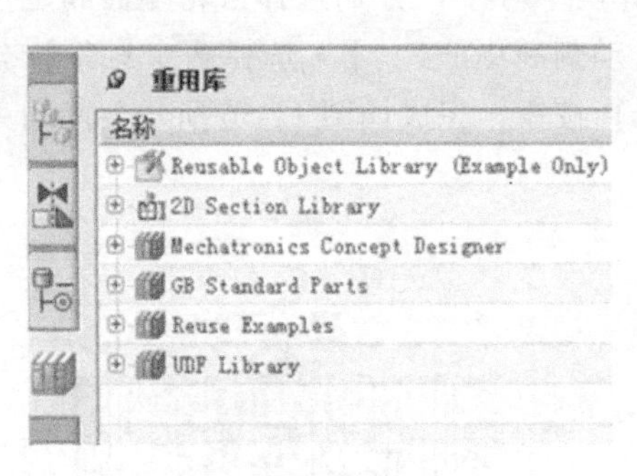

图 11-49

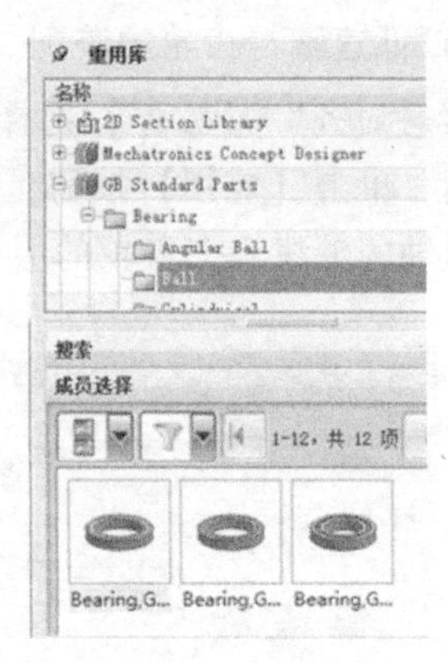

图 11-50

3）用同样的方法调入另一个轴承，得到如图 11-52 所示的结构，然后单击保存文件。

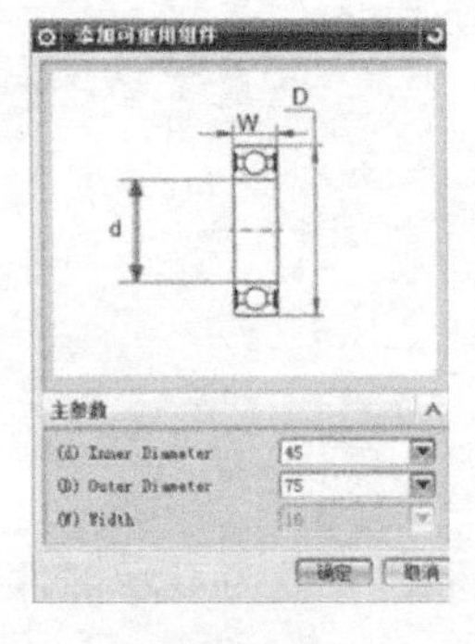

图 11-51

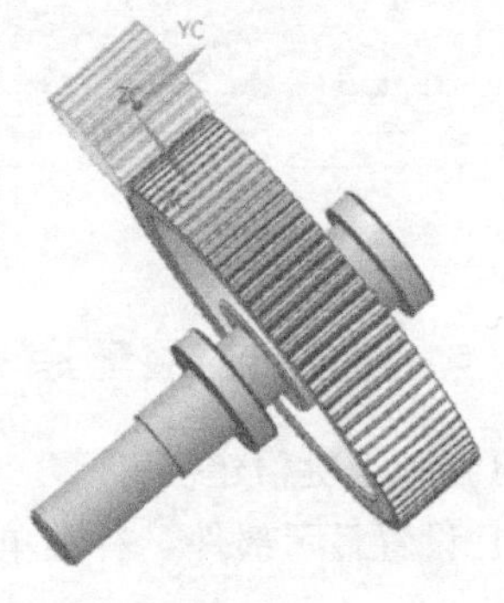

图 11-52

4）轴承装配。

① 双击部件导航器中的文件名“0200disuzhouxi_asm1. prt”，使其成为工作部件。

② 单击装配约束图标，弹出对话框，【类型】选择“接触对齐”，【方位】选择“自动判断中心”，【＊选择两个对象】分别选择左端轴承中心线和轴的中心线，单击【应用】按钮，【方位】选择“接触”，【＊选择两个对象】分别选取端部轴承的端面和定位轴环端面，单击【应用】按钮，得到如图 11-53 所示的装配结构。

③ 单击装配约束图标，弹出对话框，【类型】选项选用“接触对齐”，【方位】选项选用“自动判断中心”，【＊选择两个对象】分别选择中间的轴承中心线和轴的中心线，单击【应用】按钮，【方位】选择“对齐”，【＊选择两个对象】分别选取轴承端面和轴颈端面（图 11-54），单击【应用】按钮，完成轴承与轴的装配约束。

图 11-53

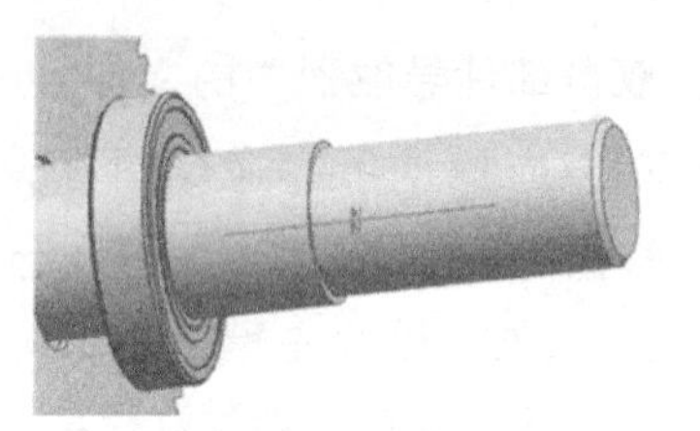

图 11-54

5）低速轴与齿轮的装配。单击装配约束图标，弹出对话框（图 11-55），【类型】选择“接触对齐”，【方位】选择“接触”，【＊选择两个对象】分别选择齿轮端面和定位轴环的端面，单击【应用】按钮，【方位】选择“自动判断中心”，【＊选择两个对象】分别选取低速轴的轴线和大齿轮的中心线，单击【确定】按钮，完成如图 11-56 所示装配约束。

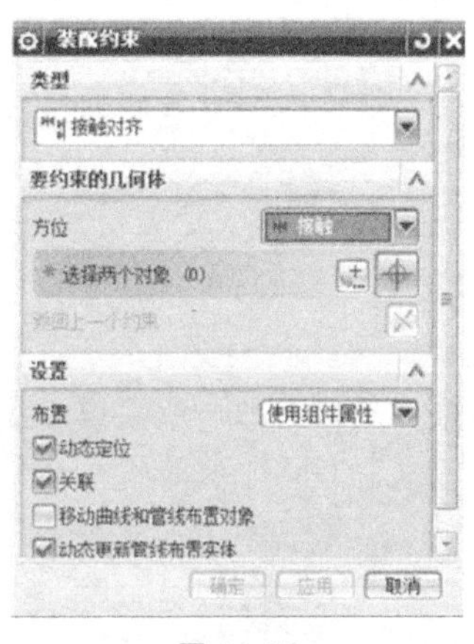

图 11-55

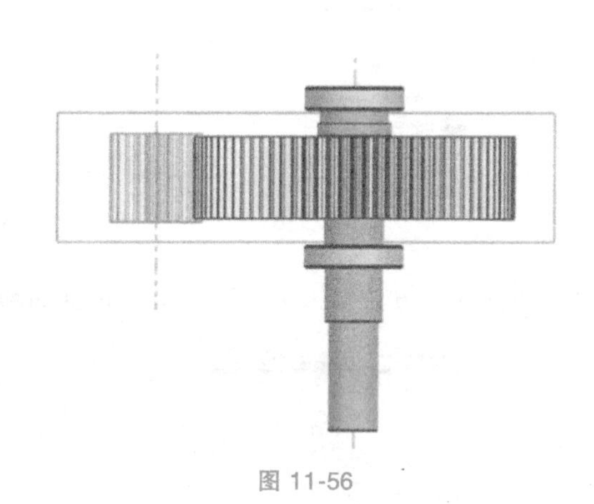

图 11-56

11. 6. 4　键连接的装配建模

（1）轴上键槽建模

1）设置显示部件。右键单击“0202disuzhou_model1. prt”，设为显示部件，如图 11-57 所示。

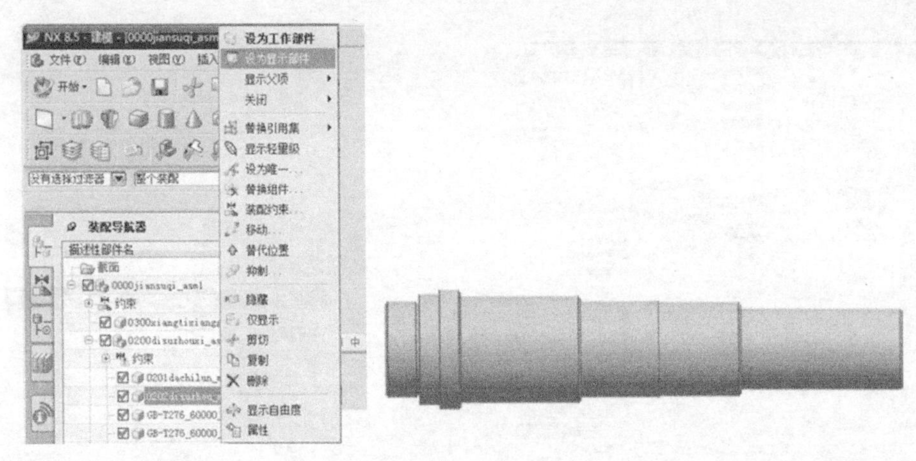

图 11-57

2）建立基准平面。单击图标 的三角形按钮，选择【基准平面】（图 11-58），在弹出的对话框（图 11-59）中，【类型】选择“相切”，【＊选择对象】选择要开键槽的圆柱面，【平面方位】为“反向”，选择如图 11-60 所示，单击【确定】按钮，完成基准平面的创建。

3）【插入】→【设特征】→【键槽】（图 11-61），弹出【键槽】对话框，选择“矩形槽”（图 11-62），单击【确定】按钮，在后续弹出的【矩形键槽】对话框中，【名称】选择刚建立好的基准平面（图 11-63），在后续弹出的【水平参考】对话框中，【名称】选择要开键槽的圆柱面（图 11-64），单击【确定】按钮。

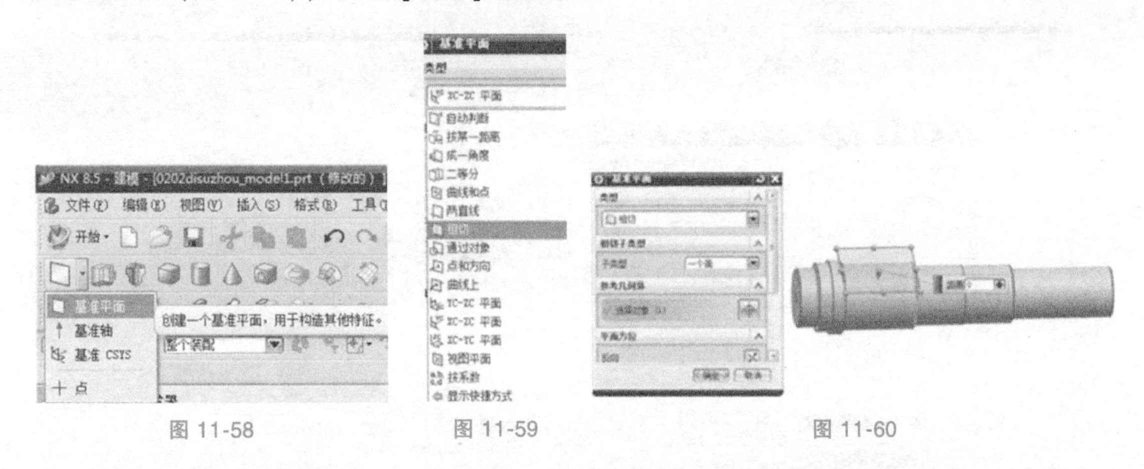

图 11-58　　图 11-59　　图 11-60

后续弹出【矩形键槽】对话框，【长度】设置为 50mm，【宽度】设置为 14mm，【深度】设置为 5.5mm，然后单击【确定】按钮，完成轴上键槽建模，如图 11-65 所示。

（2）键的建模

1）新建组件。选择【装配】→【组件】→【新建组件】，在弹出的对话框中，【引用集】选择“模型（MODEL）”，输入名称为“0205disuzhoujian1_model1. prt”，【图层】选择“原始的”，然后单击【确定】按钮。为了方便后续建模，同时新建“0203damengai_model1. prt”“0204datougai_model1. prt”和“0206datougaimifengquan_model1. prt”，并在部件导航器中，将“0203damengai_model1. prt”“0204datougai_model1. prt”“0205disuzhoujian1_model1. prt”和“0206datougaimifengquan_model1. prt”拖进“0200disuzhouxi_asm1. prt”中，如图 11-66 所示。

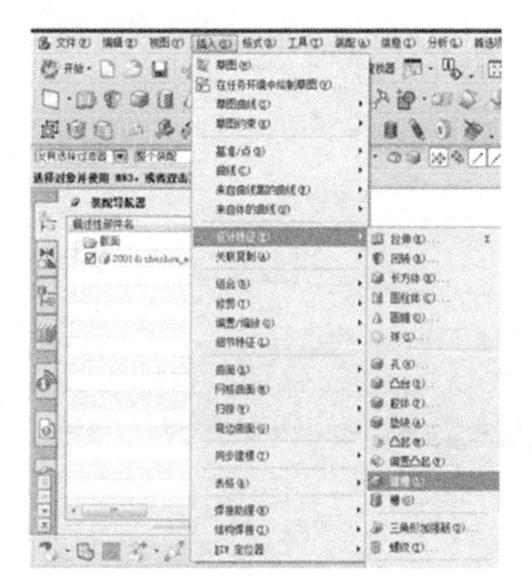

图 11-61

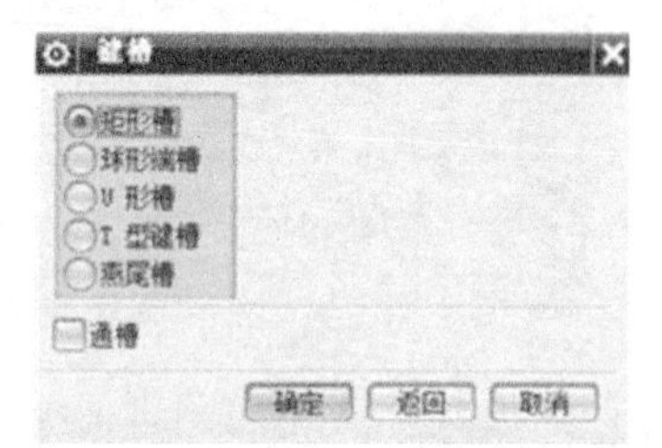

图 11-62

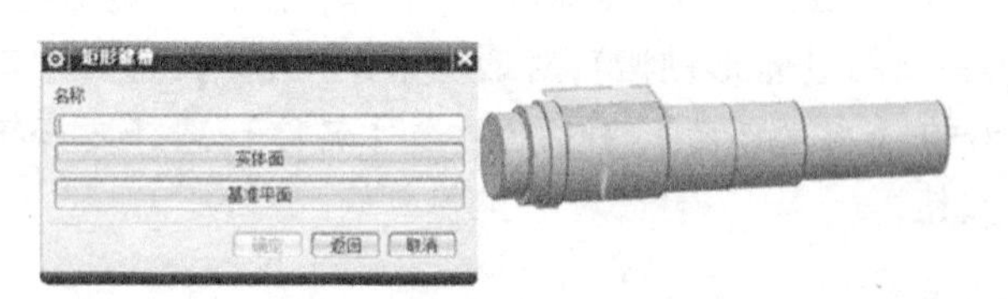

图 11-63

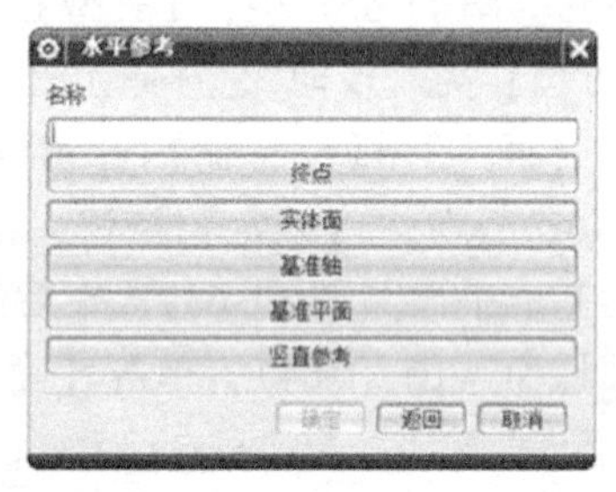

图 11-64

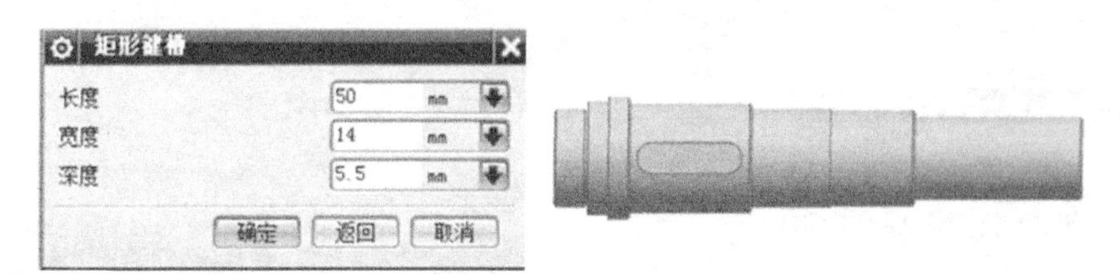

图 11-65

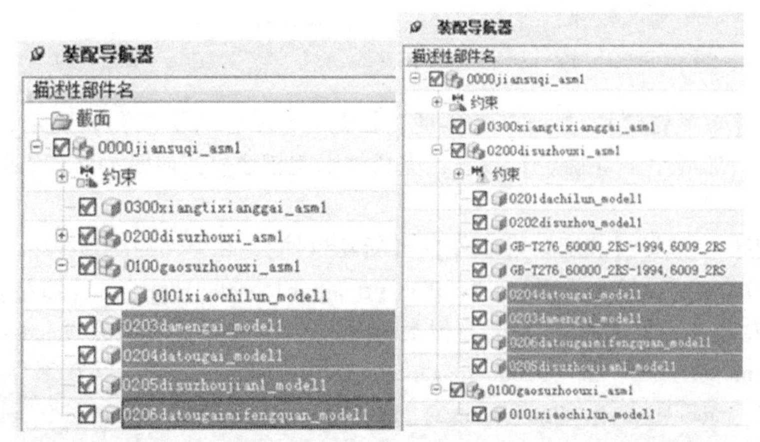

图 11-66

2）双击部件导航器中的文件名“0205disuzhoujian1_model1. prt”，使其成为工作部件。单击 WAVE 几何链接器命令图标 ，弹出【WAVE 几何链接器】对话框（图 11-67），【类型】选择“复合曲线”，【＊选择曲线】选择轴上键槽底部边线，单击【确定】按钮，如图 11-68 所示。

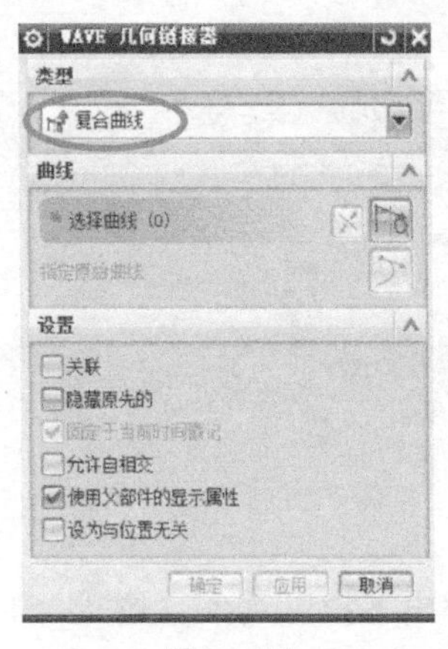

图 11-67

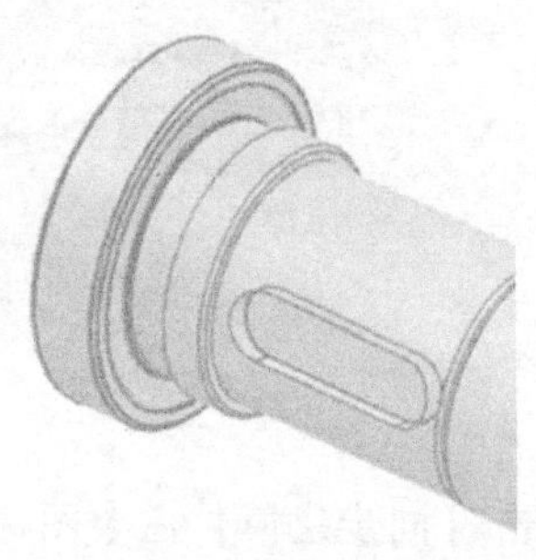

图 11-68

3）将链接的复合曲线拉伸成键。单击拉伸命令图标 ，弹出【拉伸】对话框，【＊选择曲线】选择链接的复合曲线，【＊指定矢量】如图 11-69a 所示，【开始距离】设置为 0mm，【结束距离】设置为 9mm，单击【确定】按钮完成键的建模，如图 11-69b 所示。

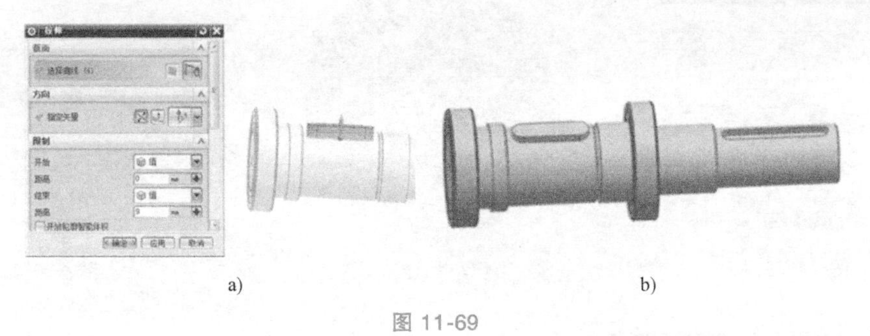

a)　　　　b)

图 11-69

（3）轮毂上键槽的建模

1）双击部件导航器上的“0201dachilun_model1. prt”，使其成为工作部件，【同步建模】→【调整面大小】，将齿轮孔【直径】改为 50mm（与轴的直径相匹配），如图 11-70 所示。

图 11-70

2）隐藏大齿轮以便观察到键。然后单击 WAVE 几何链接器命令图标 ，弹出对话框，【类型】选择“选择体”，【＊选择体】选择实体键，单击【确定】按钮，如图 11-71 所示。

3）将大齿轮设置为显示，单击布尔

操作命令图标 的三角形按钮，选择【求差】，弹出的对话框中（图 11-72），【＊目标选择体】选择大齿轮，【＊工具选择体】选择链接体，单击【确定】按钮，得到如图 11-73 所示的模型，此时键槽并没有开通。

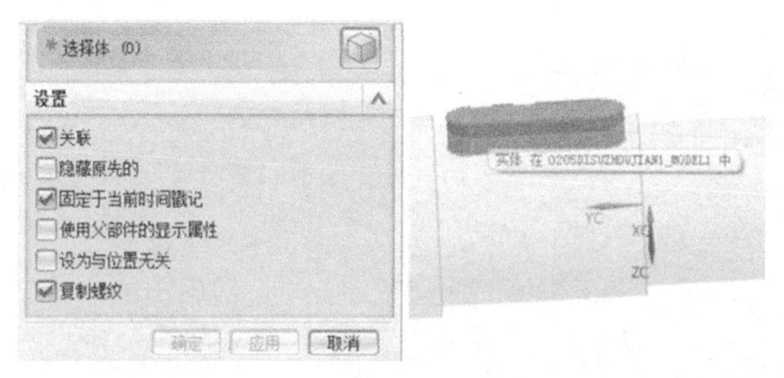

图 11-71

4）单击【同步建模】命令图标 的三角形按钮，弹出下拉工具条（图 11-74），选择【替换面】，弹出【替换面】对话框（图 11-75），其中【要替换的面】选择键槽的圆柱面，【替换面】选择齿轮的端面，然后单击【确定】按钮，孔边倒角后，得到如图 11-76 所示的图形，用同样的方法替换另一端。

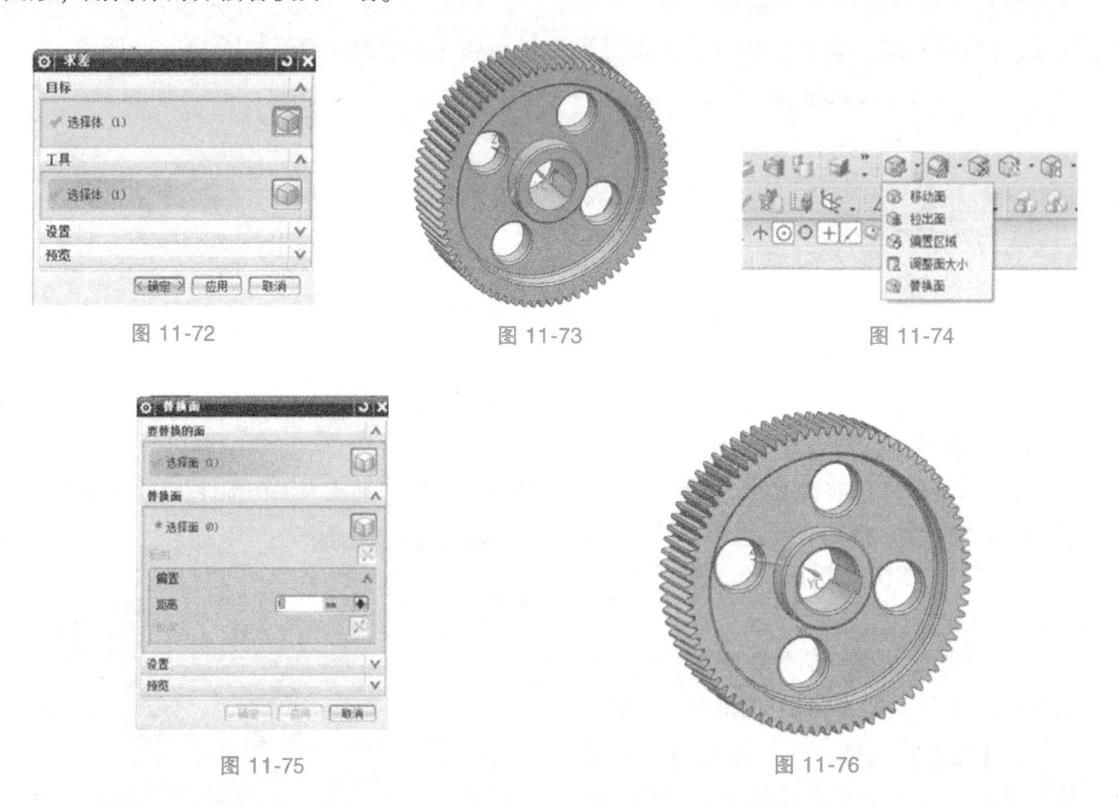

图 11-72　图 11-73　图 11-74

图 11-75　图 11-76

5）单击【同步建模】命令图标 的三角形按钮，选择【移动面】，弹出对话框（图 11-77），其中【选择面】选择键槽底部平面，【变换】选项中，【运动】选择“距离”,【距离】设置为0.3mm（变换距离0.3mm的目的是保证键的顶部和轮毂上键槽底部有0.3mm间隙),【指定矢量】如图11-78所示，然后单击【确定】按钮，完成轮毂上键槽的建模。

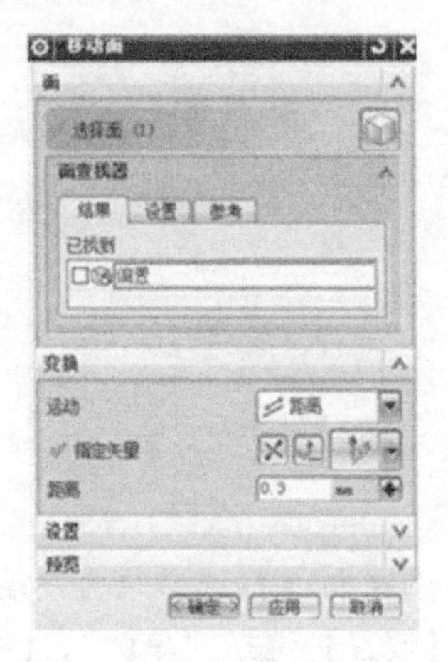

图11-77

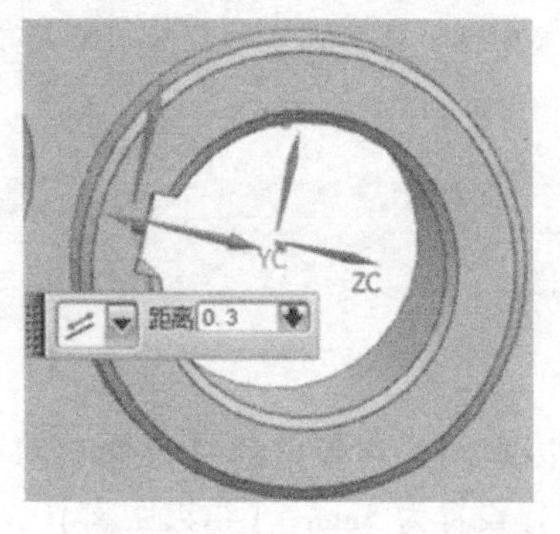

图11-78

键的装配建模

11.6.5　端盖的装配建模

本案例将端盖设计成嵌入式端盖。

1）双击部件导航器中的文件名“0203damengai_model1.prt”，使其成为工作部件。

2）选择【插入】→【WAVE几何链接器】，弹出【WAVE几何链接器】对话框,【类型】选择“复合曲线”,【*选择曲线】选择轴承端部圆边线，勾选【关联】，单击【确定】按钮，并将其他部件隐藏，如图11-79所示。

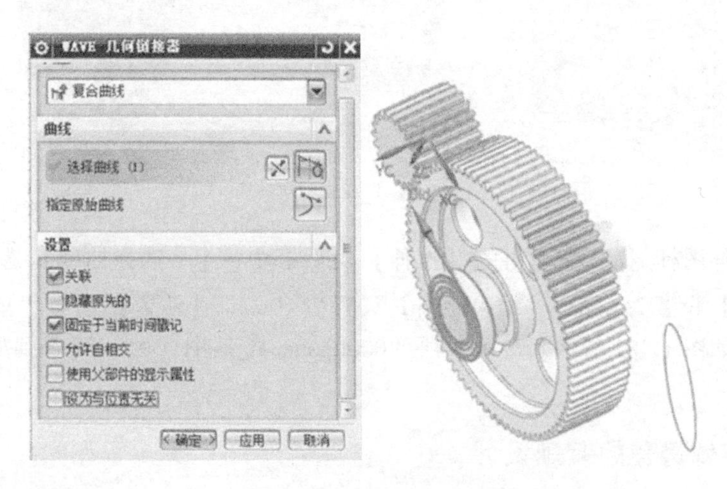

图11-79

3）单击拉伸命令图标，在弹出的【拉伸】对话框中，【*选择曲线】选择链接的复合曲线,【开始距离】设置为2.5mm,【结束距离】设置为17.5mm（闷盖和轴承之间的间隙需要安装调整环),如图11-80所示。

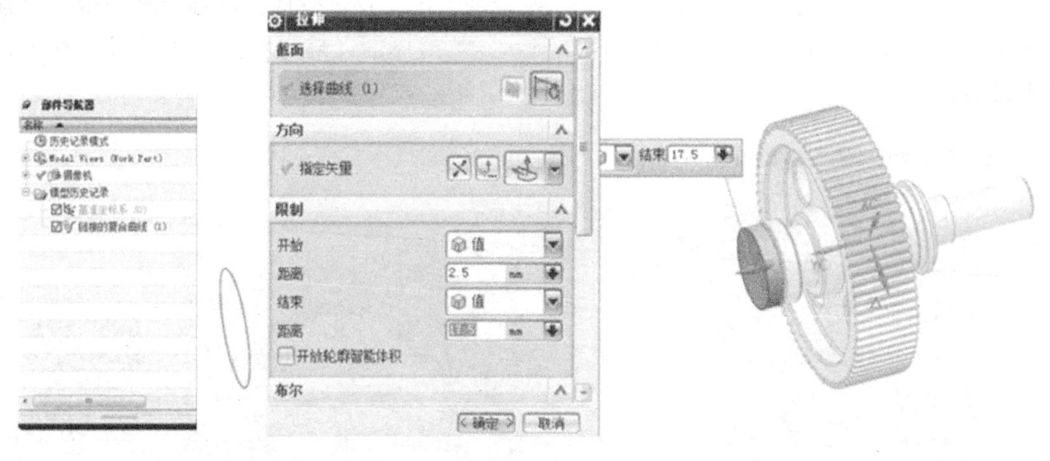

图 11-80

继续选择【拉伸】，在弹出的【拉伸】对话框中，【＊选择曲线】选择端盖左端圆边线，【开始距离】设置为5mm，【结束距离】设置为10mm，【偏置】选择“单侧”，【结束】设置为5mm，布尔求和运算，如图 11-81 所示。

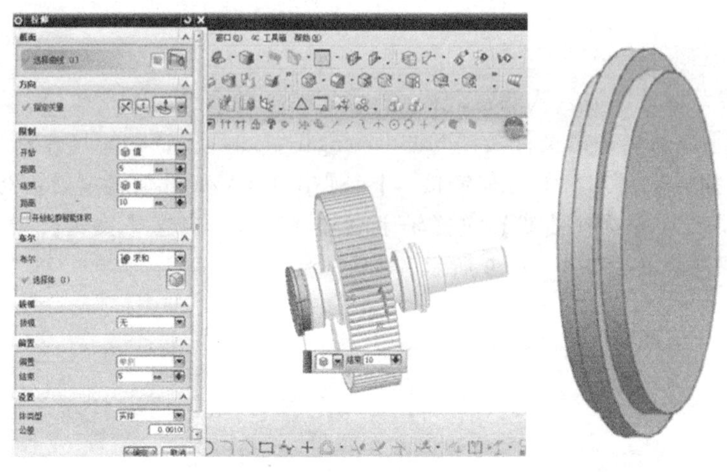

图 11-81

4）单击拉伸图标，在弹出的【拉伸】对话框中，【＊选择曲线】选择闷盖右端圆边，【开始距离】设置为0mm，【结束距离】设置为10mm，【偏置】选择“单侧”，【结束】设置为-3mm，如图 11-82 所示。显示父项“0000jiansuqi_asm1. prt”，可看到如图 11-83 所示的图形。

11.6.6 低速轴透盖的装配设计

1）双击部件导航器上的文件名“0204datougai_model1. prt”，使其成为工作部件。

2）选择【插入】→【WAVE 几何链接器】，弹出【WAVE 几何链接器】对话框，【类型】选择“复合曲线”，【＊选择曲线】选择轴承端部圆边线，勾选【关联】，单击【确定】按钮，并将其他部件隐藏，如图 11-84 所示。

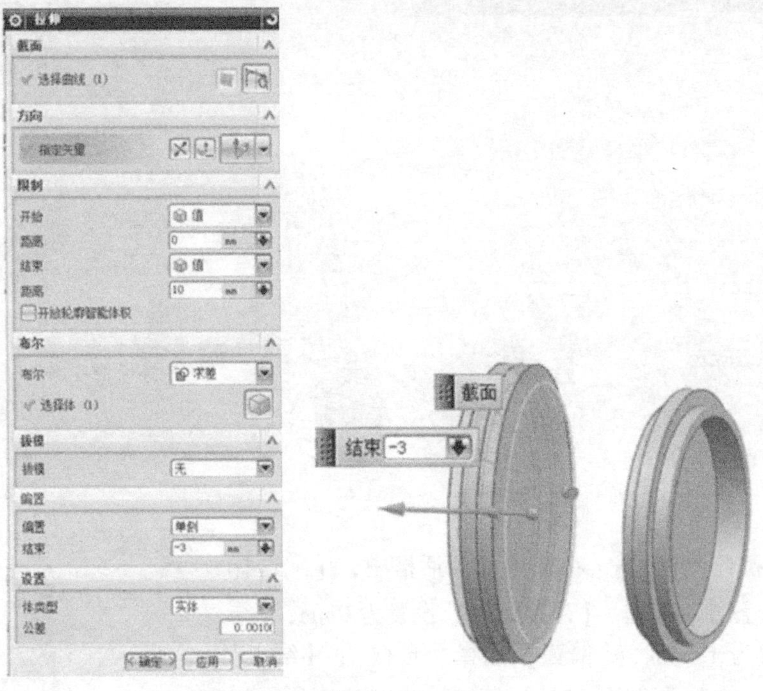

图 11-82

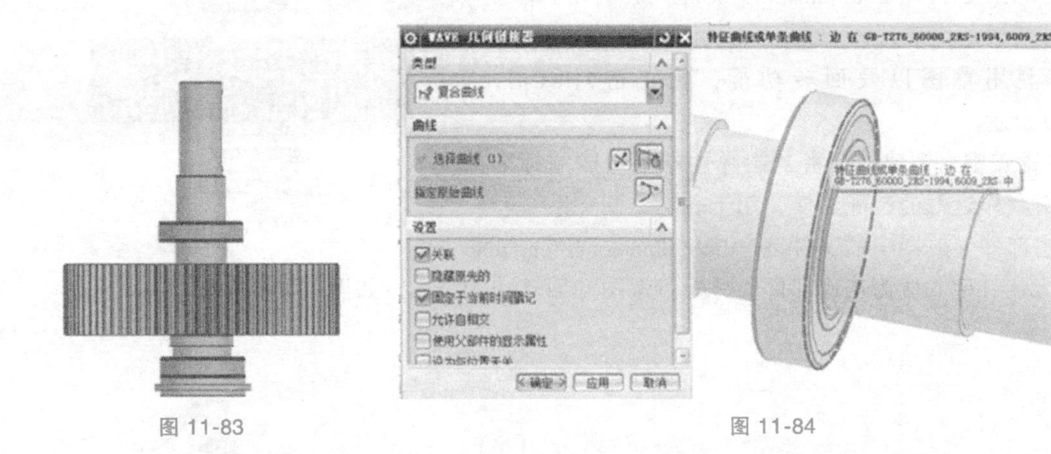

图 11-83　　图 11-84

3）单击拉伸图标，在弹出的【拉伸】对话框中，【＊选择曲线】选择链接的复合曲线，【开始距离】设置为 1mm，【结束距离】设置为 17.5mm，如图 11-85 所示。

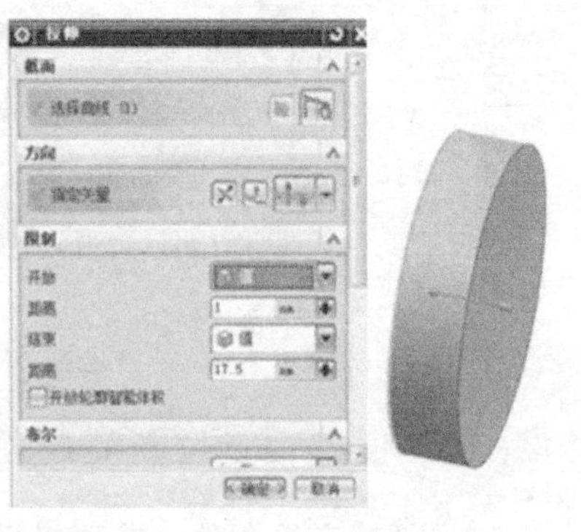

图 11-85

继续选择【拉伸】，在弹出的对话框中，【＊选择曲线】选择已经拉伸出的圆柱体右端边线（透盖的外端），【开始距离】设置为 5mm，【结束距离】设置为 10mm，【偏置】选择“单侧”，【结束】设置为 5mm，并进行布尔求和运算，如图 11-86 所示。

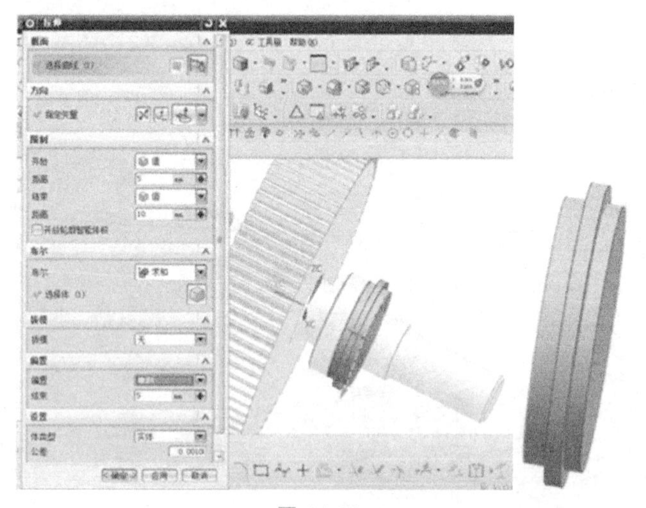

图 11-86

图 11-87

4）单击拉伸图标，在弹出的对话框中，【＊选择曲线】选择透盖左端圆边，【开始距离】设置为 0mm，【结束距离】设置为 1.5mm，【偏置】选择“单侧”，【结束】设置为-3mm，单击【确定】按钮，得到如图 11-87 所示的图形。显示父项“0000jiansuqi _ asm1. prt”，可看到如图 11-88 所示的图形。

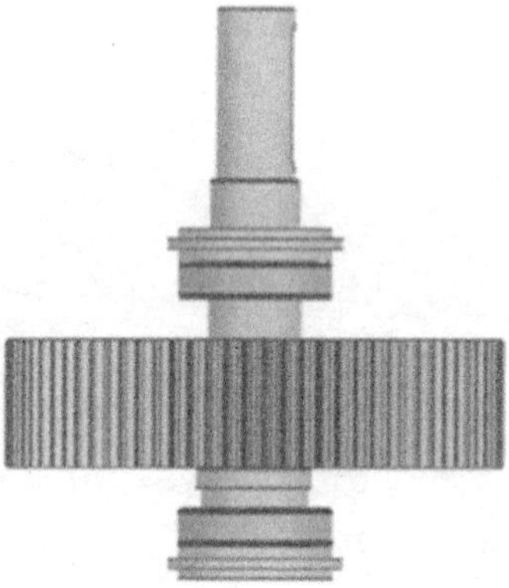

图 11-88

5）利用草图以及回转功能，建立密封圈槽，如图 11-89 所示。

6）透盖密封圈建模。密封圈弹性材料做成的标准件，本例仅对其作近似的装配建模，用于表达装配关系。

双击部件导航器中的文件名“0206datougaimifengquan_model1. prt”，使其成为工作部件，并通过草图和回转功能完成，如图 11-90 所示。

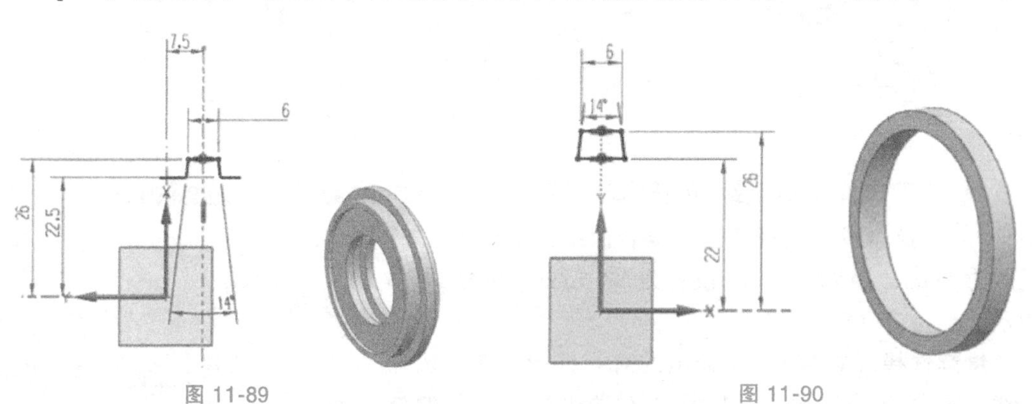

图 11-89

图 11-90

11.6.7 低速轴定位套筒装配设计

(1) 新建套筒文件　在顶级目录下，选择【装配】→【组件】→【新建组件】，在弹出的

对话框中的【引用集】选择“模型（MODEL）”，

输入名称为“0207dingweitaotong_model1. prt”，【图层选项】选择“原始的”，然后单击【确定】按钮，如图 11-91 所示。将“0207dingweitaotong_model1. prt”拖进“0200disuzhouxi_asm1. prt”中，如图 11-92 所示。

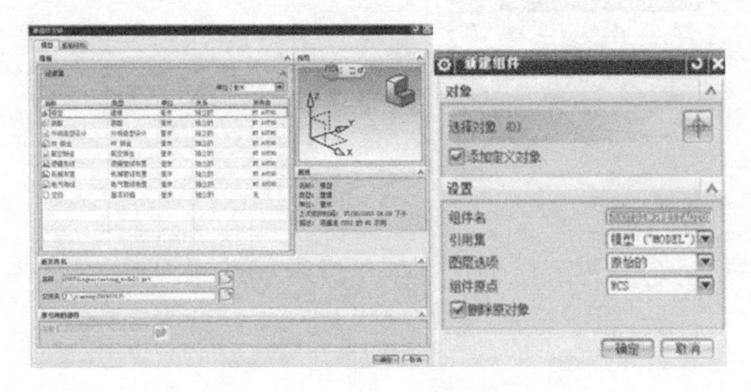

图 11-91

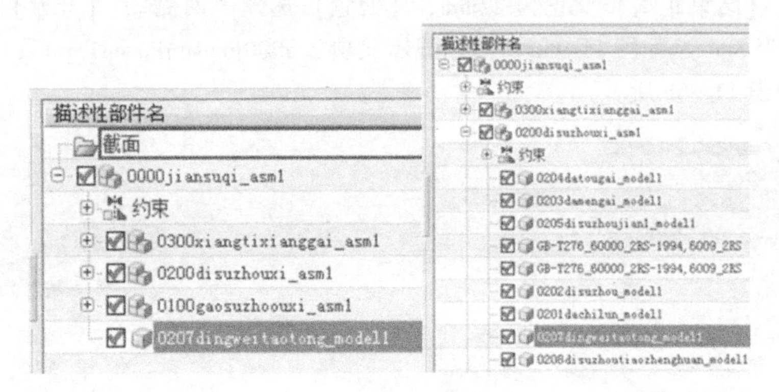

图 11-92

（2）将套筒文件转为工作部件　双击部件导航器中的文件名“0207dingweitaotong_model1. prt”，使其成为工作部件。

（3）用关联设计完成套筒装配建模

1）测量距离以确定所需要的套筒长度。单击 ，选择【简单距离】（图 11-93），测量齿轮端面到轴承端面的距离（图 11-94）。

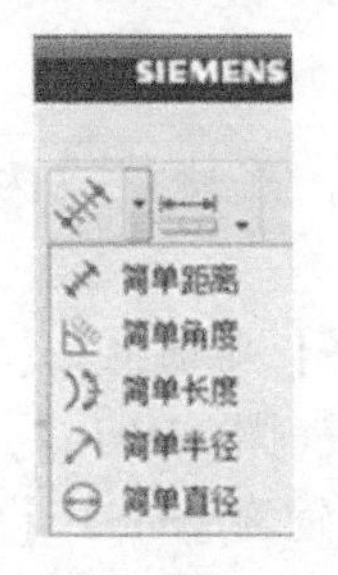

图 11-93

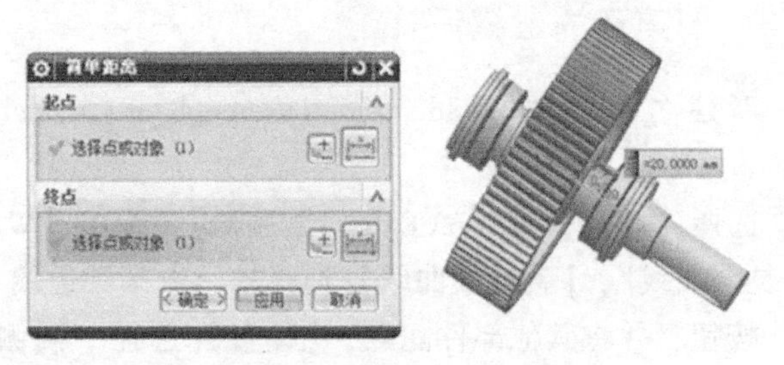

图 11-94

2）链接复合曲线。将其他部件隐藏，然后单击 WAVE 几何链接器命令图标，弹出【WAVE 几何链接器】对话框，【类型】选择“复合曲线”，【＊选择曲线】选择轴的端面圆周，如图 11-95 所示，单击【确定】按钮。

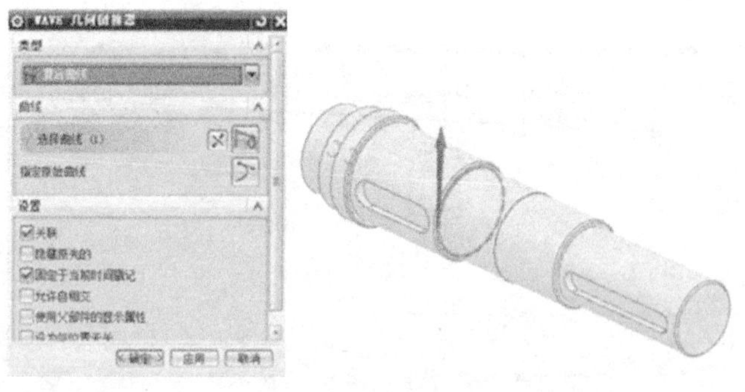

图 11-95

3）拉伸成形。单击【拉伸】命令图标，将“链接的符合曲线”拉伸，【开始距离】设置为 2mm，【结束距离】设置为 22mm，【偏置】选择“两侧”，【开始】设置为 0mm，【结束】设置为 3mm，如图 11-96a 所示。显示父项“0000jiansuqi_asm1. prt”，可看到套筒的装配效果，如图 11-96b 所示。

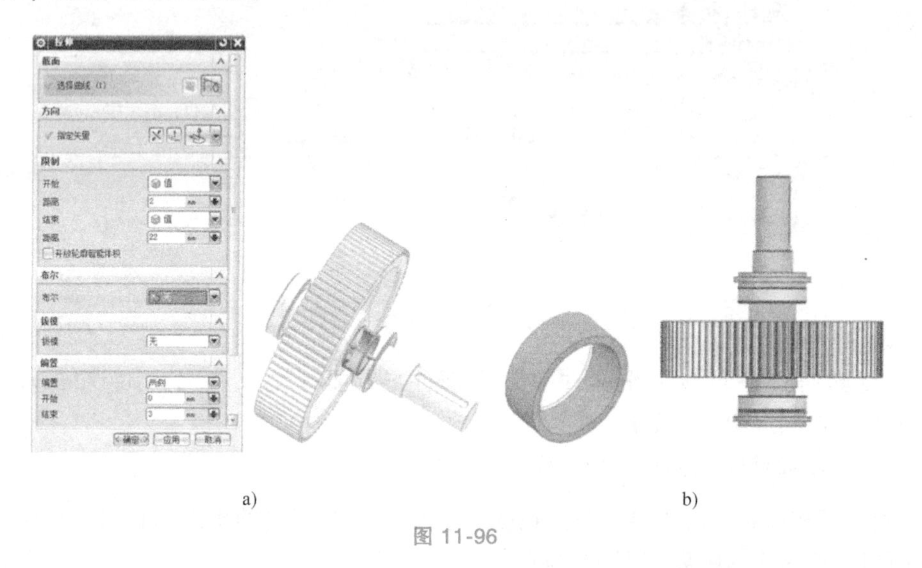

a)　　b)

图 11-96

11.6.8 调整环的建模设计

1）新建名称为“0208disuzhoutiaozhenghuan_model1. prt”的组件，并使其成为工作部件。

2）选择【插入】→【WAVE 几何链接器】，弹出【WAVE 几何链接器】对话框，【类型】选择“复合曲线”，【＊选择曲线】选择轴承端部圆边线，选择【关联】（图 11-97a），单击【确定】按钮，并将其他部件隐藏，【偏置】选择“两侧”，【开始】设置为 0mm，【结束】设置为-3mm，拉伸成形，如图 11-97b 所示。

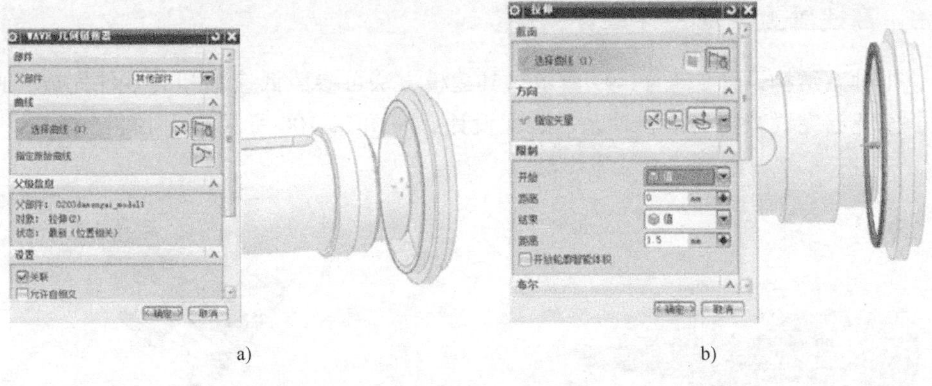

a)　　b)

图 11-97

11.7　高速轴系装配设计

11.7.1　高速轴结构设计

本案例中的高速轴即是小齿轮。

1）双击部件导航器中的文件名"0101xiaochilun_model1. prt"，使其成为工作部件。

2）单击圆柱命令图标，新建圆柱体，完成如图 11-98 所示的结构设计。

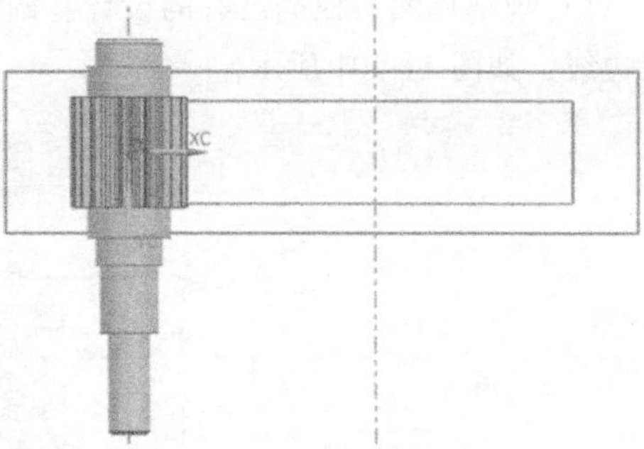

图 11-98

11.7.2　高速轴尺寸设计

（1）估算轴的最小直径

$$d_{1\min}=C\sqrt[3]{\frac{P_1}{n_1}}=115\times\sqrt[3]{\frac{2.88\text{kW}}{480\text{r/min}}}=20.89\text{mm}$$

（2）选定高速轴联轴器　所选联轴器规格见表 11-3。

表 11-3

型号	公称转矩/N·m	许用转速/(r/min)	轴孔长度/mm	孔径/mm
TL5	125	4600	62	25

（3）选定轴承　所选轴承规格见表 11-4。

表 11-4

型号	孔径 d /mm	外径 D/mm	宽度 B /mm	内圈定位轴肩 $d_{a\min}$/mm	外圈定位环孔 $D_{a\min}$/mm
滚动轴承 6007 GB/T 276—2013	35	62	14	41	56

11.7.3 高速轴上其他零件设计

高速轴轴系结构设计如图 11-99 所示，其建模方法可参照低速轴相关零件完成，此处不再详述。至此已完成减速器两根轴系的装配设计，如图 11-100 所示。

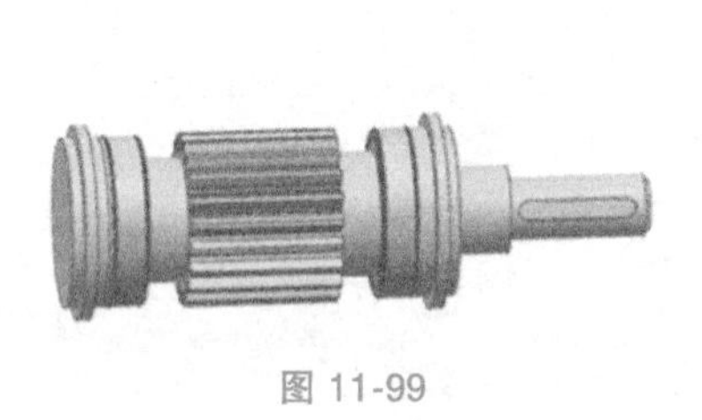

图 11-99

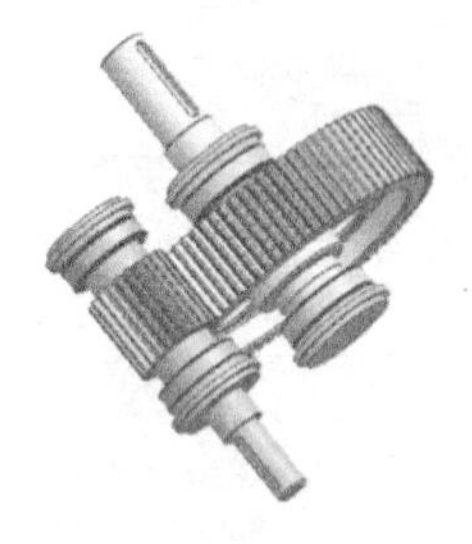

图 11-100

11.8 箱体与箱盖设计

11.8.1 规划设计

1）规划草图。根据已有的设计基础，回到顶级目录，修改规划草图，增加箱体箱盖凸缘边线，如图 11-101 所示。

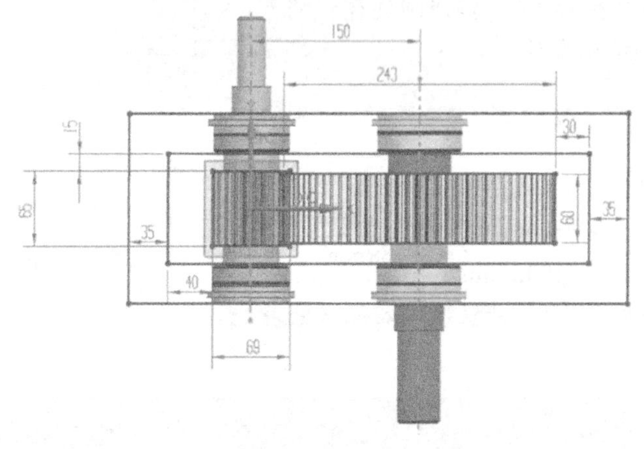

图 11-101

2）在顶级目录下新建“0301xiangti _ model1. prt”“0302xianggai _ model1. prt”“0303youbiao _ model1. prt”“0304fangyouluosai _ model1. prt”“0305fangyouluosaimifengdian _ model1. prt”“0306shikonggaimifengdian_model1. prt”“0307shikonggai_model1. prt”，并拖动进“0300xiangtixianggai_asm1. prt”中，如图 11-102 所示。

11.8.2 箱体建模设计

1）双击部件导航器中的文件名“0301xiangti_model1. prt”，使其成为工作部件。

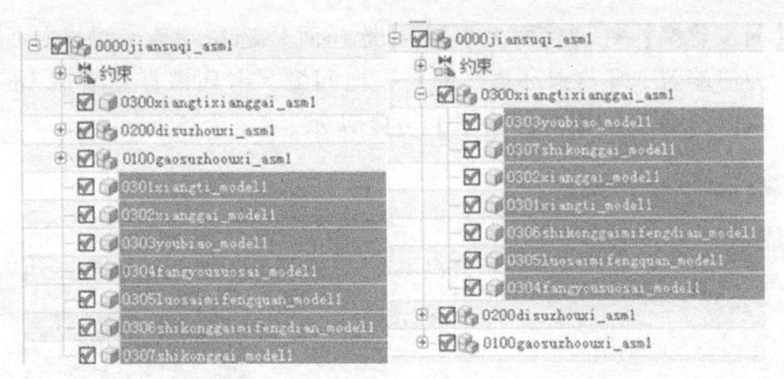

图 11-102

选择【插入】→【WAVE几何链接器】，弹出【WAVE几何链接器】对话框，【类型】选择“复合曲线”，【*选择曲线】选择箱体的内外边缘线，勾选【关联】，单击【确定】按钮，并将其他部件隐藏，得到如图 11-103 所示的链接复合曲线。

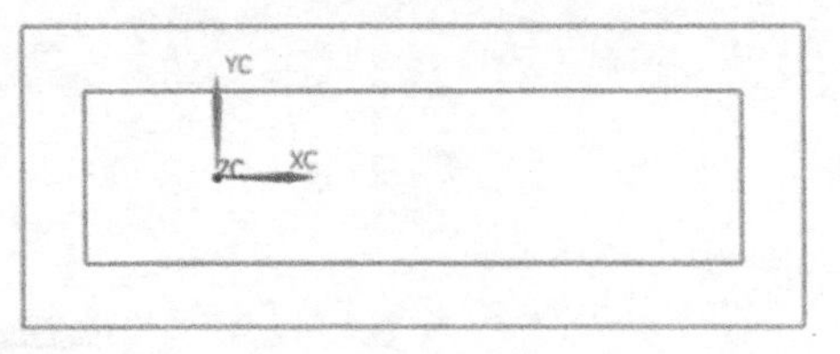

图 11-103

2）利用【拉伸】功能完成如图 11-104 所示的箱体造型，回到顶级目录，可看到如图 11-105 所示的结构。

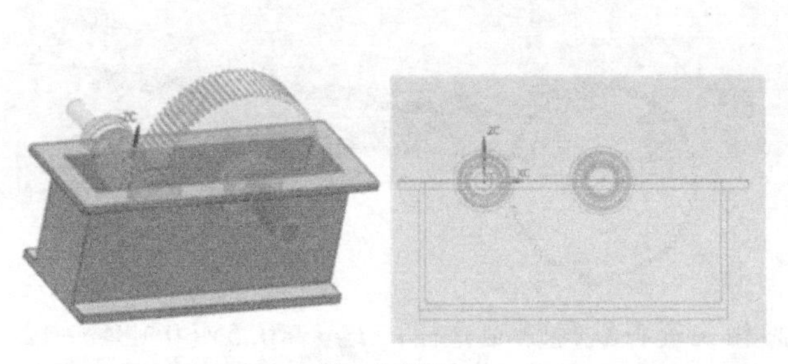

图 11-104

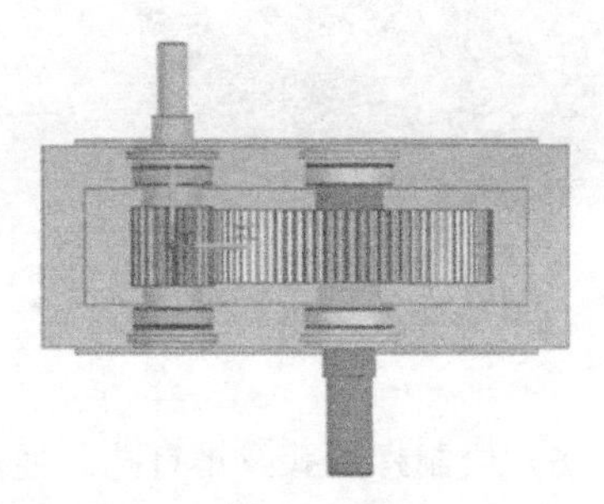

图 11-105

3）双击部件导航器中的文件名“0301xiangti_model1.prt”，使其成为工作部件。利用草图功能绘制草图，如图 11-106 所示，并拉伸成如图 11-107 所示的结构。

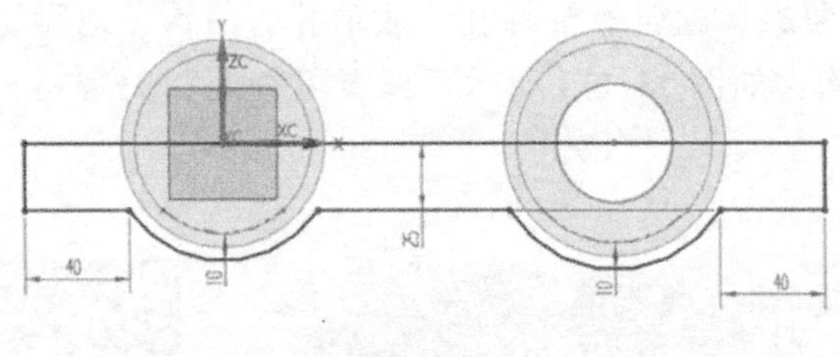

图 11-106

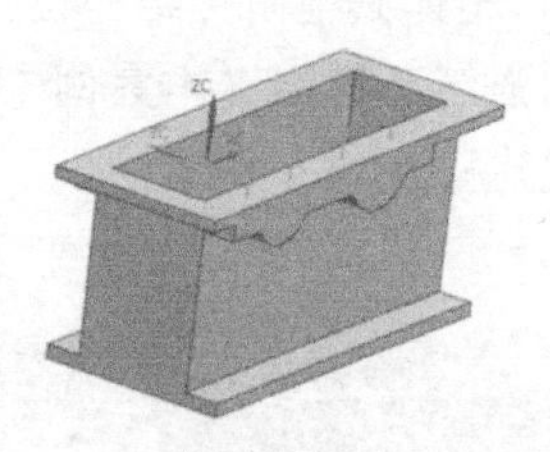

图 11-107

4）选择【插入】→【WAVE几何链接器】→【体】(图 11-108)，分别选择两个透盖和两个闷盖（图 11-109），单击【确定】按钮，进行布尔求差操作，并用【替换面】操作，得到如图 11-110 所示的结构。

5）选择【同步建模】→【调整面大小】，【选择面】选择端盖卡槽圆柱面，端盖的卡环直径为78mm，为使端盖卡环与卡环槽之间有径向间隙，卡环槽直径增加1mm，故【直径】调整为79mm，单击【确定】按钮，如图11-111所示。

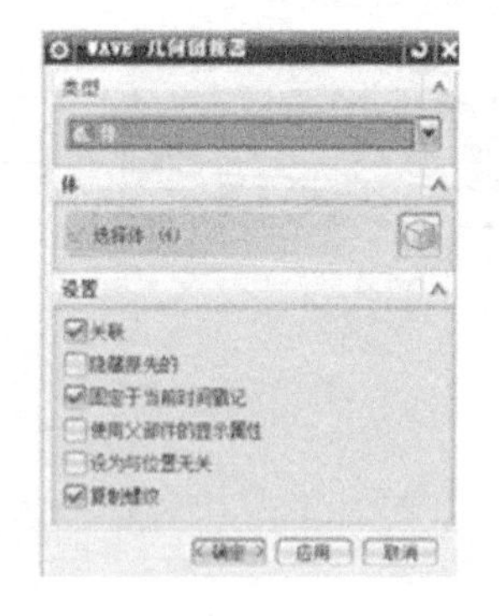

图 11-108

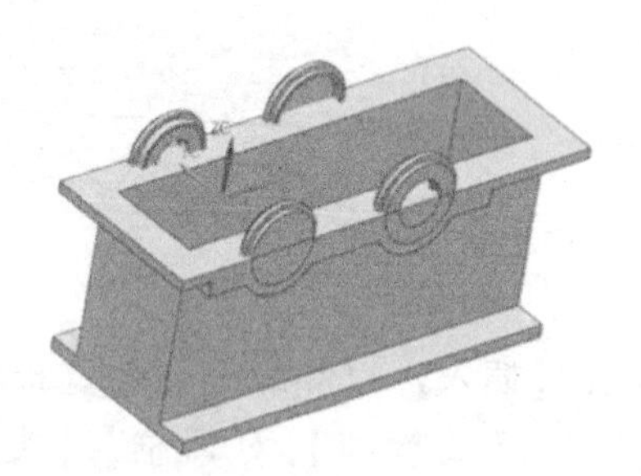

图 11-109

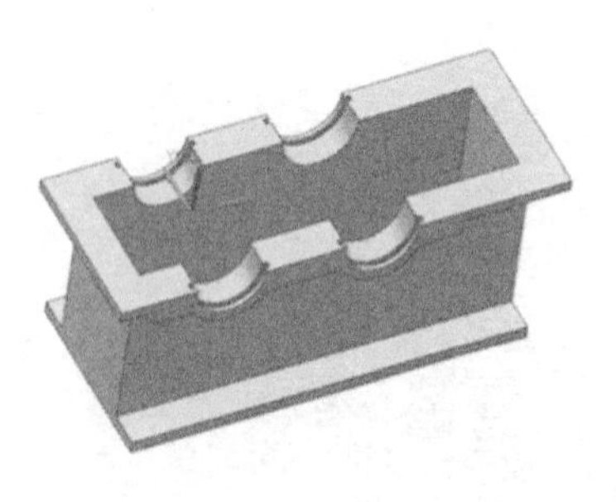

图 11-110

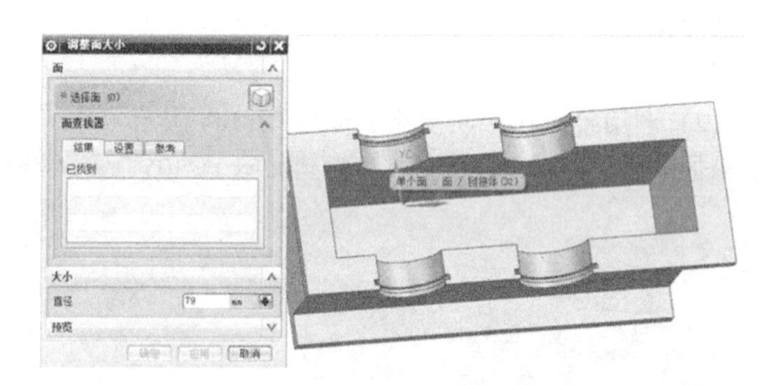

图 11-111

6）绘制螺栓孔及销钉孔。通过查阅相关资料获得螺栓直径：$d_{螺栓}=0.5\times(0.036a+12)$，其中$a$为两齿轮中心距，本案例$a=150$mm。因此选择M10规格的螺栓，从而得到螺栓孔直径11mm（孔径近似为螺栓杆直径的1.1倍，读者也可查阅相关资料确定）。销钉孔直径为0.8倍螺栓杆直径（参见机械结构分析与设计实践教程），如图11-112所示（此处未详述螺栓孔的中心距，请读者自行思考决定）。

7）箱体其他附件结构设计。箱体结构复杂，通常有油标孔、放油孔、吊钩、地脚螺栓孔、加强筋、油沟（本案例未画出）等结构，如图11-113所示，读者可查阅相关资料，自行完成建模。

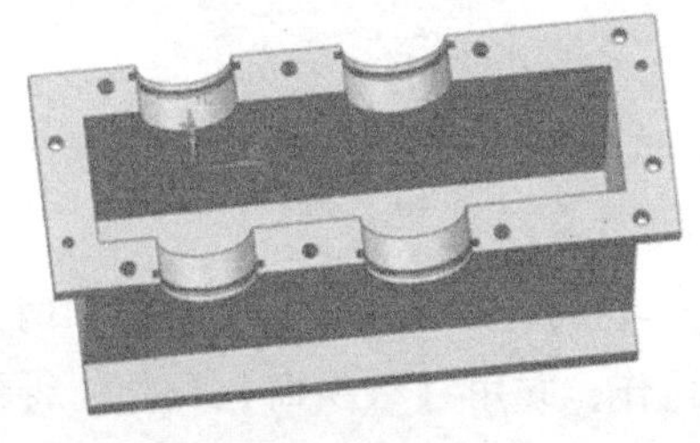

图 11-112

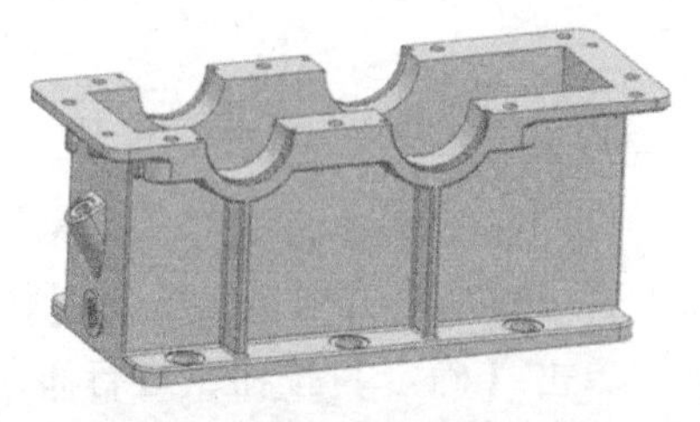

图 11-113

箱体建模

11.8.3　箱盖建模设计

1）双击部件导航器中的文件名“0302xianggai_model1. prt”，使其成为工作部件。

2）新建草图，草图平面选择箱体对称中心面，如图 11-114 所示，单击曲线操作命令图标，选择【投影曲线】（图 11-115），在弹出的对话框中，【＊选择曲线或点】选择箱体内壁线（图 11-116），然后单击【确定】按钮，如图 11-117 所示。

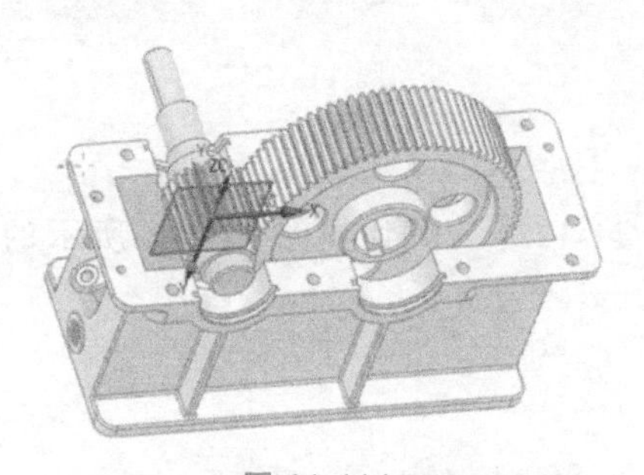

图 11-114

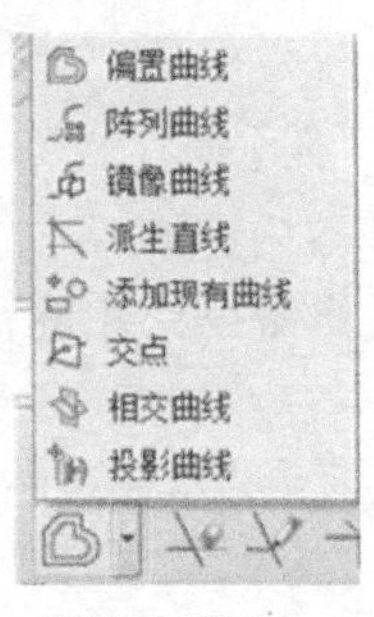

图 11-115

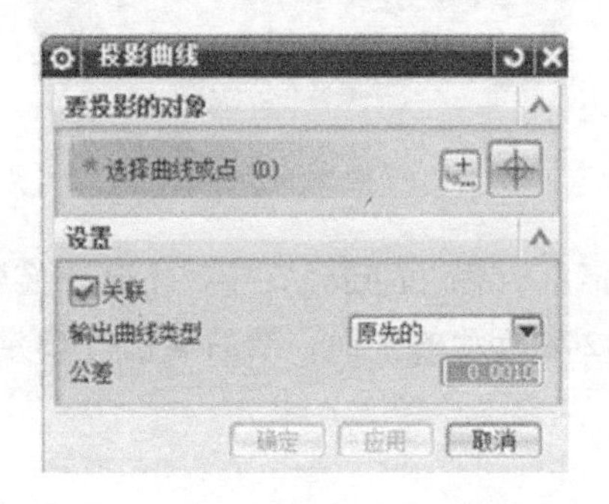

图 11-116

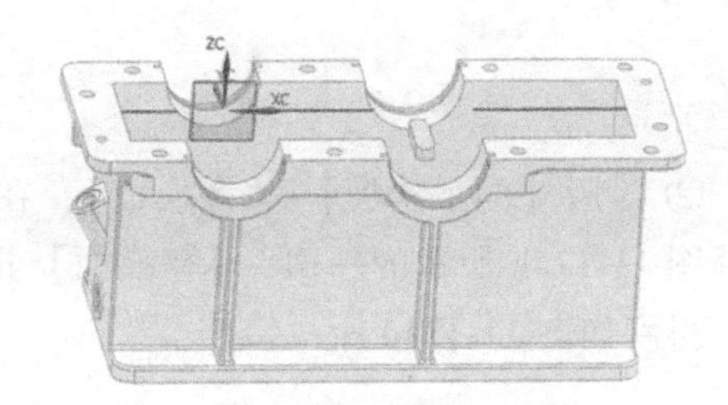

图 11-117

3）绘制草图，如图 11-118 所示，并拉伸草图外框线，如图 11-119 所示。

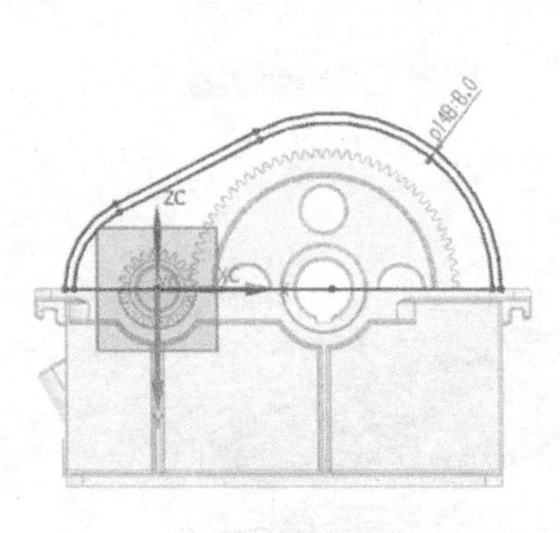

图 11-118

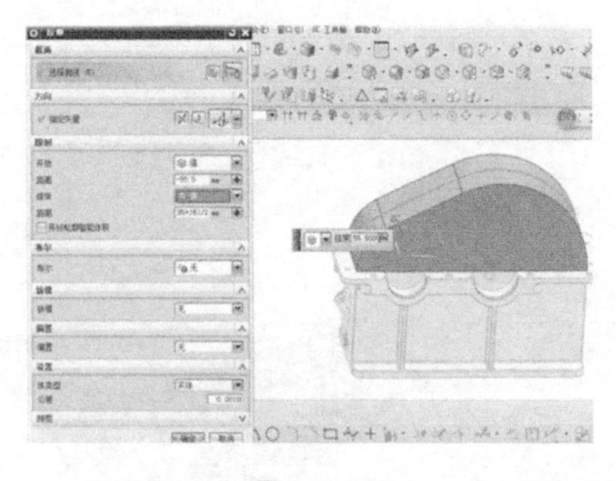

图 11-119

4）绘制如图 11-120 所示的草图，拉伸并进行布尔求和操作，得到如图 11-121 所示的结构。

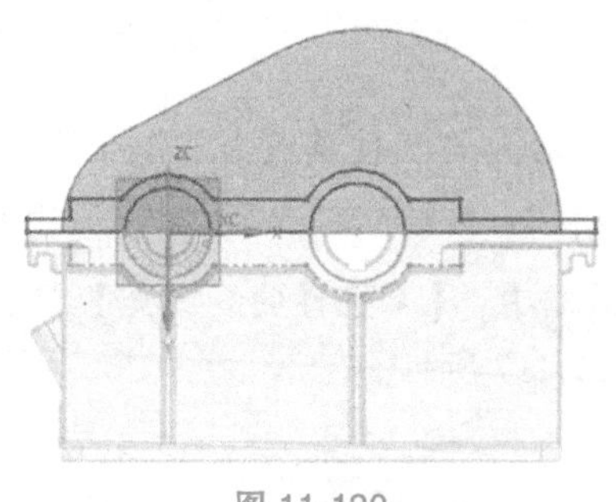

图 11-120

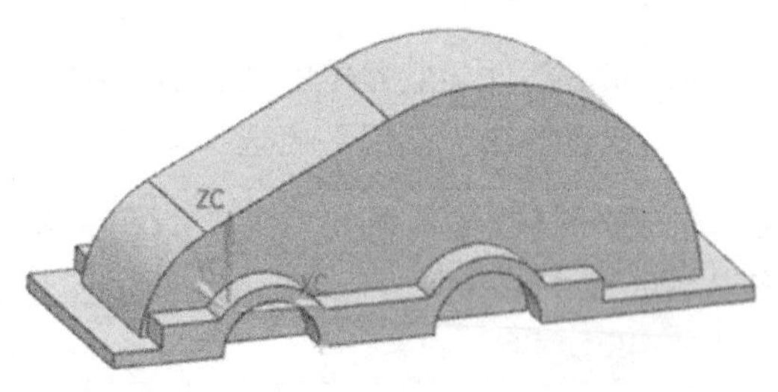

图 11-121

5）建立箱盖内腔体。

① 采用拉伸命令，并进行布尔求差操作（图 11-122），得到如图 11-123 所示的箱盖内腔。

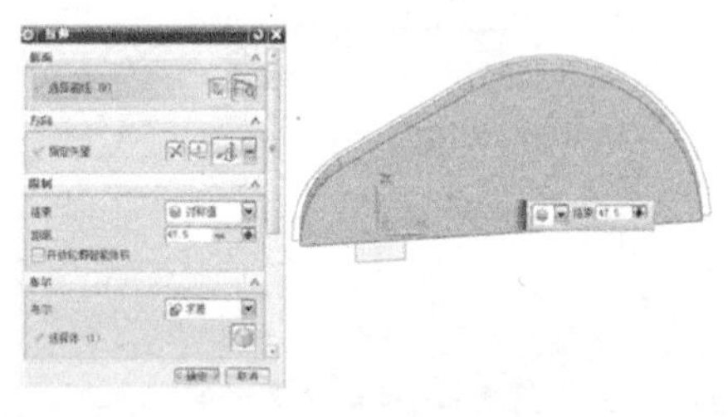

图 11-122

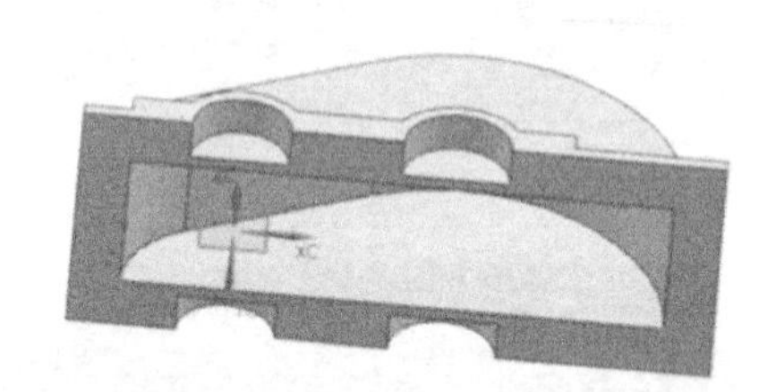

图 11-123

② 采用【同步建模】→【替换面】，在弹出的对话框（图 11-124a）中，【要替换的面】选择图 11-124b 所示的平面，【替换面】选择图 11-124c 所示的平面，然后单击【确定】按钮，得到如图 11-124d 所示结构。

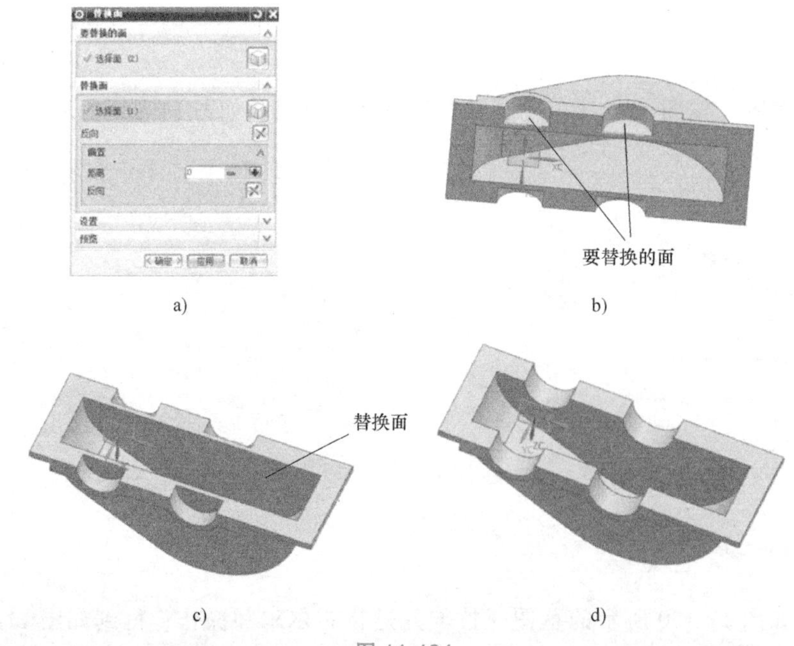

a) b) c) d)

图 11-124

6）箱盖其他结构建模。箱盖还有窥视孔、安装孔、加强筋等结构，如图 11-125 所示，建模过程不再详述，请读者自行思考完成。

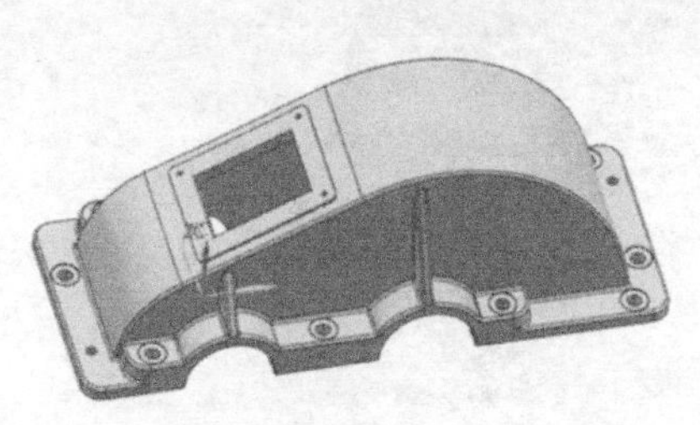

图 11-125

11.8.4　箱体与箱盖连接件装配建模

1）UG NX8.5 调用螺栓。单击选择重用库命令，在弹出的窗口（图 11-126）中，双击“GB Standard Parts”，根据需求选择需要的螺栓（图 11-127），鼠标左键按住所选的螺栓，保持按压状态并拖动到安装孔处，松开左键。弹出【添加可重用组件】对话框（图 11-128），其中【Size】（公称直径）选项，UG NX8.5 会根据孔径自动匹配选择相应的螺栓公称直径，【Length】（长度）选项，根据两个连接件的厚度选择，本案例轴承旁边的长螺栓选择 65mm。

2）用同样的方法调用其他螺栓和销钉，得到如图 11-129 所示的减速器结构。

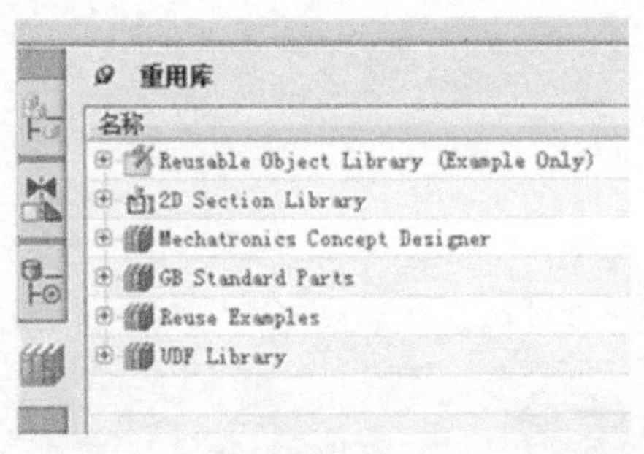

图 11-126

图 11-127

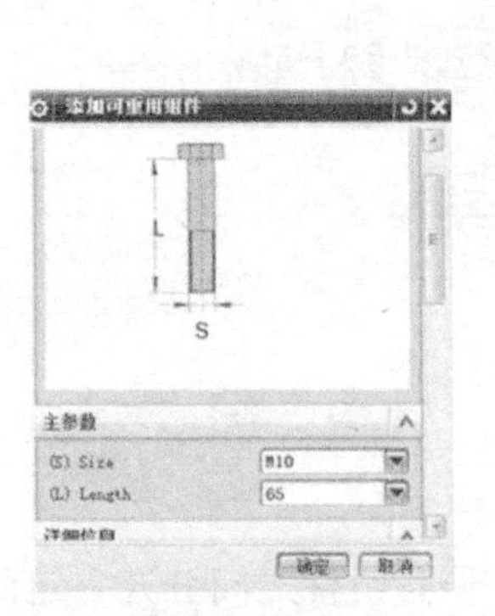

图 11-128

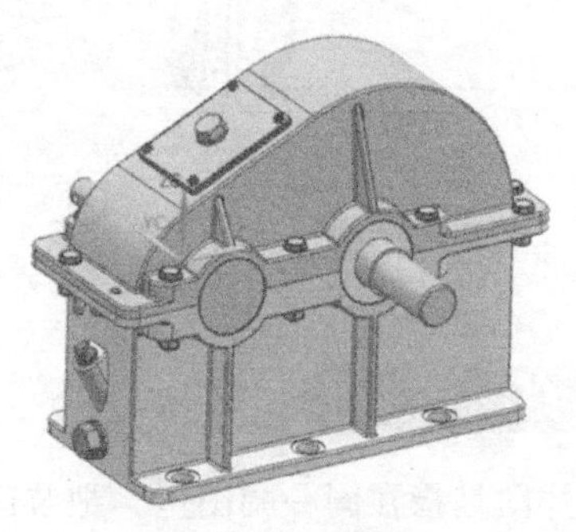

图 11-129

第 12 章

装配爆炸图与装配序列

【学习目标】

1）会制作爆炸图。

2）能根据拆装顺序制作装配序列动画。

3）会创建爆炸视图追踪线。

【任务引入】

制作图 12-1 所示的低速轴系爆炸图，输出装配序列动画。

图 12-1

【任务实施】

爆炸图是指在同一幅图里，把装配体的组件拆分开，使各组件之间分开一定的距离，以便于观察装配体中的每个组件，清楚地反映装配体的结构。UG 具有强大的爆炸图功能，用户可以方便地建立、编辑和删除一个或多个爆炸图。

12.1 爆炸图工具条

选择【装配】→【爆炸图】→【显示工具条】，如图 12-2a 所示，系统显示【爆炸图】工具条，如图 12-2b 所示。

若工具条中没有显示的按钮，可以通过下面方法调出：单击工具条右上角的▼按钮，

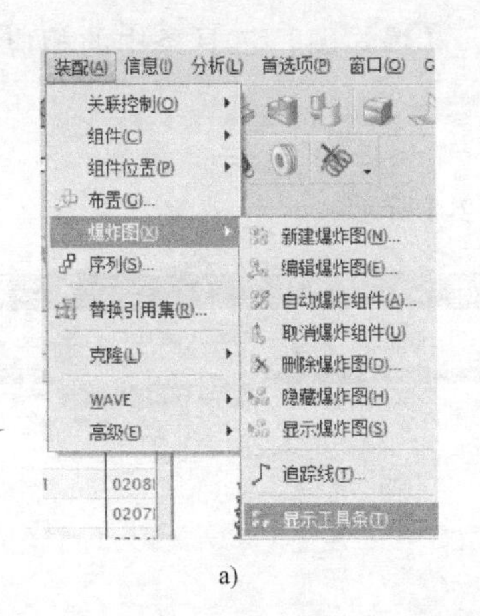

a)

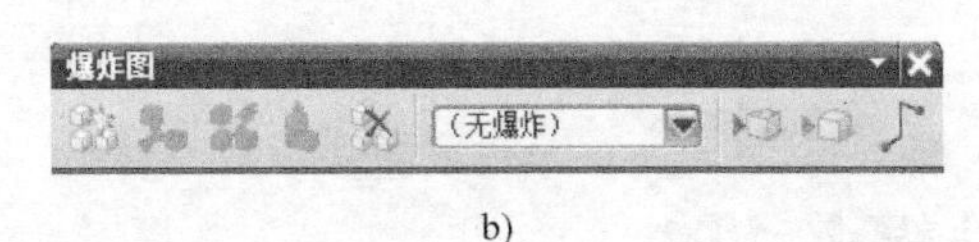

b)

图 12-2

在其下方弹出【添加或移除按钮】，将鼠标放到该按钮上，会显示爆炸图添加项，其中包含了所有供用户选择的按钮，如图 12-3 所示。

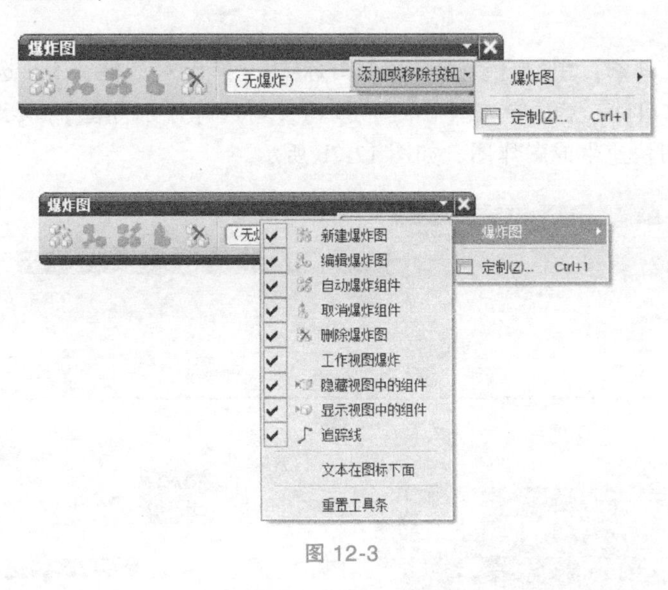

图 12-3

利用该工具条可以新建、编辑或删除爆炸图，创建爆炸追踪线，也便于在爆炸图和无爆炸图之间切换。

12.2　新建爆炸图

1. 打开文件

打开资源文件：\UG8.5\CH12\12-1\yidongxietie_asm1.prt。

2. 新建爆炸图

在【名称】文本框处可以输入爆炸图名称，或接受系统默认的名称 Explosion1，然后单击【确定】按钮，完成爆炸图的新建，如图 12-4 所示。

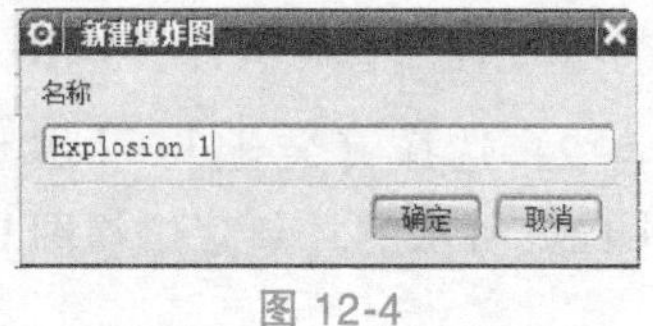

图 12-4

新建爆炸图后，视图切换到刚刚创建的爆炸图，【爆炸图】工具条中的相应项目被激活，如图 12-5 所示。

3. 切换爆炸图

在爆炸图与无爆炸图之间进行状态切换，如图 12-6 所示。

图 12-5

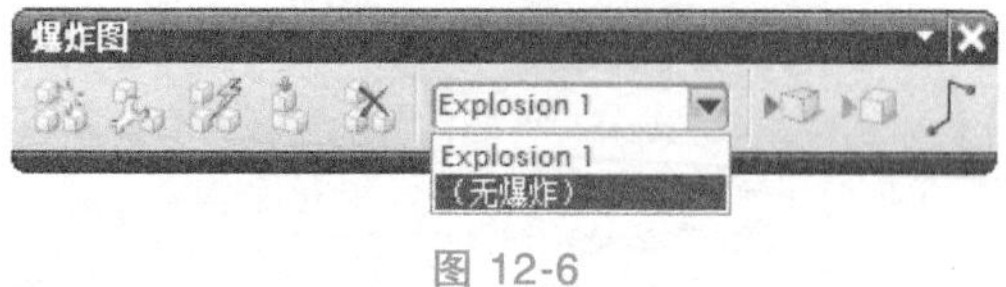

图 12-6

12.3 编辑爆炸图

爆炸图新建完成，新建的结果是产生了一个待编辑的爆炸图，在绘图区中的图形并没有发生变化，爆炸图编辑工具被激活，可进行爆炸图编辑。

1. 自动爆炸

单击【爆炸工具条】中的自动爆炸命令图标，弹出对话框，【＊选择对象】选项框选绘图区中的全部组件，然后单击【确定】按钮，勾选【添加间隙】，【距离】设置为 40，单击【确定】按钮快速生成爆炸图，如图 12-7b 所示。

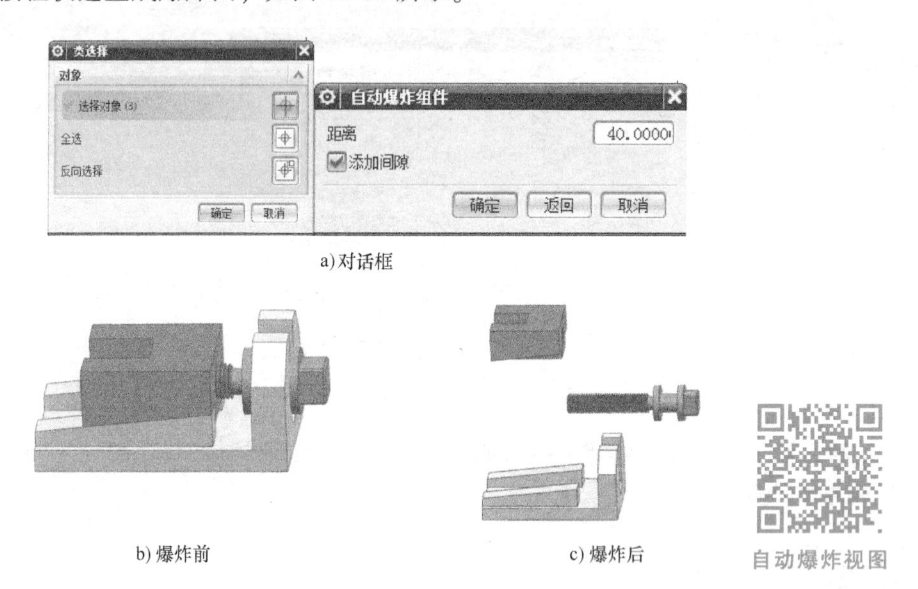

a) 对话框

b) 爆炸前

c) 爆炸后

图 12-7

2. 手动编辑爆炸图

自动爆炸并不能总是得到满意的效果，因此系统提供了编辑爆炸功能。

1）打开资源文件：\CH12\12-2\0200disuzhouxi_asm1. prt。

2）选择【装配】→【爆炸图】→【新建爆炸图】或单击工具条中的图标，弹出如图 12-8 所示的【新建爆炸图】对话框，使用默认名称即可，然后单击【确定】按钮。

3）单击工具条中的编辑爆炸图命令图标 ，弹出如图 12-9a 所示的对话框，【选择对象】在绘图区选取如图 12-9b 所示的闷盖。

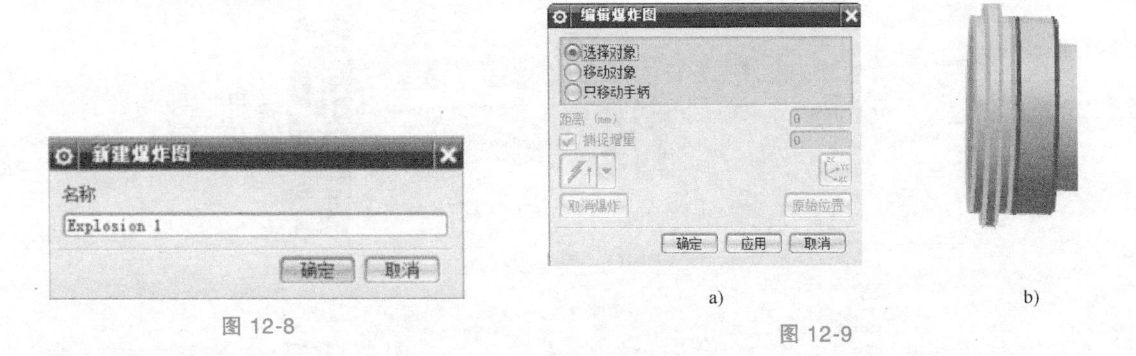

图 12-8

a)　　b)

图 12-9

4）移动组件。单击手柄上的箭头（图 12-10a），对话框中的距离文本框被激活，供用户选择沿该方向的移动距离；单击手柄上沿闷盖轴线方向的箭头，【距离】设置为 100mm，单击【确定】按钮，结果如图 12-10b 所示。

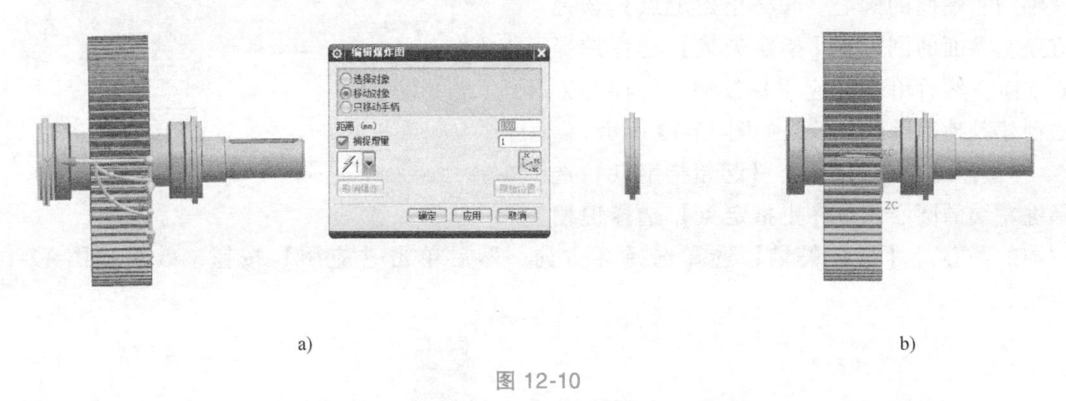

a)　　b)

图 12-10

重复上述操作，可以将各组件移动到适当的位置，如图 12-11 所示（若要向箭头反方向移动，距离输入负值即可）。

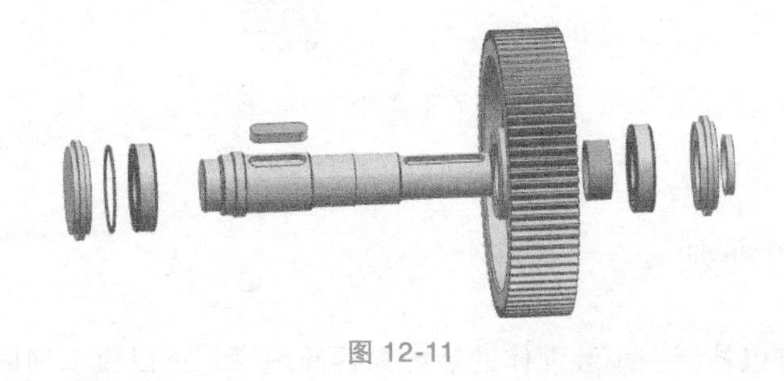

图 12-11

12.4　创建爆炸视图追踪线

1）单击爆炸工具条上的追踪线命令图标 ，弹出【追踪线】对话框，如图 12-12a 所示。

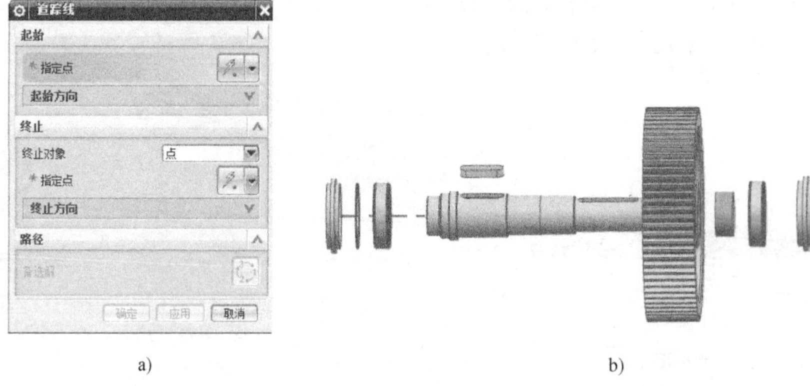

a)　　　　b)

图 12-12

【起始指定点】选择闷盖右端面的圆心，【终止指定点】选择轴左端面的圆心，然后单击【应用】按钮（图 12-12b）。

2）继续创建追踪线，【起始指定点】选择轴的右端面的圆心，【终止指定点】选择透盖左端面的圆心，【指定矢量】选择选择 Y 方向，然后单击【应用】按钮，同样的方法创建其他追踪线，效果如图 12-13 所示。

图 12-13

3）继续创建追踪线，【起始指定点】选择键左端的圆心，【终止指定点】选择键槽左端的圆心，【指定矢量】选择选择 Z 方向，然后单击【应用】按钮，效果如图 12-14 所示。

图 12-14

手动爆炸视图和追踪线的创建

12.5　装配序列动画

装配序列功能可以控制一个装配体的装配和拆卸顺序，可以模拟和回放序列信息，也可以通过一个步骤来装配或拆装组件，或者可以创建运动步骤来模拟组件移动或转动，一般用在新产品开发阶段的实验、产品交流的演示、现场指导装配生产。

1. 创建装配序列

打开资源文件：\CH12\12-2\0200disuzhouxi_asm1. prt，将其另存为“0200dishuzhouxi-donghua_asm1. prt”。打开【约束】列表，选中整个装配关系，单击右键，选择【抑制】

(图 12-15a)，此时装配关系被取消勾选（图 12-15b)，表示低速轴系的装配关系被抑制。

选择【装配】→【序列】，或者单击工具条上的装配序列命令图标，出现【装配序列】工具条。激活 序列_1 下拉列表，出现【序列工具】工具条，如图 12-16 所示。

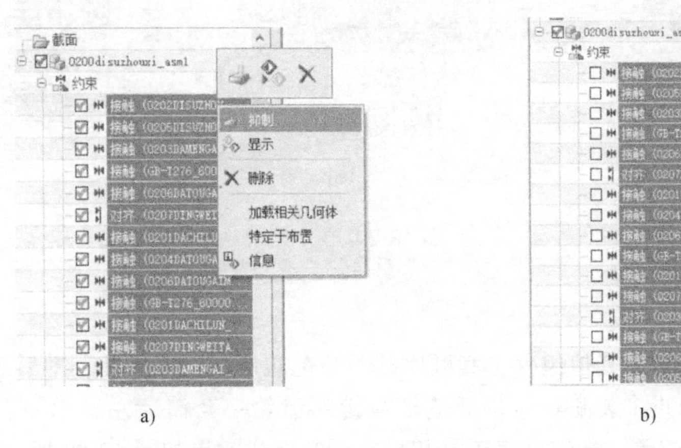

a)　　b)

图 12-15

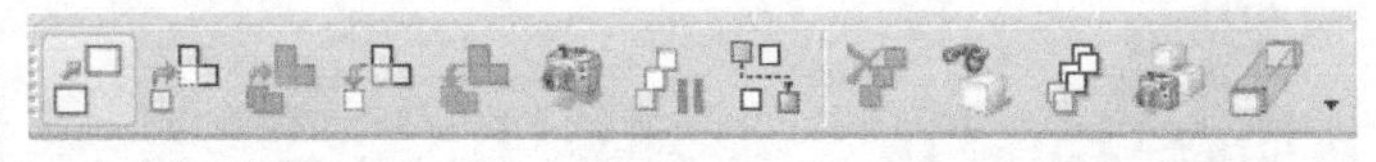

图 12-16

2. 插入运动

单击【插入运动】图标，弹出【录制组件运动】工具条，如图 12-17 所示。单击选择对象命令图标，在绘图区选择图 12-18 所示的闷盖组件，此时【录制组件运动】工具条中其他工具图标被激活，如图 12-19 所示。

图 12-17

图 12-18

图 12-19

单击移动对象命令图标，视图变成图 12-20a 所示效果，单击手柄 Y 方向箭头，在出现的对话框中，【距离】设置为 150，如图 12-20b 所示，按<Enter>键确定，闷盖向 Y 方向移动拆出，单击✔确定，结果如图 12-20c 所示。如需反方向拆卸，则数值输入负值，如“-150”。

【录制组件运动】工具栏中的【选择对象】按钮，默认点亮，选择调整环，单击【移动对象】图标，单击手柄 Y 方向箭头，在出现的对话框中，【距离】设置为 130，按<Enter>键确定，单击✔确定，结果如图 12-21 所示。

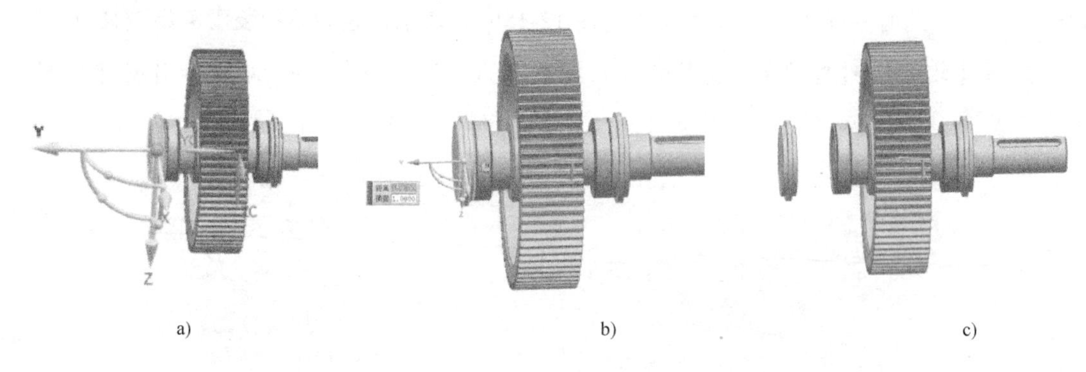

a)　　　　b)　　　　c)

图 12-20

3. 拆卸其他组件

按照上述方法依次拆卸其他组件，其顺序按照装配顺序的倒序拆卸，即后装的先拆，一直拆卸至第一个部件为止。装配顺序是低速轴→键→齿轮→套筒→左轴承→右轴承→透盖（密封圈）→调整环→闷盖，拆卸顺序正好相反，拆卸完成效果如图 12-22 所示。

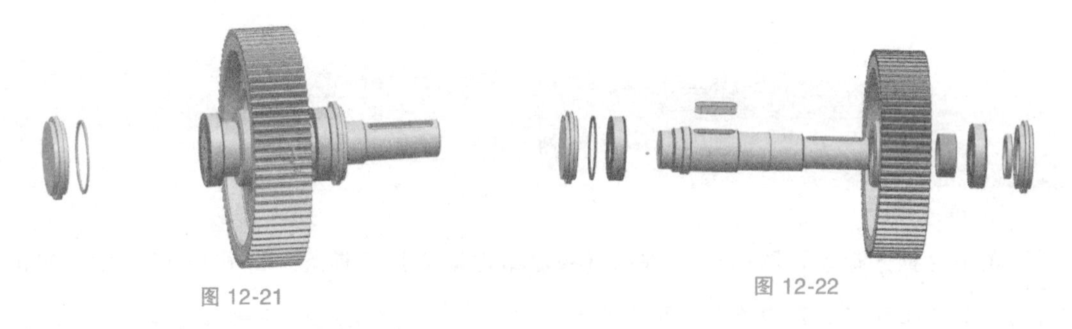

图 12-21　　　　图 12-22

单击关闭按钮，退出【录制组件运动】工具条。

此时，【序列回放】工具条如图 12-23 所示，帧数为 64。

图 12-23

装配序列动画

4. 播放动画

单击【序列回放】工具条中向后播放图标，此时系统播放装配顺序动画，帧数从 64 变为 0。

单击【序列回放】工具条中向前播放图标，此时系统播放拆卸顺序动画，帧数从 0 变为 64。

5. 导出至电影

单击【序列回放】工具条中的导出至电影图标，弹出【录制电影】对话框，选择目标文件夹，输入名称为“disuzhouxi-zp”，单击【OK】按钮，此时生成动画电影，稍等片刻，出现【导出至电影】提示，单击【确定】按钮导出至电影（格式为 *.avi）。在目标文件夹中找到“disuzhouxi-zp. avi”电影文件，使用播放器即可播放，展示低速轴系装配动画。同样方法可导出“disuzhouxi-cx. avi”拆卸动画的电影。

6. 完成序列

单击【装配序列】工具条中的 精加工序列 图标，完成创建装配动画。

导出至电影

Part 3

第 3 篇

机械部件的工程图设计实例

第13章

工程图设计案例

UG NX8.5 制图环境是一个应用模块，通过它可以方便地使用用户界面元素，以便直接从 3D 建模或装配部件中生成符合行业标准的工程图样，还可以根据 2D 部件生成图样。图样与模型相关联，图样与装配模型或单个建模零部件保持同步。制图模块提供自动的视图布局（包括基本视图、剖视图、向视图和细节视图等），可以自动或手动标注尺寸，还可以自动绘制剖面线、几何公差和表面粗糙度标注等。利用装配模块创建的装配信息可以方便地建立装配图，包括快速地建立装配剖视图和爆炸图等。

本案例采用企业绘制工程图的思路，重点介绍在 UG NX8.5 制图模块中零件图样的创建方法，零件基本视图、投影视图的创建方法，标题栏的创建方法，常见尺寸、公差的标注方法，帮助读者学习创建符合企业要求的第一角投影视图，并以这种绘制方法为基础，来完成其他产品的工程图的绘制。

【学习目标】

1）能利用主模型概念，绘制符合行业标准（国家标准）的工程图样。它包括工作界面的设置、各向视图以及剖视图的创建和参数设置、视图的编辑、尺寸、几何公差及表面粗糙度的标注等。

2）能利用 UG NX8.5 功能对无参数的图样进行编辑修改及打印输出。

【任务引入】

理论联系实际是马克思主义主要的理论品质。前面各章介绍的设计、建模与仿真都是以理论为指导，在计算机中模拟运行，但验证一项设计是否可行，最终还是要通过输出工程图样去进行实际生产，因为实践是检验真理的唯一标准。在实际应用中，我国采用的是第一角投影视图，而美国、日本等国家则采用第三角投影视图，同学们在今后的工作中分析图样时，也应具体问题具体分析，以严谨的态度投入生产设计工作中。

根据图 13-1 所示轴三维模型（资源文件：\UG8.5\CH13\0202disuzhou_model1.prt），制订轴的第一角投影视图的工程图绘制方案，并完成轴的工程图绘制。

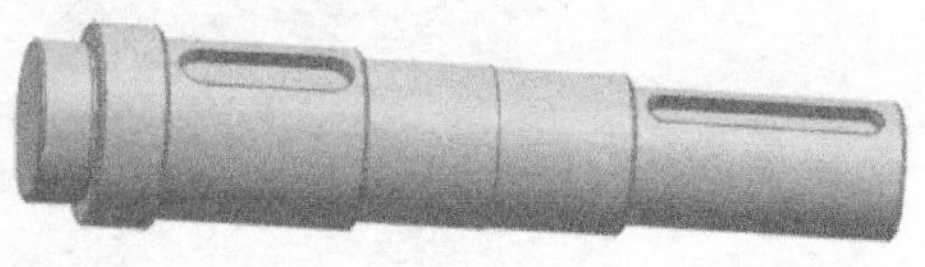

图 13-1

【任务实施】

13.1 制订绘图方案

1）创建第一角投影图样。
2）创建标题栏。
3）创建第一角基本视图和投影视图。
4）标注尺寸和公差。
5）创建技术要求。
6）填写标题栏。

13.2 创建视图前的准备

13.2.1 插入图纸页

首先打开资源文件：\UG8.5\CH13\13-1disuzhouxi\0202disuzhou_model1.prt。

（1）进入制图环境　选择下拉菜单【开始】→【制图】命令，进入制图环境，如图13-2所示。

图 13-2

（2）新建图纸页　选择下拉菜单【插入】→【图纸页】命令（图13-3a）或单击【图纸】工具条中的命令图标，系统弹出【图纸页】对话框，在对话框中按图13-3b所示进行选项设置，然后单击【确定】按钮。

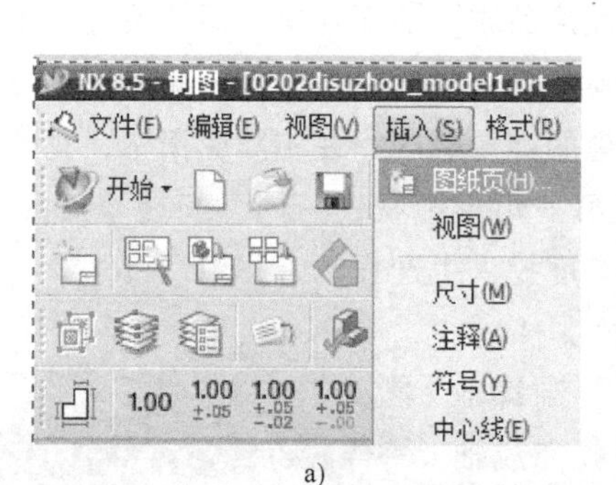

a)

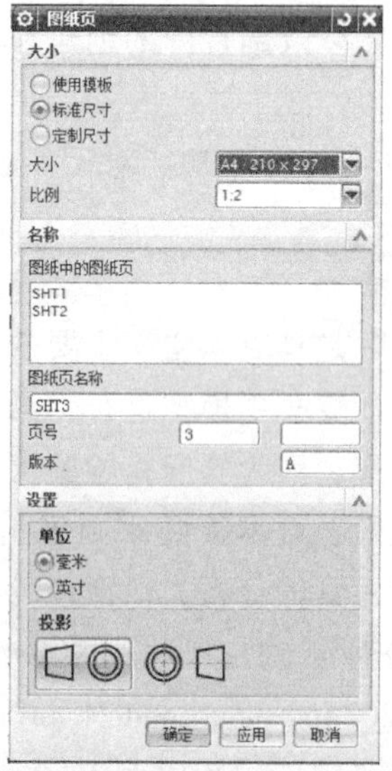

b)

图 13-3

13.2.2　调用图框文件

(1) 选择命令　选择下拉菜单【文件】→【导入】→【部件】命令（图 13-4a），系统弹出如图 13-4b 所示的【导入部件】对话框（一），单击【确定】按钮，系统弹出【导入部件】对话框（二）。

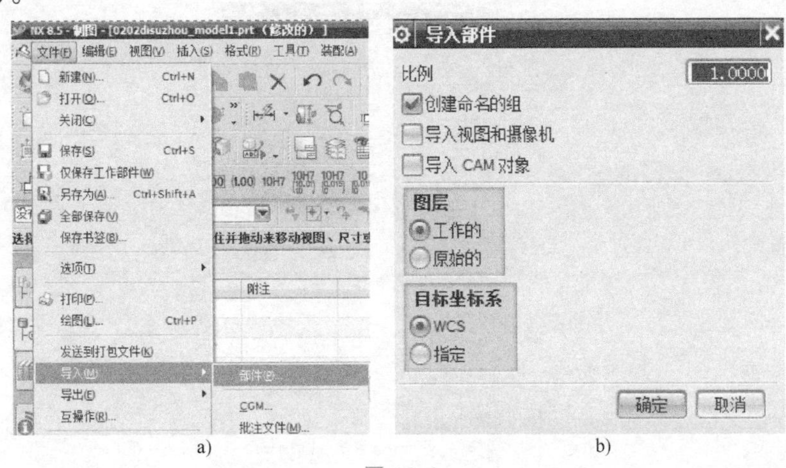

a)　b)

图 13-4

(2) 选择图样　在【导入部件】对话框（二）中选择资源文件：\UG 8.5\CH13\A3. prt 文件，单击按钮，系统弹出【点】对话框，单击【确定】按钮，再单击【取消】按钮，完成图框文件的调用，如图 13-5a 所示。选择下拉菜单【首选项】→【可视化】命令

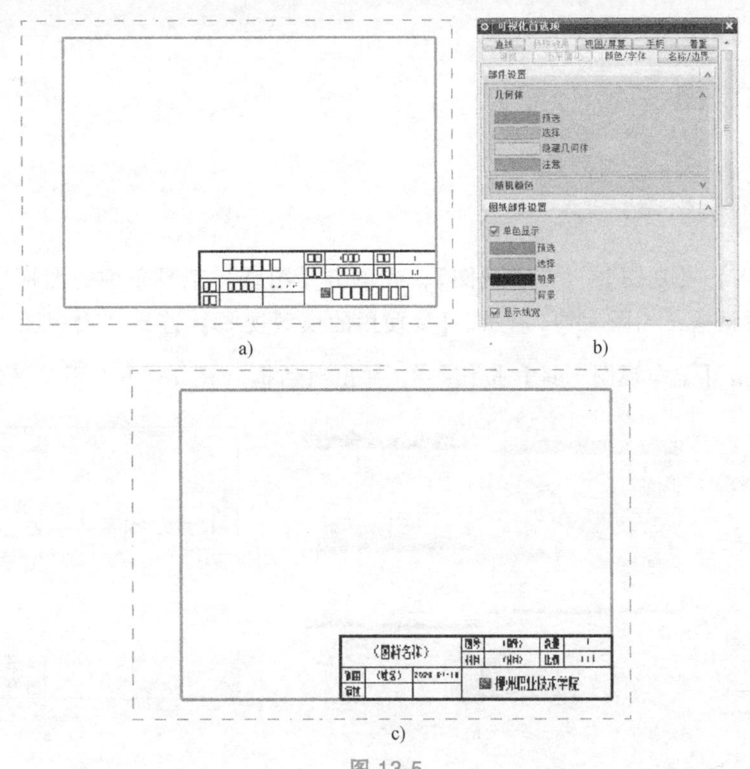

a)　b)

c)

图 13-5

(图 13-5b)，【图纸部件显示】的【背景】调成白色，效果如图 13-5c 所示。

（3）修改标题栏字体格式　光标放在标题栏左上角单击左键，弹出工具条，如图 13-6a 所示。单击单元格样式命令图标，弹出【注释样式】对话框，如图 13-6b 所示。【字体】选择“chinesef”，标题栏原本显示的“□□□”转换成中文字体，如图 13-6c 所示。

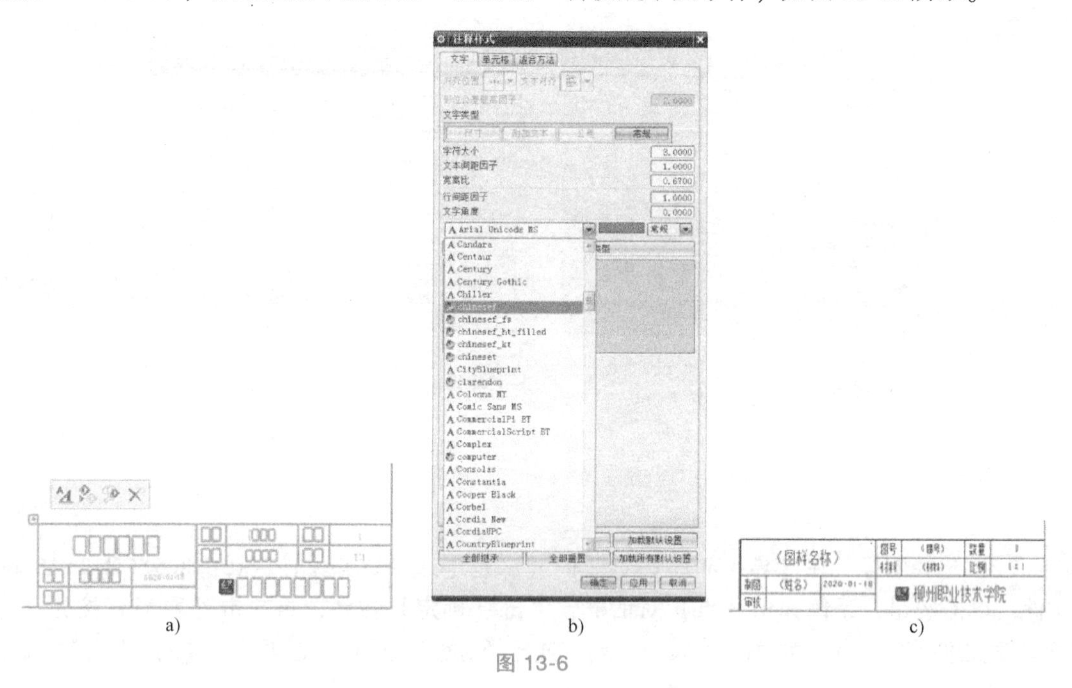

图 13-6

13.3　添加视图

13.3.1　添加主视图

选择【插入】→【视图】→【基本视图】，或单击【图纸】工具条中的图标，系统弹出【基本视图】对话框，如图 13-7a 所示。【要使用的模型视图】选择“右视图”，【比例】设置为 1 : 1，单击【定向视图工具】按钮，弹出对话框（图 13-7b）用于确定主视图投影

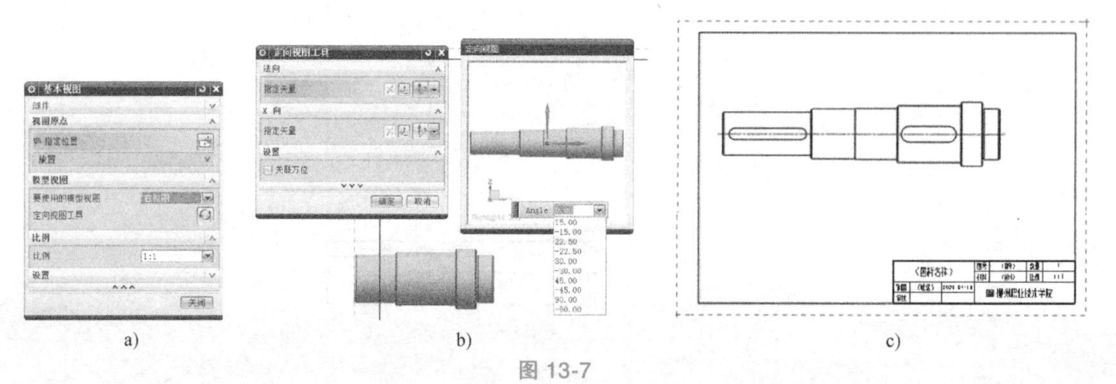

图 13-7

方向。单击【定向视图】左下角的坐标轴 Y，弹出对话框【Angle】，选择“-90.00”，模型沿 Y 轴旋转-90°，在绘图区的合适位置单击左键以放置主视图（旋转后的右视图），如图 13-7c 所示。

插入基本视图

13.3.2 添加断面图

（1）插入全剖视图　单击剖视图命令图标，【父视图】选择主视图（轴），【剖切位置】可选择键槽上下两条边的任一中点，然后将鼠标向右拖动到合适位置以放置全剖视图，单击左键完成，得到如图 13-8 所示的剖视图。

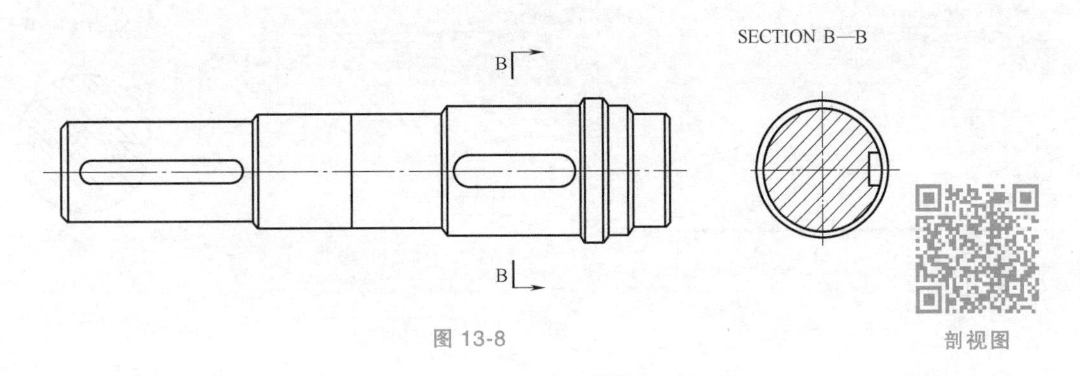

图 13-8

剖视图

（2）将剖视图设置成断面图　将鼠标放到视图边沿，稍等片刻，视图出现外框后，鼠标放外框上，右键单击鼠标，弹出如图 13-9 所示的菜单，选择【样式】。

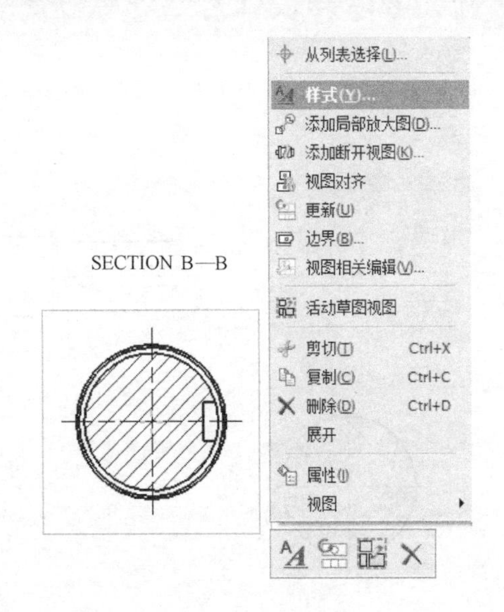

图 13-9

弹出【视图样式】对话框（图 13-10a），选择【截面线】选项卡，取消勾选【背景】（图 13-10b），然后单击【确定】按钮，得到如图 13-10c 所示的断面图。

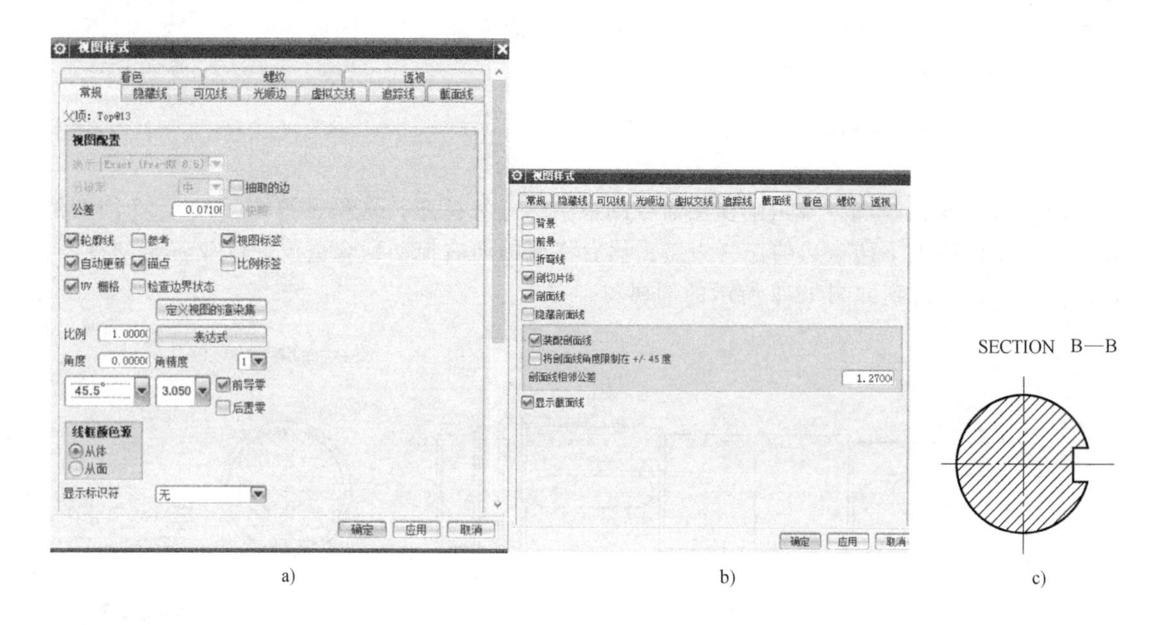

a) b) c)

图 13-10

双击 SECTION B-B，弹出【视图标签样式】对话框（图 13-11a），可以去掉前缀，效果如图 13-11b 所示。再把全剖视图拖到剖切线正下方，如图 13-11c 所示。

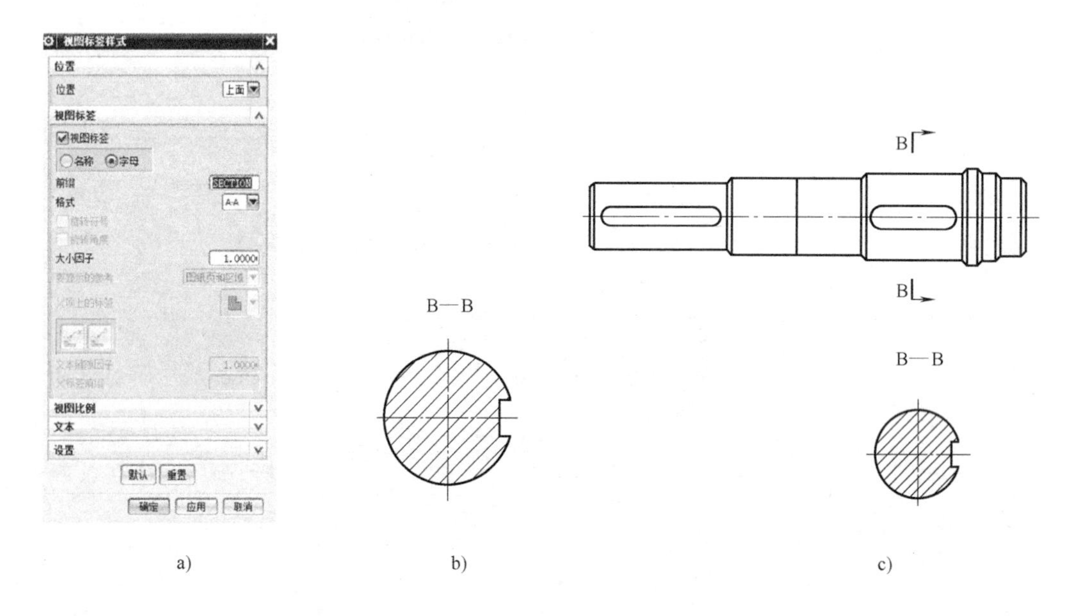

a) b) c)

图 13-11

同样的方法添加左端键槽的断面图，如图 13-12 所示。

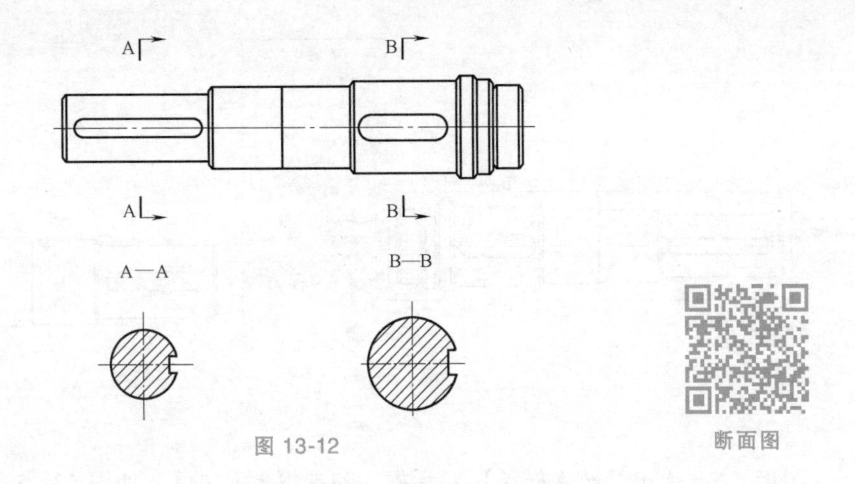

图 13-12

13.3.3　添加局部放大图

单击局部放大图按钮，弹出【局部放大图】对话框，【类型】选择“圆形”，【边界】的【指定中心点】和【指定边界点】的选择如图 13-13a 所示，鼠标右移到合适位置单击左键放置局部放大图。去掉局部放大视图前缀，在边界圆上右键，在【视图样式】里将【视图边界】设置为“细实线”，效果如图 13-13b 所示。

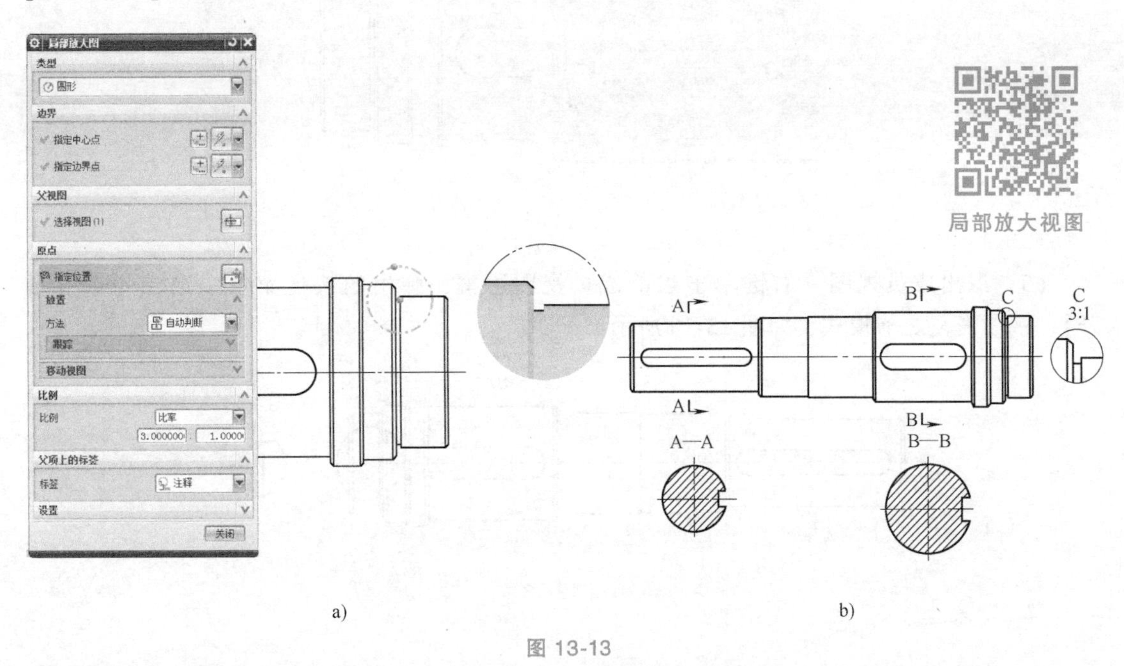

图 13-13

13.3.4　添加局部剖视图

（1）扩展成员视图　右键单击主视图边框，在弹出的快捷菜单中选择【展开】，如图 13-14a 所示，主视图放大充满整个屏幕，如图 13-14b 所示。

（2）绘制样条曲线　在工具条区域右键单击，调出【曲线】工具条，单击艺术样条命

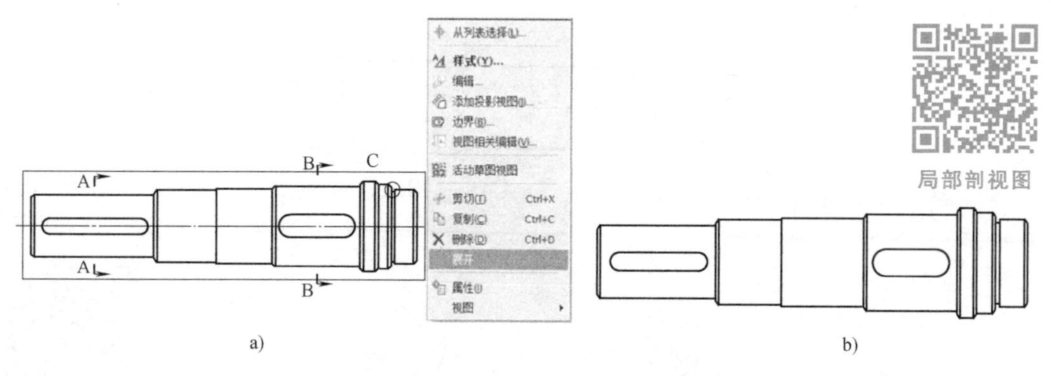

图 13-14

令图标 ，弹出【艺术样条】对话框，勾选【封闭的】，如图 13-15a 所示。用鼠标单击 4 个点以上，绘制图 13-15b 所示的样条曲线，单击【确定】按钮。

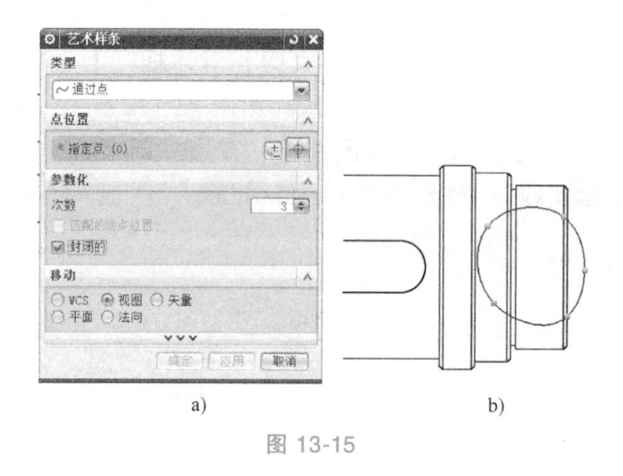

图 13-15

（3）退出成员视图　右键单击当前成员视图边框，弹出的快捷菜单中取消勾选【展开】，视图恢复之前模式，如图 13-16 所示。

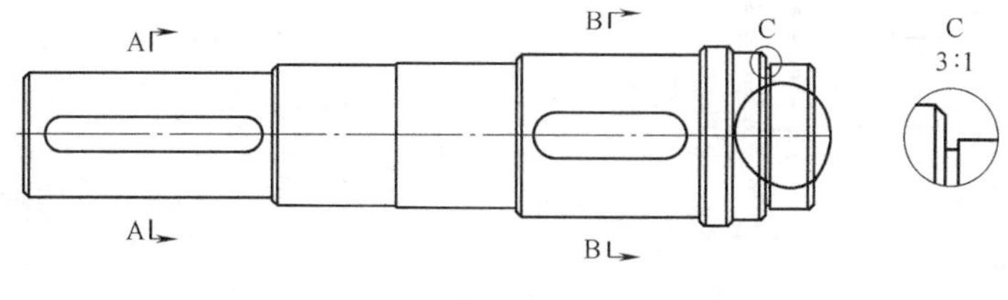

图 13-16

（4）添加局部剖视图　单击【视图】工具条中的局部剖视图命令图标 ，弹出【局部剖】对话框。【选择视图】单击绘图区选择主视图（图 13-17a），【指定基点】选择图 13-17b 所示轴右端面圆心，【指出拉伸矢量】接受系统默认的方向（图 13-17c），【选择曲线】选择样条曲线，如图 13-17d 所示，然后单击【应用】按钮，完成局部剖视图，如图 13-17e 所示。

（5）编辑样条截面曲线　选择视图，单击右键，选择【视图相关编辑】（图 13-18a），

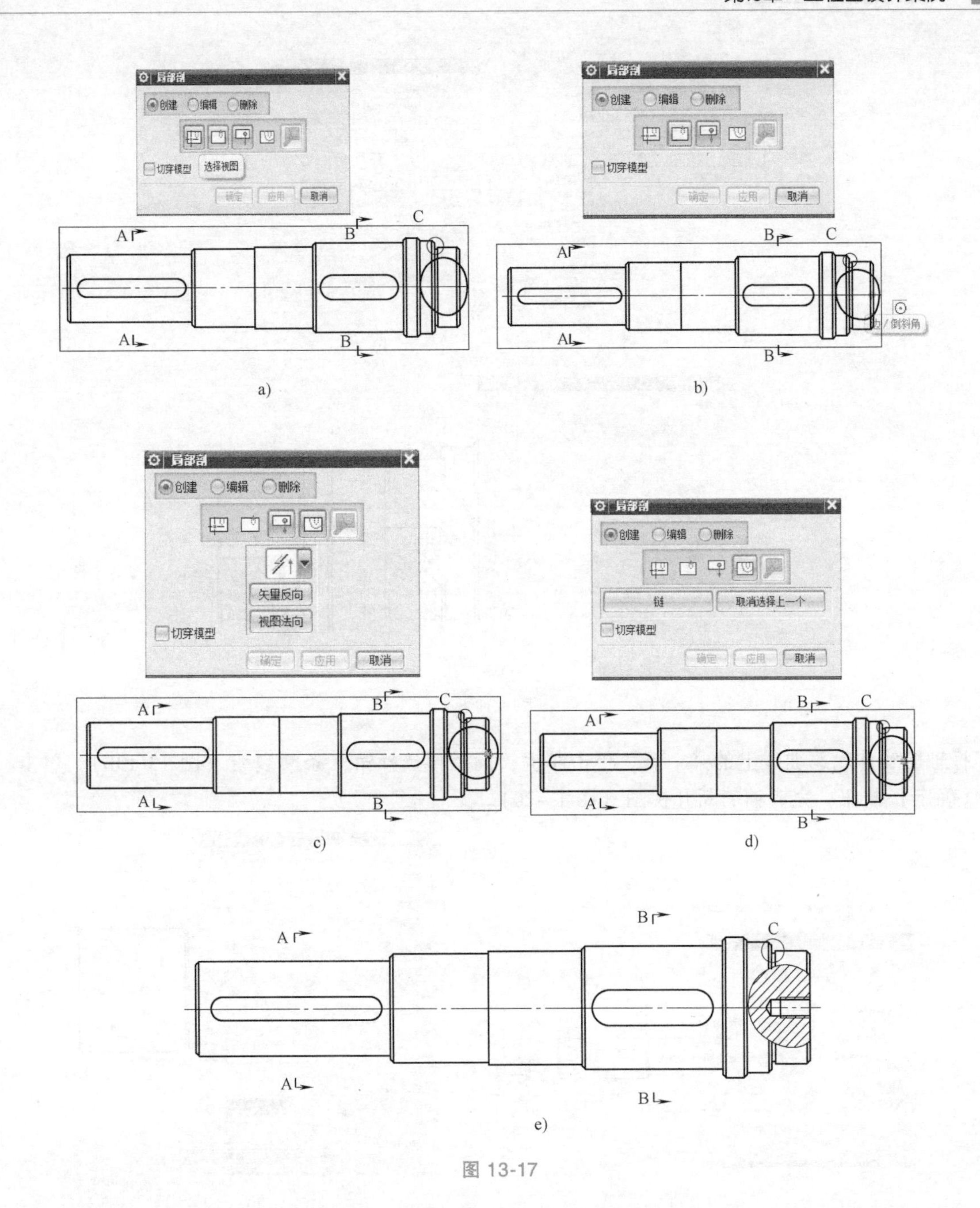

a)　b)　c)　d)　e)

图 13-17

单击【编辑完整对象】,【线型】选择“原始的”,【线宽】设置为 0. 13mm (图 13-18b), 单击【应用】按钮, 进入【类选择】对话框, 选择样条截面曲线 (图 13-18c), 单击【确定】按钮, 完成样条截面曲线的编辑 (图 13-18d)。

13. 3. 5　添加断开视图

单击断开视图命令图标 , 进入【断开视图】对话框,【类型】选择“常规”, 选择视图 (图 13-19a),【间隙】设置为 4mm, 断裂线其他设置如图 13-19b 所示, 设置完成后, 选

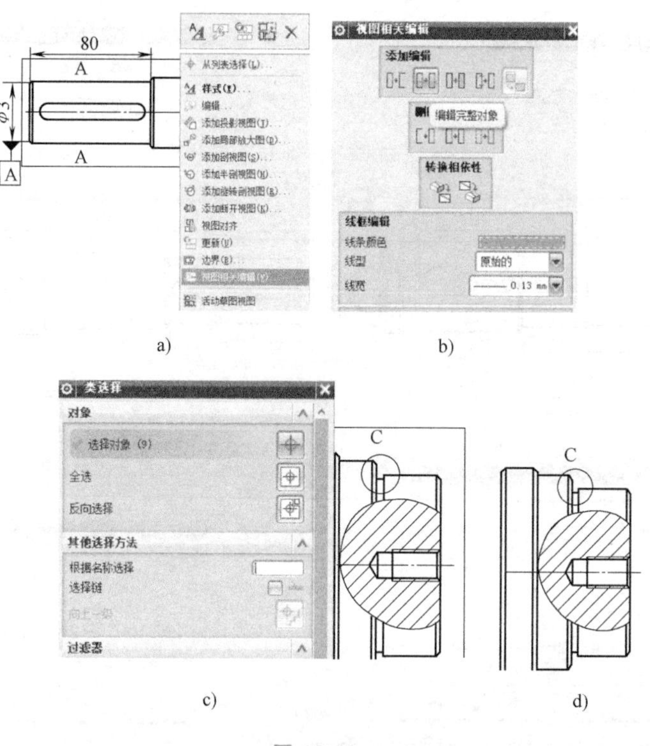

a)　　b)

c)　　d)

图 13-18

择轴的实体轮廓曲线上的某一点，单击左键，同理再选择第二条断裂线（图 13-19b），单击【确定】按钮，完成轴的断开视图（图 13-20）。

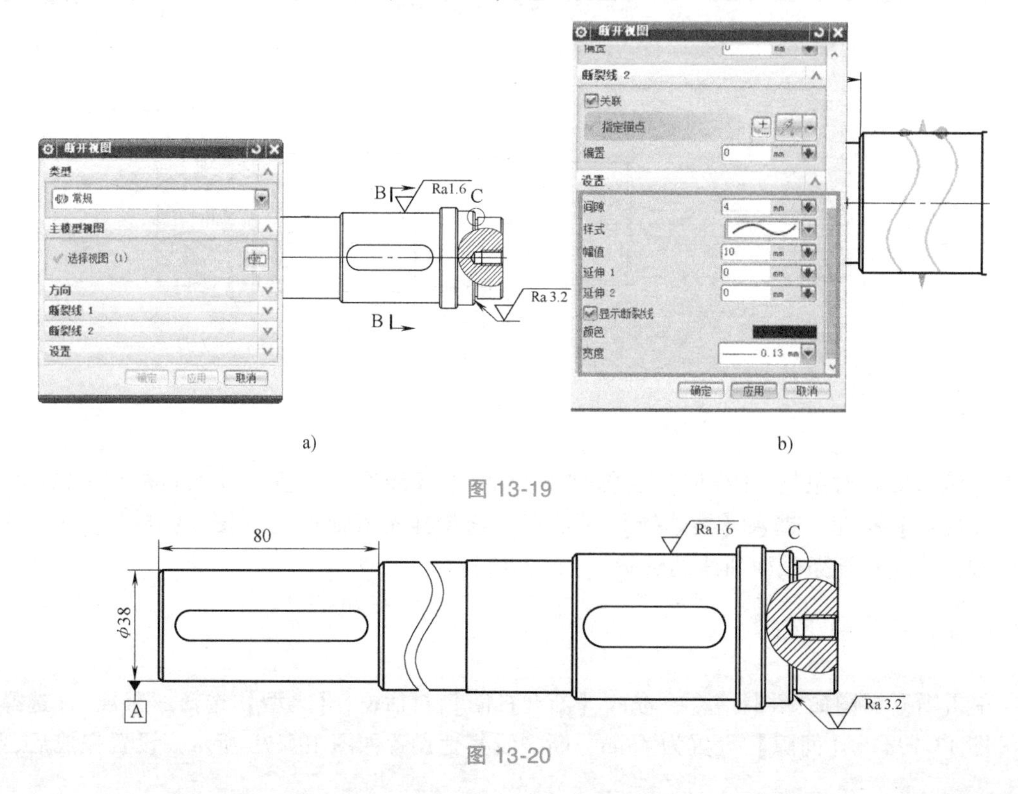

a)　　b)

图 13-19

图 13-20

13.3.6　添加轴测剖

1）打开资源文件：\UG8.5\CH13\13-1disuzhouxi\0201dachilun_model1。选择下拉菜单【开始】→【制图】，进入制图环境。单击新建图纸命令图标，【标准尺寸】选择“A2 图纸”，【比例】选择“1：1”，【单位】选择“毫米”，【投影】选择“第一角投影”，单击【确定】按钮。

2）单击插入基本视图命令图标，在要使用的模型视图中选择正等测图，左键单击齿轮，完成齿轮的正等测图。选择【插入】→【视图】→【截面】→【轴测剖】，进入【轴测图中的全剖/阶梯剖】对话框，选择齿轮，剖视图方向选择-XC 轴，采用父视图方向（图 13-21a），单击【应用】按钮，定义剖切方向，剖切方向选择-ZC 轴（图 13-21b），单击【应用】按钮，进入【截面线创建】对话框，选择剖切位置为齿轮中心（图 13-21c），单击【确定】按钮，完成齿轮的轴测剖创建（图 13-21d）。

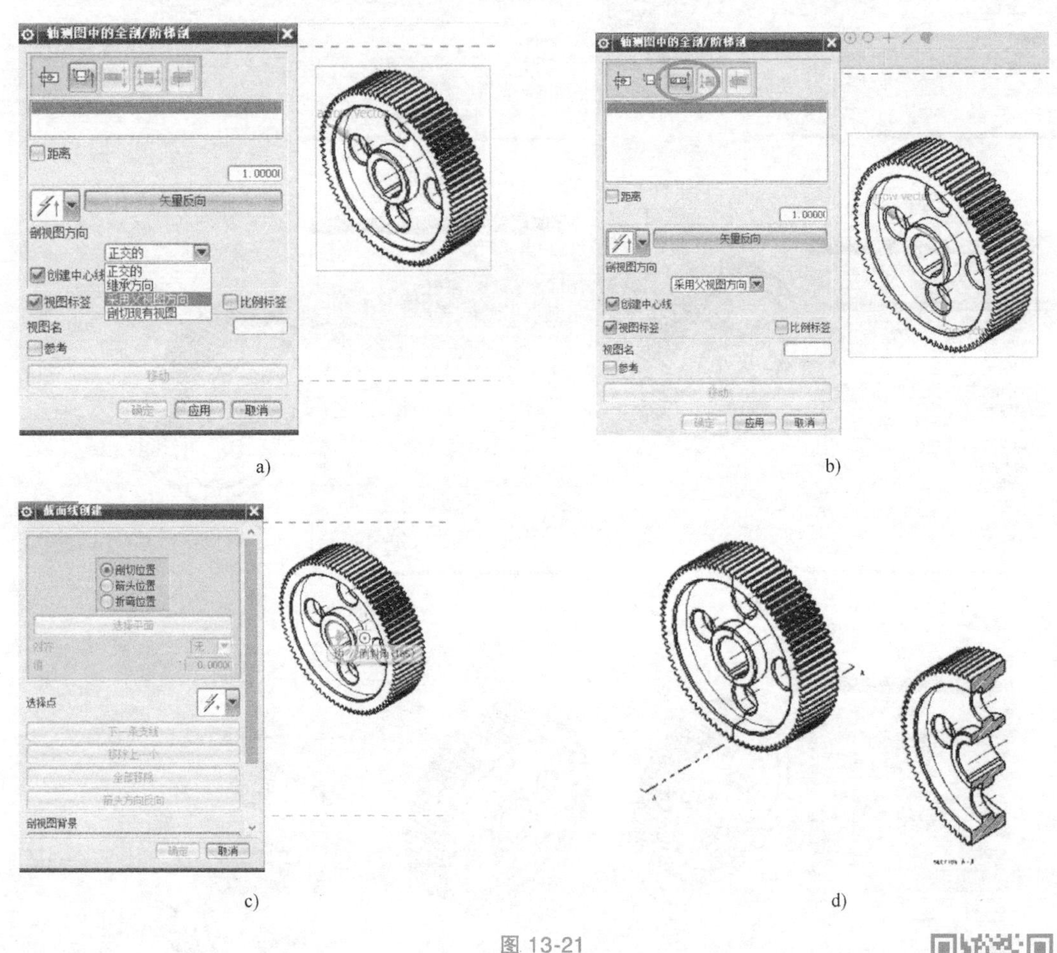

a)　　b)

c)　　d)

图 13-21

13.3.7　添加半轴测剖

1）打开资源文件：\UG8.5\CH13\13-1disuzhouxi\0201dachilun_model1。

轴测全剖

选择下拉菜单【开始】→【制图】，进入制图环境。单击新建图纸命令图标，【标准尺寸】选择“A2 图纸”，【比例】选择“1∶1”，【单位】选择“毫米”，【投影】选择“第一角投影”，单击【确定】按钮。

2）插入基本视图，在要使用的模型视图中选择正等测图，左键单击齿轮，完成齿轮的正等测图（图 13-22a）。选择【插入】→【视图】→【截面】→【半轴测剖】，进入轴测图中的半剖对话框，选择齿轮，剖视图方向选择-XC 轴，采用父视图方向（图 13-22b），单击【应

图 13-22

半轴测剖

用】按钮，进入定义剖切方向对话框，剖切方向为YC轴（图13-22c），单击【应用】按钮，进入【截面线创建】对话框，选择折弯位置为齿轮中心（图13-22d），选择剖切位置为减重孔中心（图13-22e），单击【确定】按钮，完成齿轮的半轴测剖创建（图13-22f）。

13.4　标注尺寸及技术要求

选择下拉菜单【插入】→【尺寸】→【自动判断尺寸】或单击工具条中的图标，系统可根据选取的对象以及光标位置智能地判断尺寸类型，其下拉列表包括了常用的标注方式，如图13-23所示。

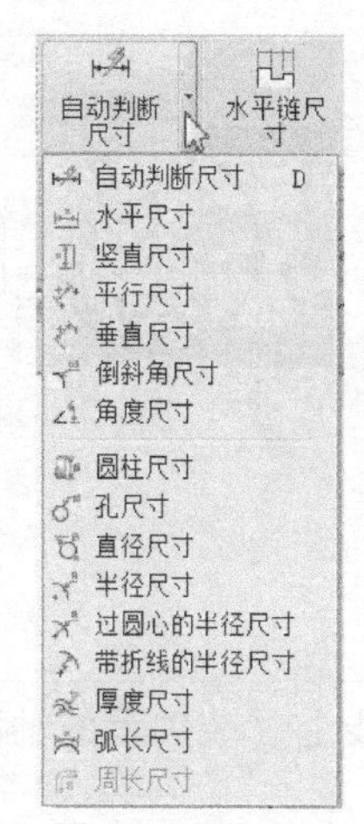

图 13-23

单击自动判断尺寸命令图标，选择主视图低速轴左端如图13-24a所示两个端点标注轴长，光标向上拉出，单击左键将尺寸80放置在合适位置。

单击圆柱尺寸命令图标，选择主视图低速轴左端两个端点标注轴直径，光标向左拉出，单击左键将尺寸$\phi 38$放置在合适位置，如图13-24b所示。

其余基本尺寸标注，读者自行完成。

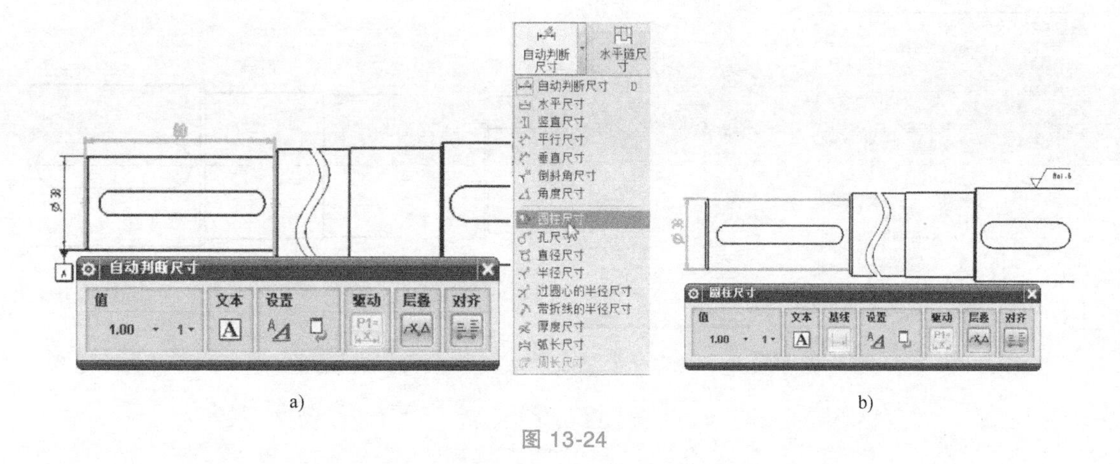

a)　　　　b)

图 13-24

13.4.1　插入尺寸公差

双击尺寸10，弹出【编辑尺寸】对话框，选择【值】下面的第一个三角形按钮，选择双向公差（图13-25a）。【公差】选择3（表示偏差精确到小数点后3位）（图13-25b），然后输入上、下极限偏差，单击左键确定，效果如图13-25c所示。

13.4.2　标注表面粗糙度

选择下拉菜单【插入】→【注释】→【表面粗糙度符号】（图13-26a），或单击注释工具条的表面粗糙度命令图标，弹出【表面粗糙度】对话框，在【属性】中选择【修饰符，需要移除材料】，【切除（f1）】输入“Ra0.8”（图13-26b）。放置表面粗糙度符号到轴颈轮廓

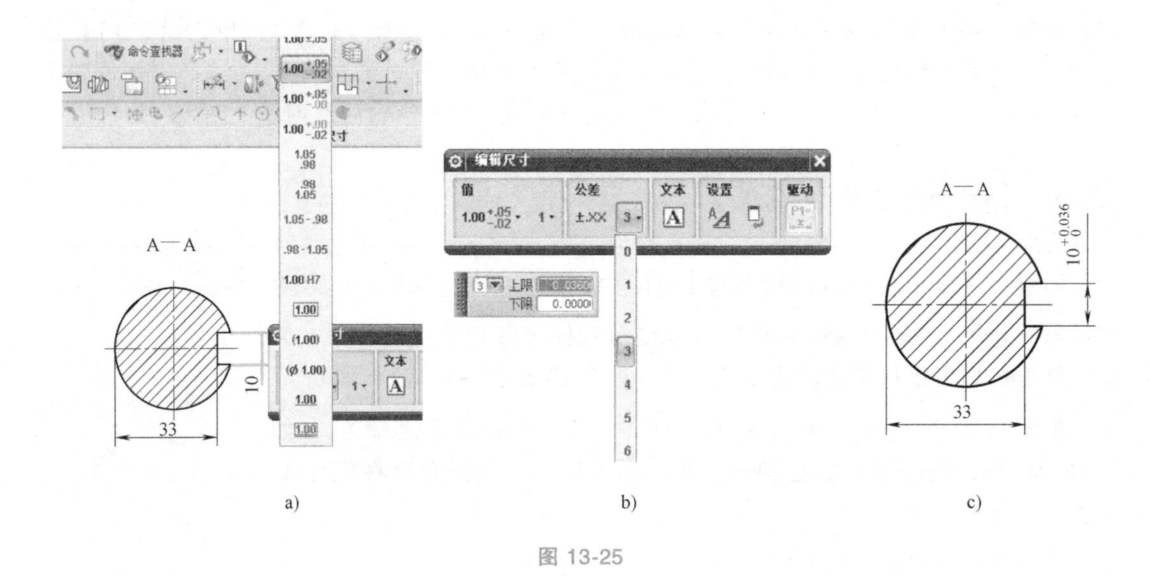

a)　　b)　　c)

图 13-25

线上（装轴承的轴段）（图 13-26c），其他表面的表面粗糙度的标注，请读者自行完成。

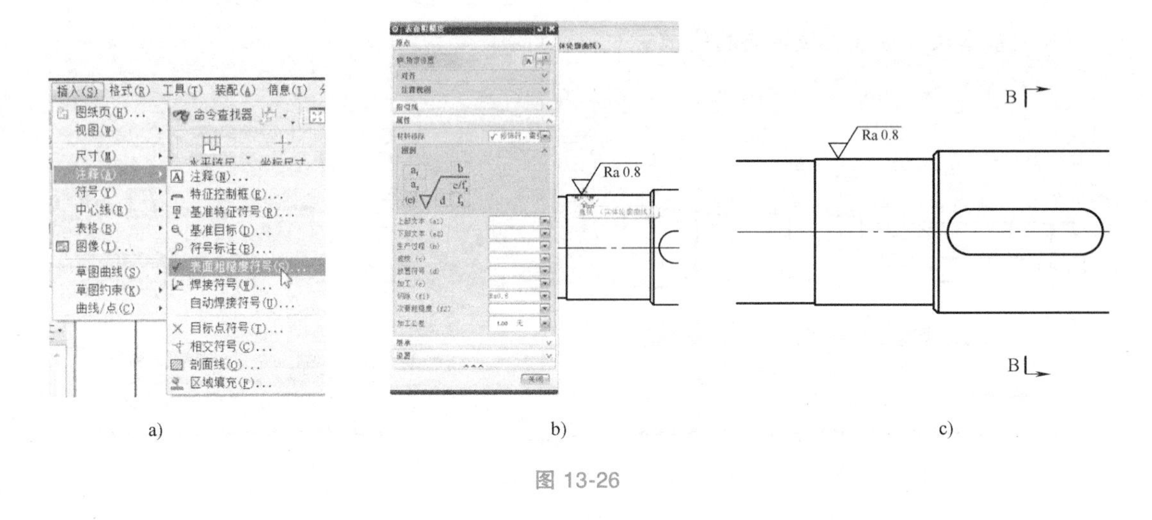

a)　　b)　　c)

图 13-26

13.4.3　插入几何公差

（1）插入对称度　选择下拉菜单【插入】→【注释】→【特征控制框】（图 13-27a），或单击工具条中的图标 ，弹出【特征控制框】对话框，【特性】选择“对称度”（图 13-27b），【公差】输入“0.002”，【第一基准参考】输入“A”（图 13-27c），光标在尺寸 10 的箭头长按左键几秒向下拖拉，可拖出引线箭头（图 13-27d），单击左键放置，效果如图 13-27e 所示。

（2）插入基准符号　首先进行标注环境设置，选择【文件】→【实用工具】→【用户默认值】，如图 13-28a 所示，再选择【制图】→【常规】→【制图标准】，选择“ISO（出厂设置）”，单击【应用】按钮，如图 13-28b 所示，然后重启 UG 软件。

选择下拉菜单【插入】→【注释】→【基准特征符号】（图 13-29a），或单击工具条中的图

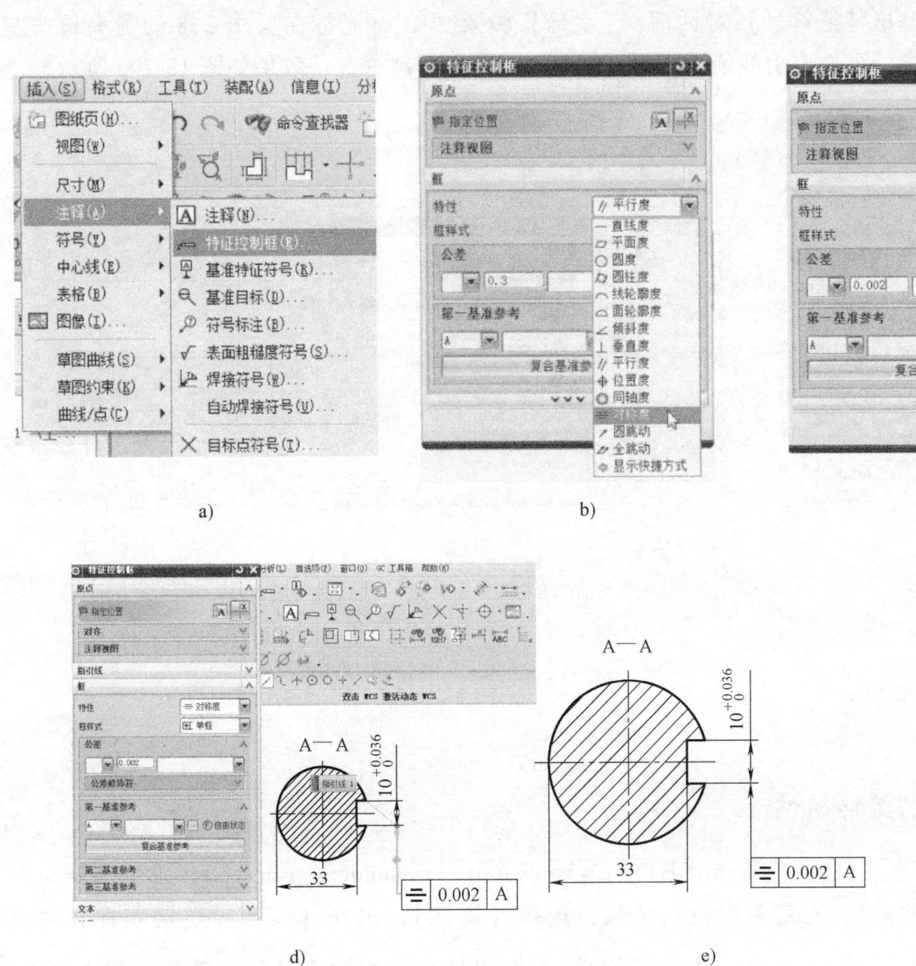

a)　　b)　　c)

d)　　e)

图 13-27

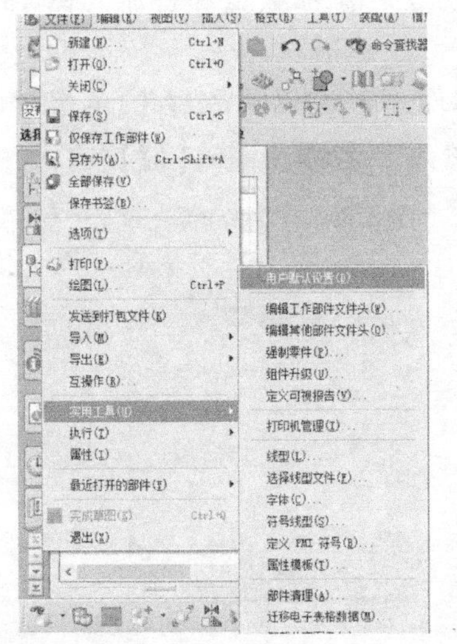

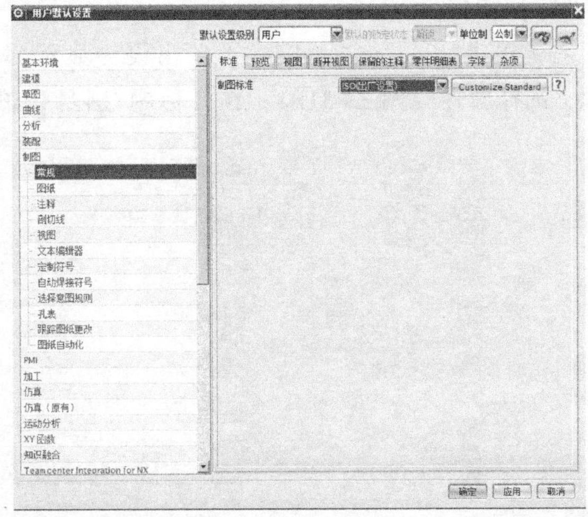

a)　　b)

图 13-28

标，弹出【基准特征符号】对话框，【字母】输入“A”，光标在尺寸 $\phi38$ 的箭头长按左键几秒向下拖拉，可拖出引线箭头（图 13-29b），单击左键放置，效果如图 13-29c 所示。

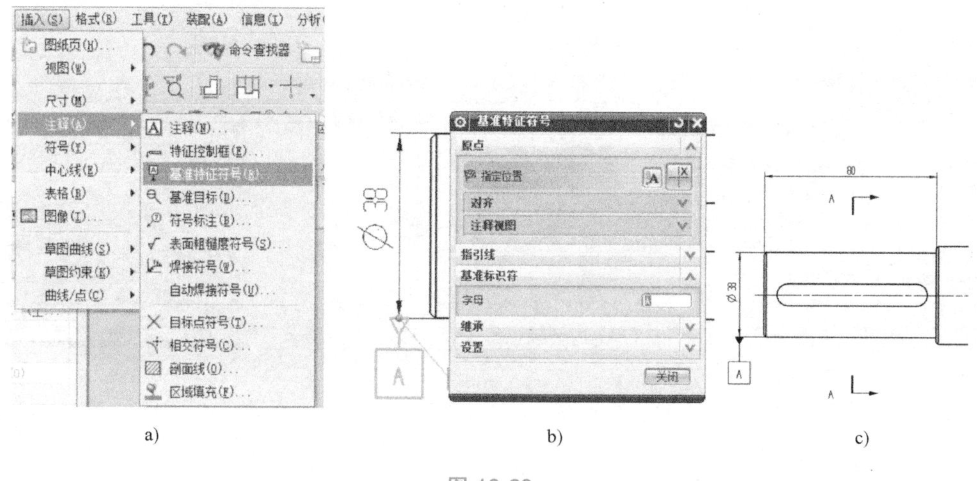

a)　　b)　　c)

图 13-29

13.5 装配视图

13.5.1 添加组件属性

1）打开资源文件：\UG8.5\CH13\13-2xiaohuqian\xiaohuqian_asm1.prt。单击左侧工具栏的【装配导航器】，右键单击空白区域，选择【属性】，出现【装配导航器属性】对话框，单击【列】（图 13-30a），勾选【信息】，在组件名后面输入名称，单击创建图标（图 13-30b），完成名称的添加（图 13-30c），同样的方法，添加数量和备注（图 13-30d），单击【确定】按钮。

2）右键单击“luogan_model1”，单击设为显示部件（图 13-31a），右键单击“luogan_model1”，选择属性（图 13-31b），在【标题/别名】输入“名称”，在【值】输入“螺杆”

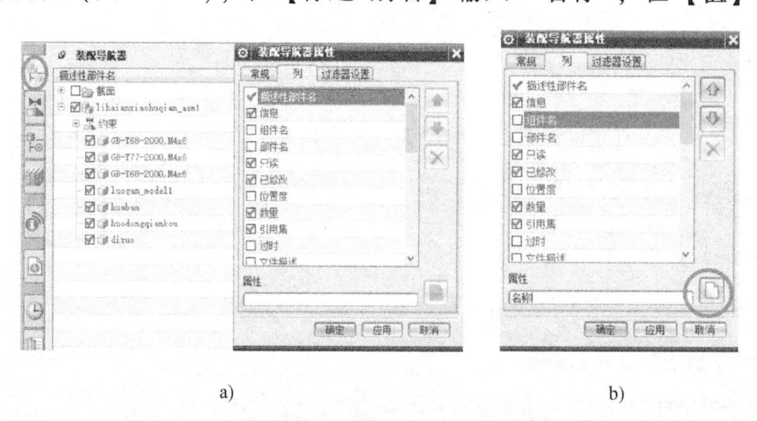

a)　　b)

图 13-30

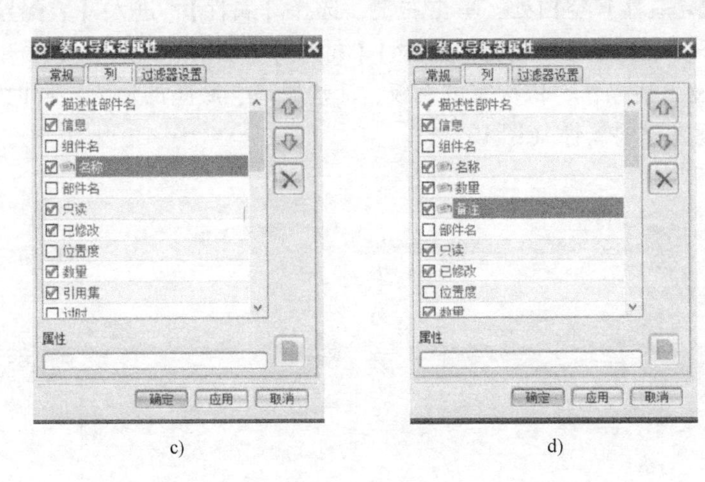

c)　　　　d)

图 13-30（续）

（图 13-31c），单击【确定】按钮。右键单击“luogan_model1”，选择【显示父项】，选择“xiaohuqian_asm1”（图 13-31d），单击【确定】按钮。

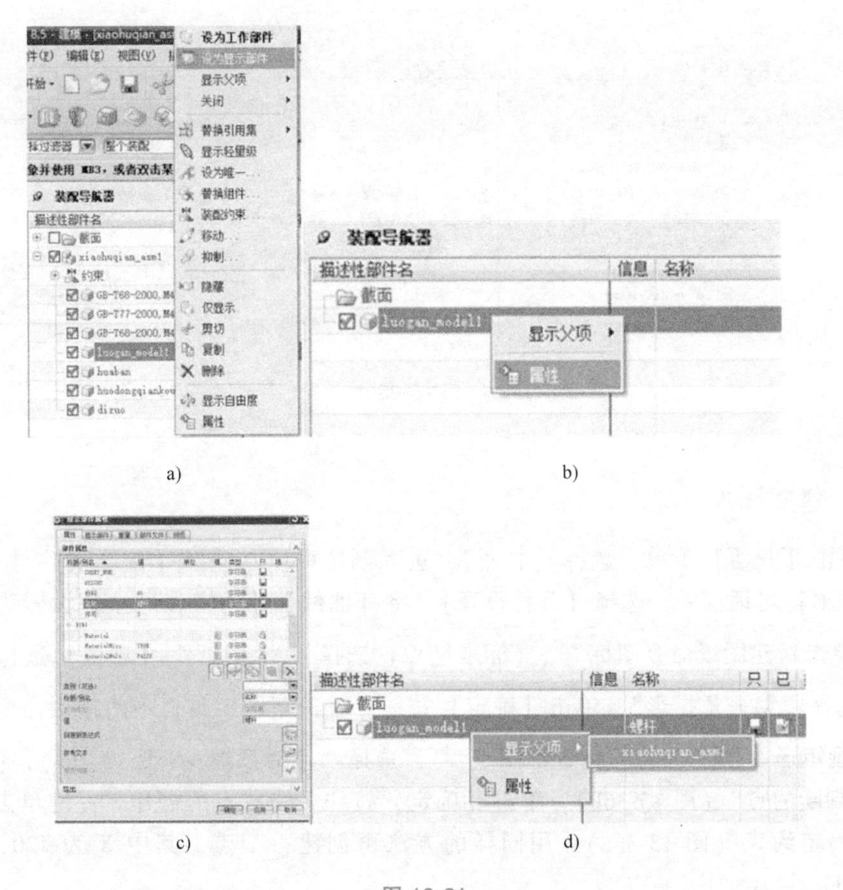

a)　　　　b)

c)　　　　d)

图 13-31

3）在【装配导航器】空白处，单击右键，选择【属性】，进入【装配导航器属性】对话框，选择【列】，勾选【名称】【数量】【材料】(图 13-32a)，单击【确定】按钮(图 13-32b)。重复上述操作，依次完成滑板、活动钳口、底座的输入，同时给螺杆、滑板、活动钳口、底座赋予材料属性（图 13-33)。

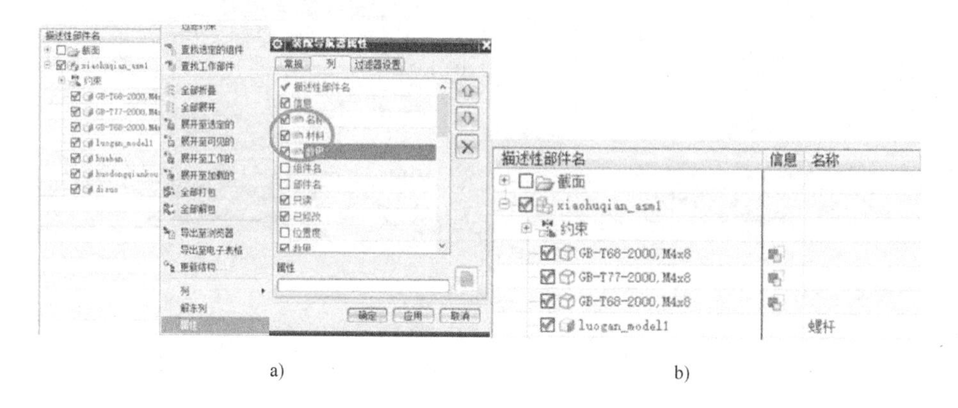

a)　　　　b)

图 13-32

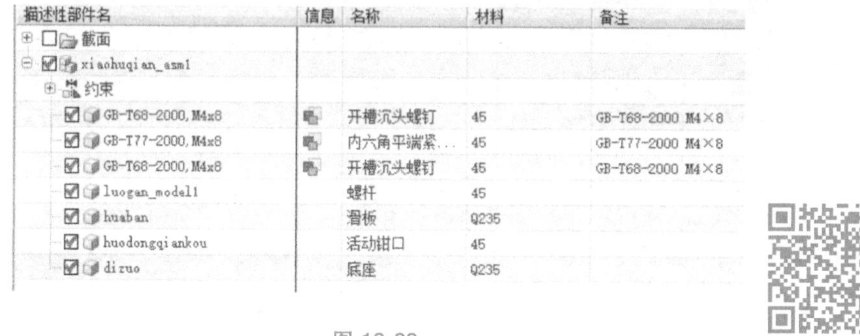

图 13-33

装配组件属性

13.5.2　创建图框

1）单击【开始】菜单，选择【制图】，进入制图模块。选择【首选项】→【草图】，在【草图首选项】对话框中，选择【部件设置】，将【曲线】【约束和尺寸】设置为黑色（图 13-34)。单击新建图纸命令图标，【标准尺寸】选择“A3 图纸”，【单位】选择“毫米”，【投影】选择“第一角投影”，单击【确定】按钮。单击草图工具栏中的矩形命令图标，选择两点画矩形（图 13-35)，创建草图点，选择“点对话框”（图 13-36a)，【类型】选择“自动判断的点”（图 13-36b)，单击【确定】按钮，完成点的创建。左键单击刚创建的点，选择固定约束（图 13-36c)，用同样的方法再创建一个点，其中 X 为 420，Y 为 297（图 13-36d)。

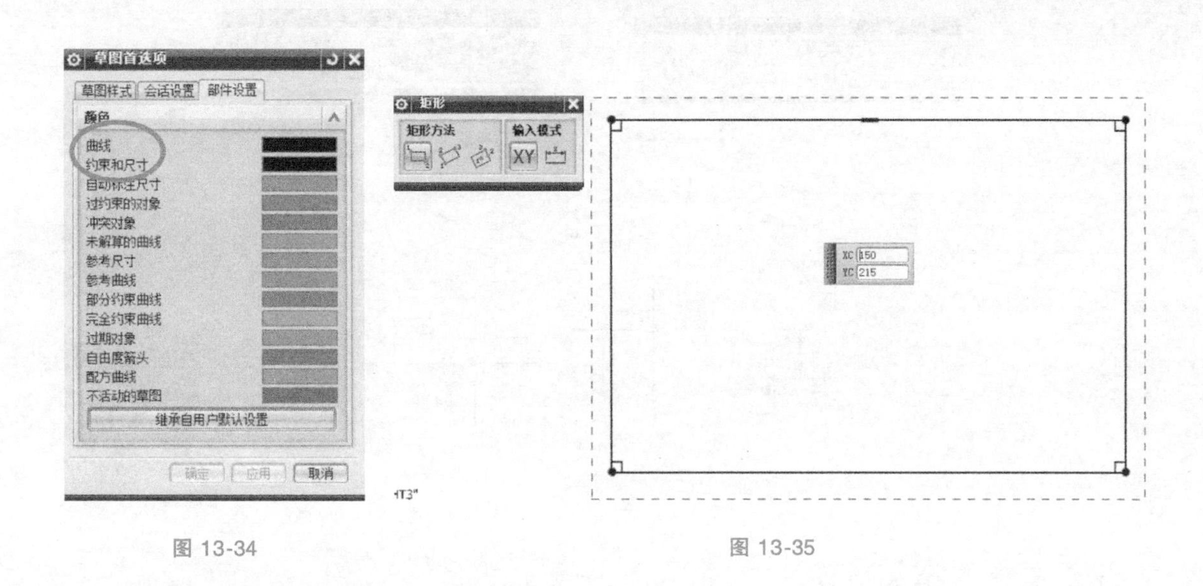

图 13-34　　　　图 13-35

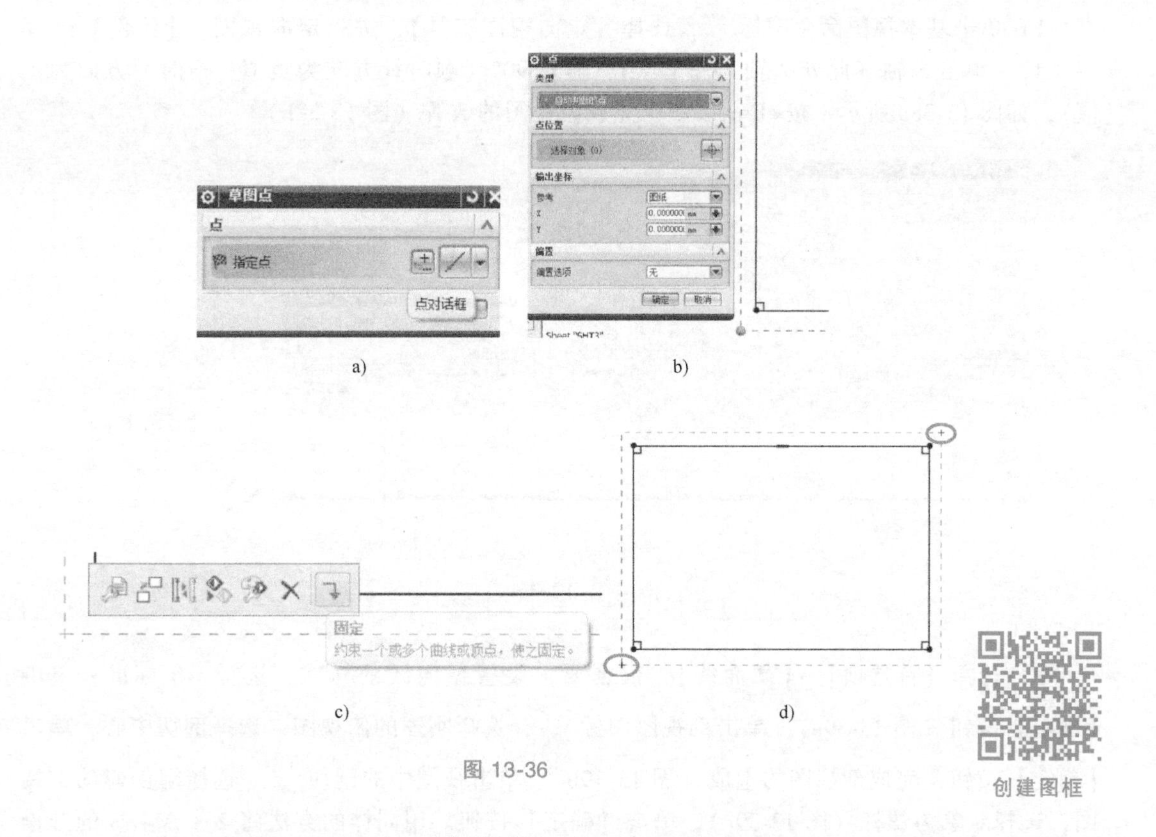

a)　　　　b)

c)　　　　d)

图 13-36

创建图框

2）单击自动判断尺寸命令图标，标注点和线之间的距离，选择【值】右下角的三角形按钮，设为1.00，可去掉尺寸的方框（图13-37a），用同样的方法完成尺寸的标注（图13-37b），双击尺寸，可以修改尺寸大小。

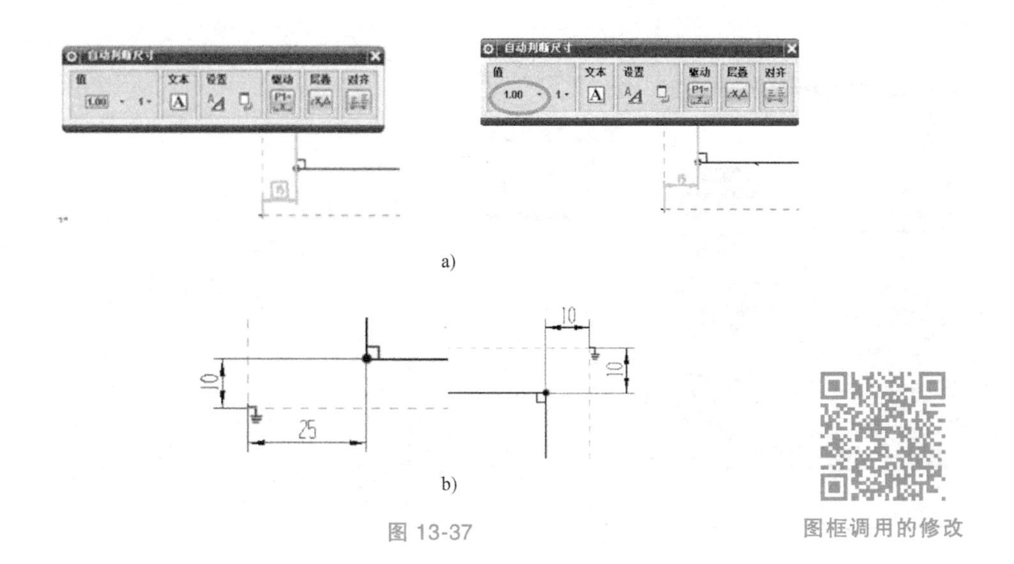

a)

b)

图 13-37

图框调用的修改

13.5.3 插入基本视图

1）单击基本视图命令图标，选择【定向视图工具】，进入定向视图，【比例】选择“1∶1”，单击Z轴（此处Z轴为一个点），输入90°（顺时针方向为负值，逆时针方向为正值），如图13-38a所示，按<Enter>键，完成俯视图的放置（图13-38b）。

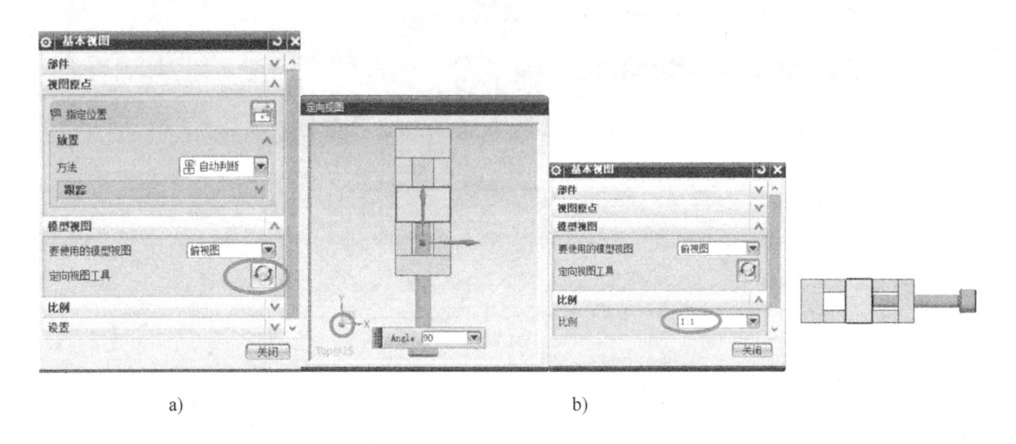

a)

b)

图 13-38

2）选择【首选项】→【截面线】，根据要求设置截面线的样式，选择GB标准，单击【确定】按钮（图13-39a）。单击剖视图图标，选择刚才的俯视图，选择剖切中心，单击【确定】按钮，完成剖视图的生成（图13-39b）。单击视图中的剖切，选择刚创建的剖视图，选择对象为螺杆（图13-39c），单击【确定】按钮。用同样的方法将2个M4×8的开槽沉头螺钉和1个M4×8的内六角平端紧定螺钉设置为非剖切视图（图13-39d）。

3）单击剖视图命令图标，选择刚才的剖视图，选择剖切中心，单击【确定】按钮，完成剖视图的生成（图13-40）。

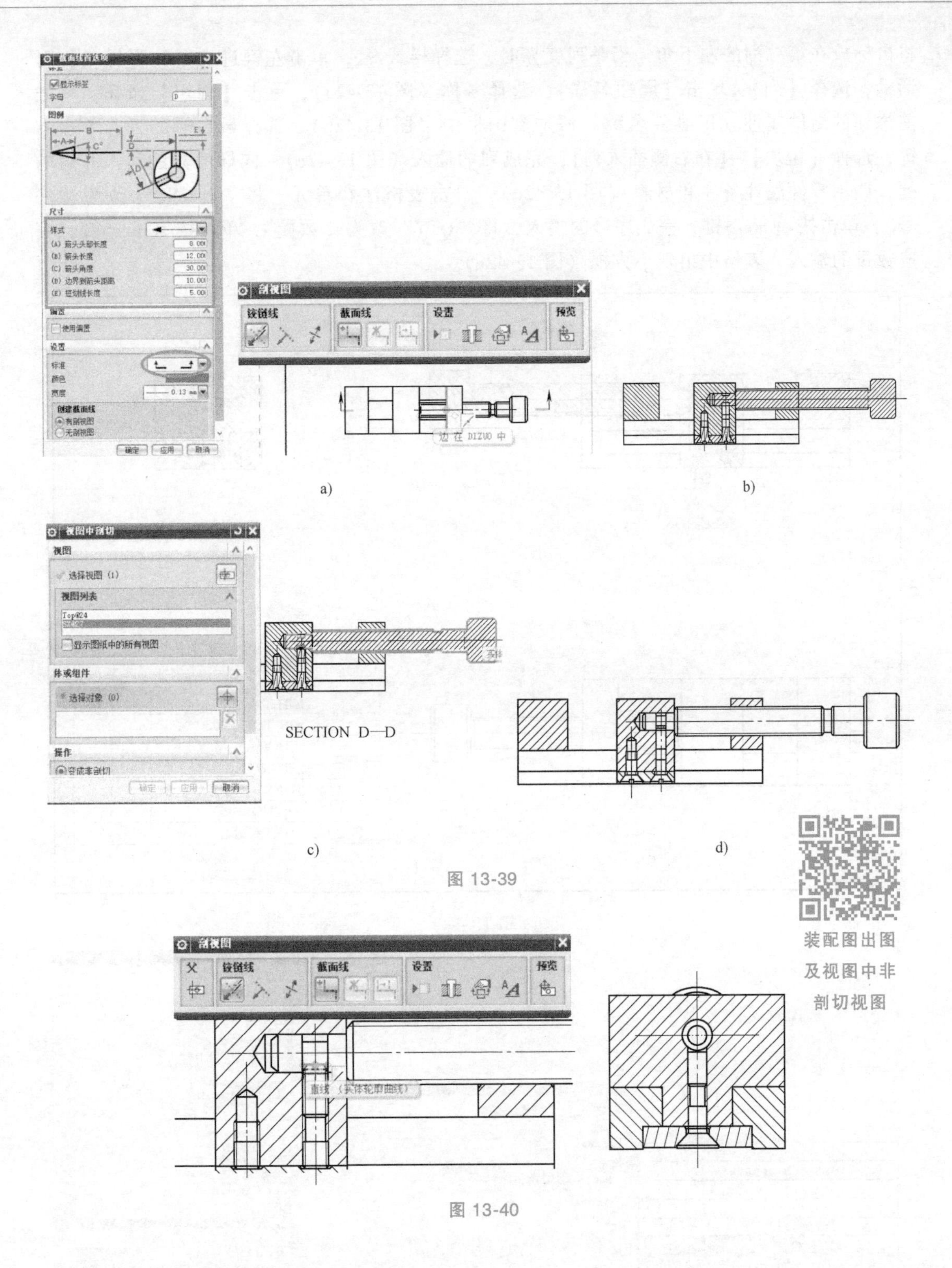

图 13-39

图 13-40

13.5.4 插入零件明细栏

1）单击插入零件明细栏命令图标，单击左键，将明细栏放在图框中（图 13-41），将鼠标放在第二列的左下角，当整列变亮时，选择样式，单击左键进入【注释样式】对话框，选择【列】，单击【属性名称】，选择名称（图 13-42a），单击【确定】按钮，将之前添加的组件属性（即零件名称）添加到图框中（图 13-42b）。选择最右侧的列，单击右键，选择【镶块】→【在右侧插入列】，完成列的插入（图 13-42c），同样的方法插入左边的列、调用零件属性备注和材料（图 13-42d），双击表格注释单元，将“PC NO”改为“序号”，单击按<Enter>键，完成序号的输入，将“QTY”改为“数量”，单击按<Enter>键，完成数量的输入，表格中出现小方框（图 13-42e）。

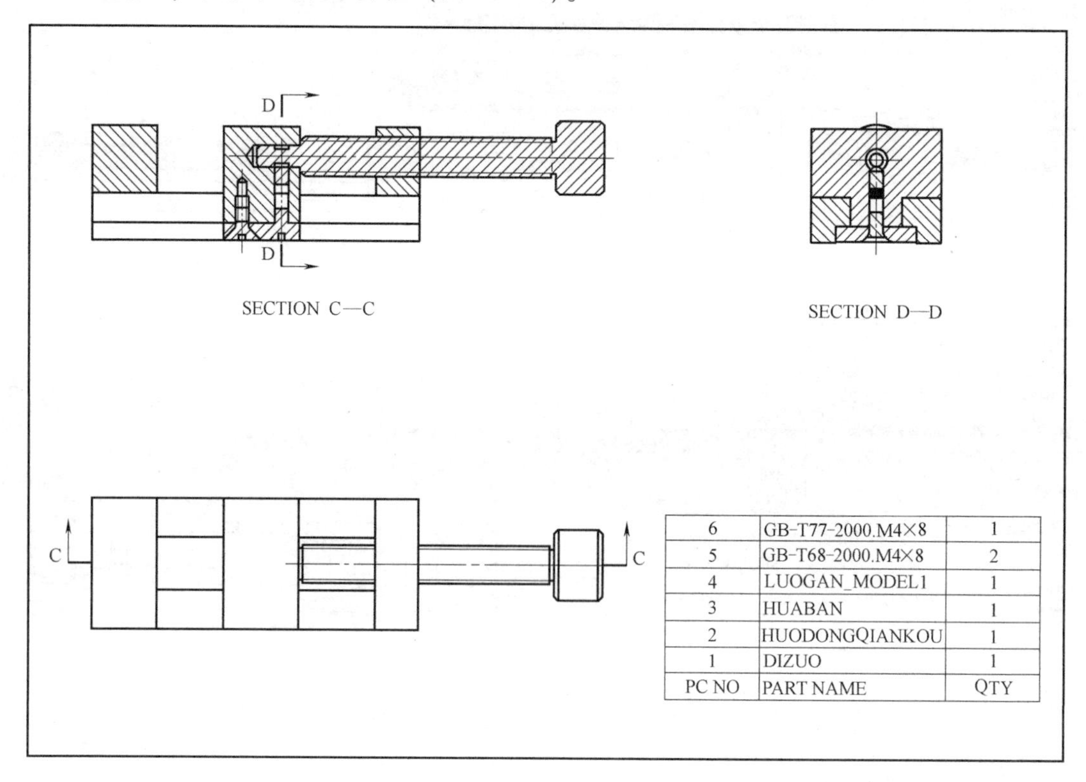

6	GB-T77-2000.M4×8	1
5	GB-T68-2000.M4×8	2
4	LUOGAN_MODEL1	1
3	HUABAN	1
2	HUODONGQIANKOU	1
1	DIZUO	1
PC NO	PART NAME	QTY

图 13-41

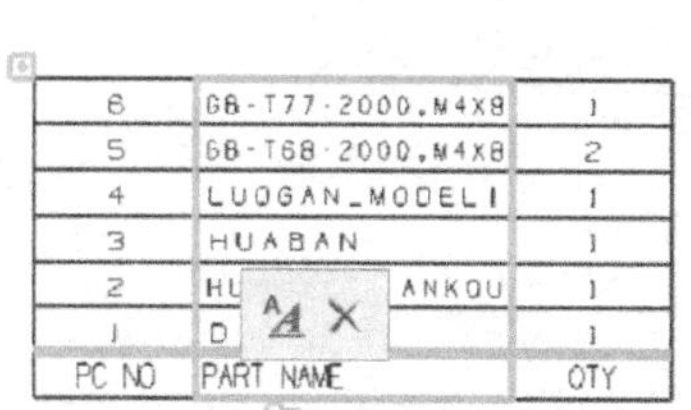

6	GB-T77-2000.M4X8	1
5	GB-T68-2000.M4X8	2
4	LUOGAN_MODEL1	1
3	HUABAN	1
2	HU...ANKOU	1
1	D	1
PC NO	PART NAME	QTY

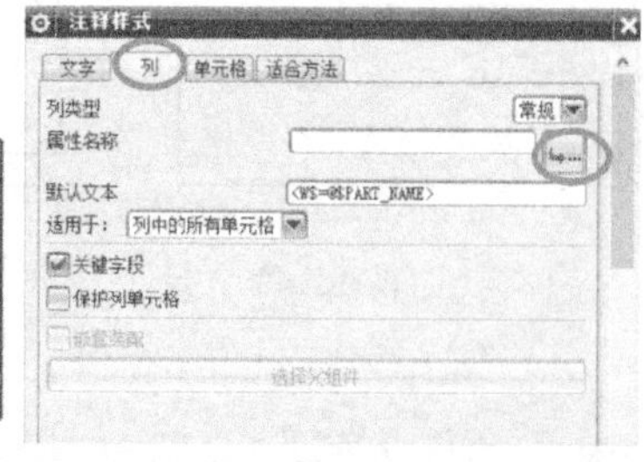

a)

b)

图 13-42

6	内六角平端紧定螺钉	1
5	开槽沉头螺钉	2
4	螺杆	1
3	滑板	1
2	活动钳口	1
1	底座	1
PC NO	□	QTY

6	内六角平端紧定螺钉	1
5	开槽沉头螺钉	2
4	螺杆	1
3	滑板	1
2	活动钳口	1
1	底座	1
PC NO	□	QTY

从列表选择(L)...
样式(Y)
插入 ▸ 在左侧插入列(L) 在右侧插入列(R)
调整大小(R)
选择 ▸
剪切(T) Ctrl+X
复制(C) Ctrl+C
删除(D) Ctrl+D
视图 ▸

c)

6	内六角平端紧定螺钉	1	
5	开槽沉头螺钉	2	
4	螺杆	1	
3	滑板	1	
2	活动钳口	1	
1	底座	1	
PC NO	□	QTY	

d)

	6	内六角平端紧定螺钉	1	45	GB-T77-2000 M4□8
	5	开槽沉头螺钉	2	45	GB-T68-2000 M4□8
	4	螺杆	1	45	
	3	滑板	1	Q235	
	2	活动钳口	1	45	
	1	底座	1	Q235	
	PC NO	□	QTY	材料	备注

	6	内六角平端紧定螺钉	1
	5	开槽沉头螺钉	2
	4	螺杆	1
	3	滑板	1
	2	活动钳口	1
	1	底座	1
	□	□	□

e)

图 13-42（续）

2）选择表格并右键单击在右键菜单中选择样式（图 13-43a），进入【注释样式】对话框，【字符大小】设置为“5”，【文字类型】选择“仿宋”，单击【应用】按钮，小方框消除，出现了仿宋文字（图 13-43b）。

调整零件明细栏

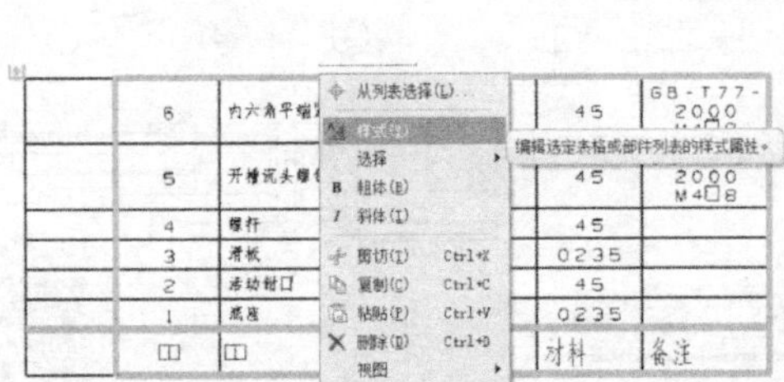

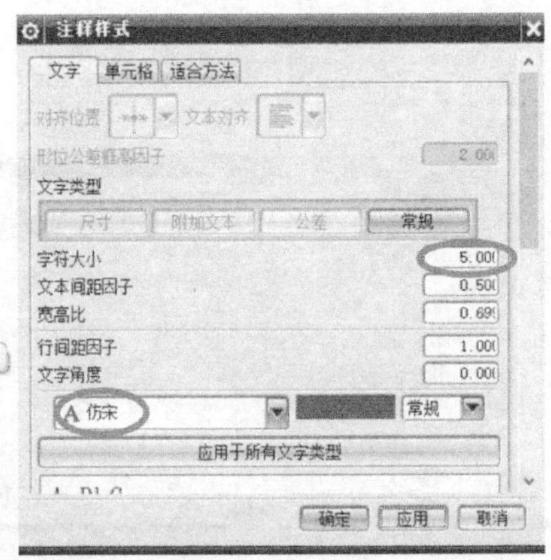

a)

图 13-43

6	内六角平端紧定螺钉	1	45	GB 177 2000 M4×8
5	开槽沉头螺钉	2	45	GB-T68-2000 M4×8
4	螺杆	1	45	
3	钳板	1	Q235	
2	活动钳口	1	45	
1	底座	1	Q235	
序号	名称	数量	材料	备注

b)

图 13-43（续）

装配图零件明细栏的调用和修改

13.5.5 自动符号标注

1）左键单击零件明细栏区域，零件明细栏被选中，单击右键，在右键菜单中选择【自动符号标注】，出现【零件明细表自动符号】对话框，选择剖视图（图 13-44a），单击【确定】按钮，鼠标左键将自动符号移动到合适位置（图 13-44b），从图中发现，自动符号序号

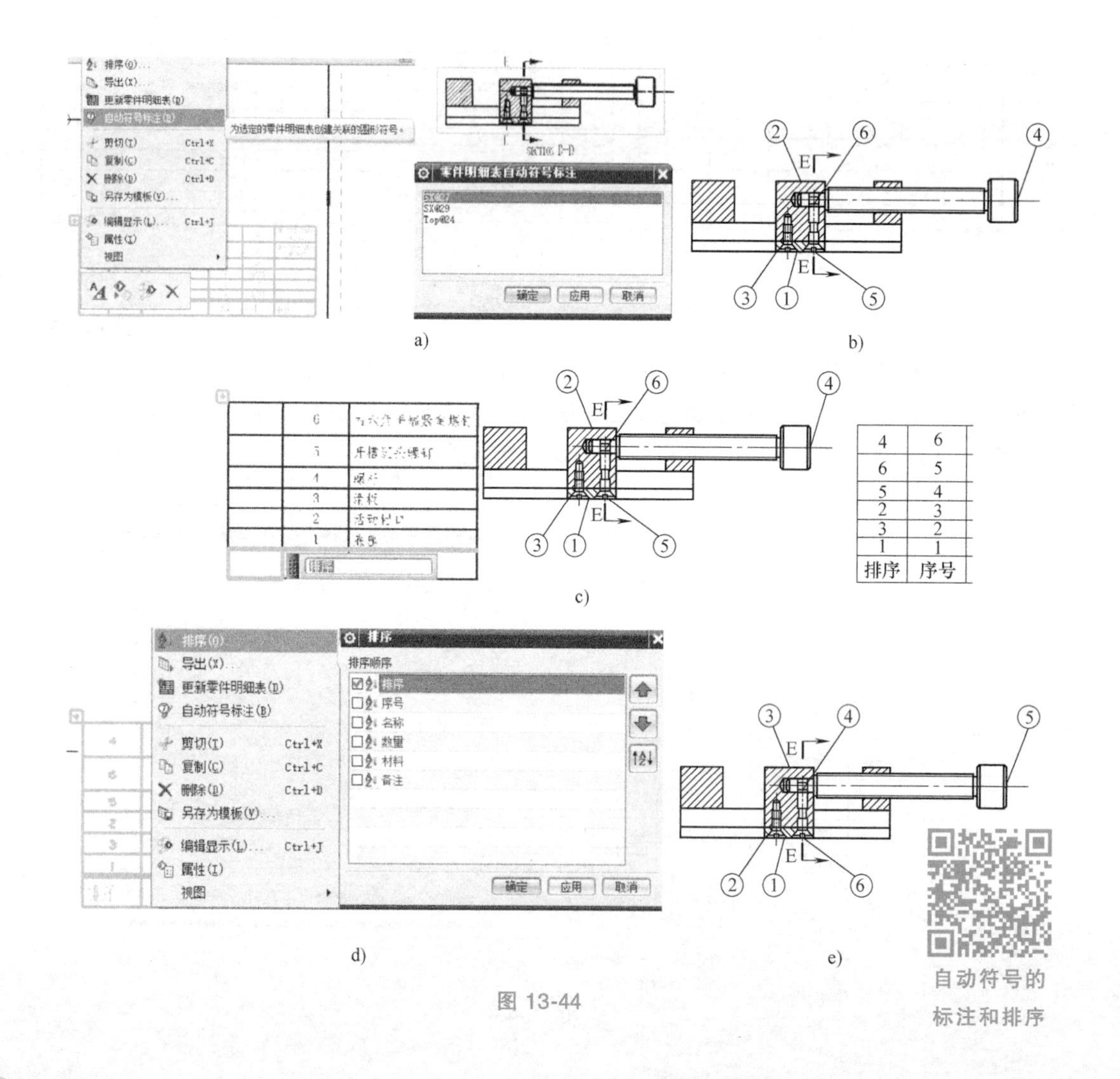

a) b) c) d) e)

图 13-44

自动符号的标注和排序

不是按照顺序排列的。在零件明细栏左边的空白列中，双击表格注释单元格，输入排序，按<Enter>键。为使剖视图中的自动符号从 1 开始按照顺时针方向排列，在序号 1 的左边空格双击输入 1，在序号 3 的左边空格双击输入 2，在序号 2 的左边空格双击输入 3，在序号 6 的左边空格双击输入 4，在序号 6 的左边空格双击输入 5，在序号 5 的左边空格双击输入 6（图 13-44c）。单击零件明细栏区域，右键选择排序，选择第一种排序方式（图 13-44d），单击【确定】按钮，剖视图中的自动符号按照顺时针方向有规律地排列（图 13-44e）。

2）选择零件明细栏区域排序列的边缘，按住左键往右边拉，【Column Width】显示为零，完成了排序列的隐藏（图 13-45a）。双击零件明细栏区域，出现【注释样式】对话框，选择标注符号下划线 U，单击【确定】按钮，剖视图上自动符号的样式改成了下划线的形式（图 13-45b）。

6	6	开槽沉头螺钉
5	5	螺杆
4	4	内六角平端紧定螺钉
3	3	活动钳口
2	2	滑板
1	1	底座
排序	序号	名称

6	开槽沉头螺钉
5	螺杆
4	内六角平端紧定螺钉
3	活动钳口
2	滑板
1	底座
序号	名称

a)

b)

图 13-45

修改自动符号标注格式和格式刷的使用

3）左键选择零件明细栏区域，零件明细栏区域被选中，单击右键选择单元格样式 单元格样式(C)...（图 13-46a），进入【注释样式】对话框，单击【单元格】选项卡，按制图要求设置零件明细栏的边界（图 13-46b），请读者自行完成。

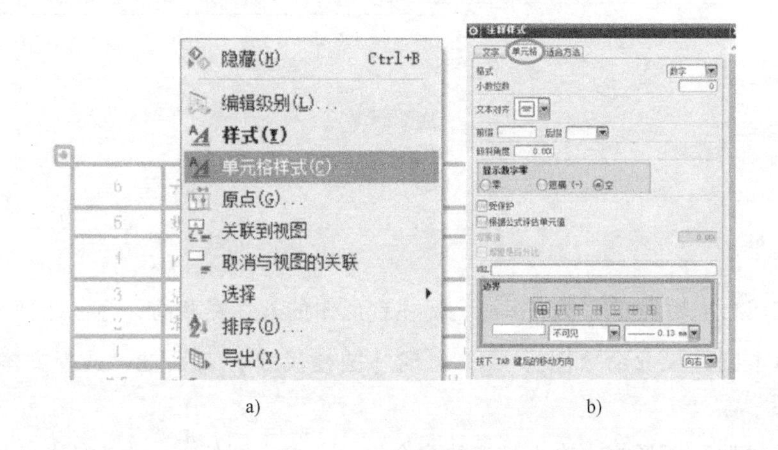

a) b)

图 13-46

13.5.6 插入表格注释

单击表格注释命令图标，选择相应的行或列，单击右键合并单元格，根据制图标准调整标题栏，并输入相应信息（图 13-47a），左键选择表格，表格被选中，右键选择样式图标，进入注释样式对话框，选择表区域，选择对齐位置为右下，单击【确定】按钮。左键选择表格，表格被选中，右键选择编辑 编辑(E)...，进入表格注释区域对话框，在原点指定位置单击原点工具命令图标，进入【原点工具】对话框，选择点构造器，【原点位置】选择终点（图 13-47b），选择图框的右下角交点，单击【确定】按钮，完成表格的放置（图 13-47c）。同时调整零件明细栏的位置和大小（图 13-47d），完成明细栏和标题栏的设置。

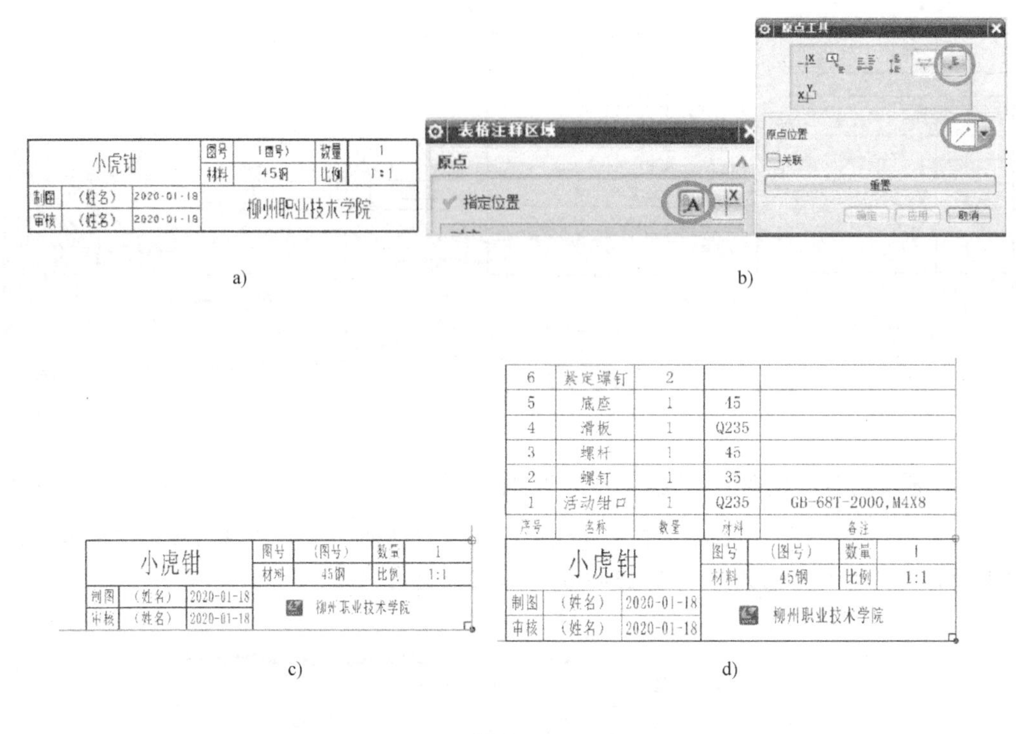

图 13-47

13.5.7 其他

按要求完成台虎钳的技术要求标注，标注台虎钳的长、宽和高，标注螺杆和活动钳口的配合要求，单击圆柱尺寸命令图标，出现【圆柱尺寸】对话框，选择文本编辑器，进入【文本编辑器】对话框，输入相应的配合尺寸，单击图标，完成尺寸的输入，如图 13-48 所示。完成文本输入，标注性能尺寸，如图 13-49 所示。

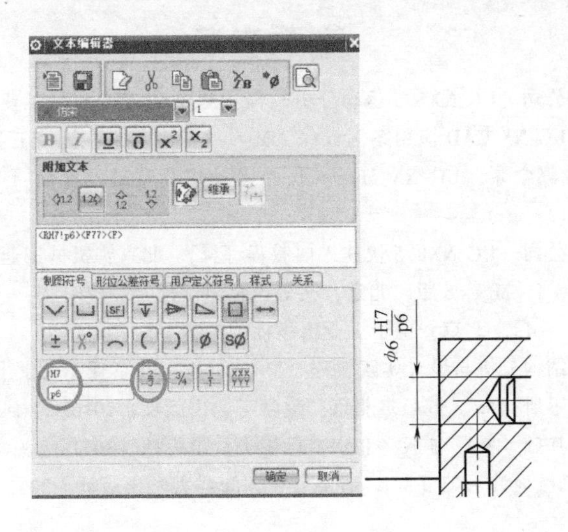
文本编辑器
附加文本
继承
制图符号
形位公差符号
用户定义符号
样式
关系
H7
p6
确定
取消
$\phi 6\frac{H7}{p6}$

图 13-48

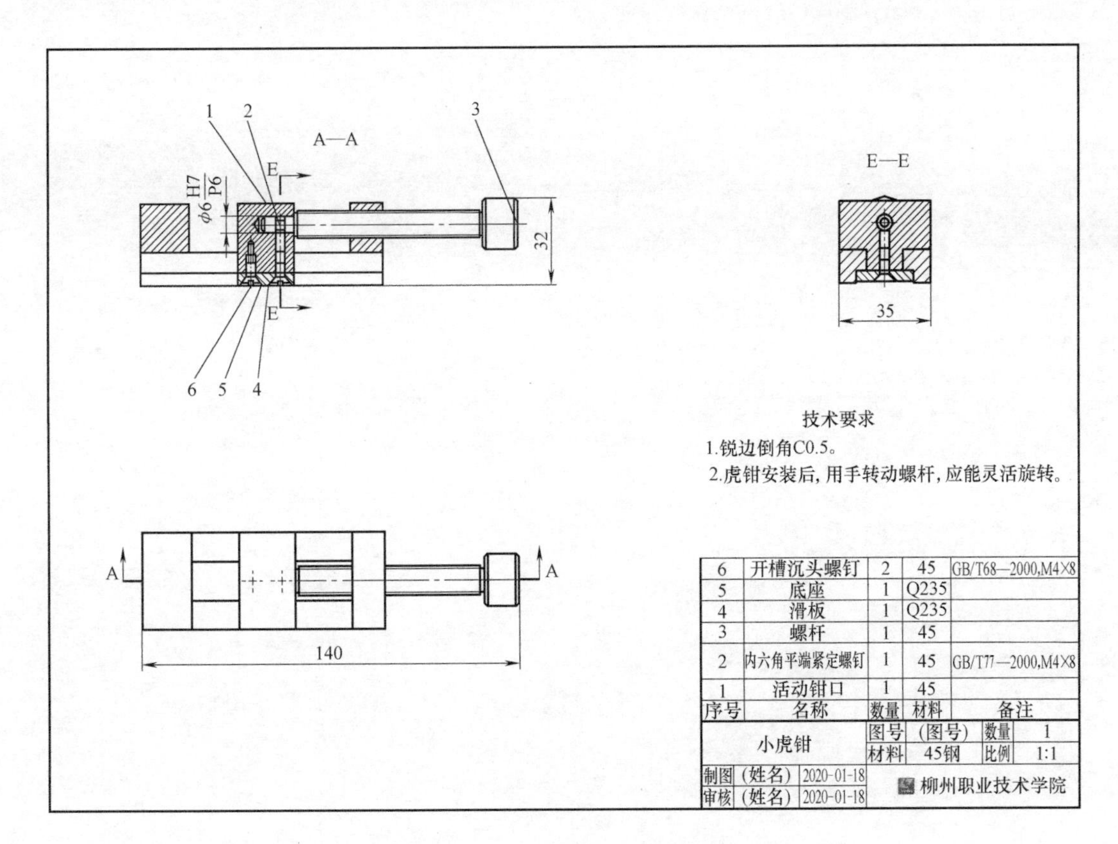
A—A
E—E
1
2
3
4
5
6
E
$\phi 6\frac{H7}{P6}$
32
35
A
140
技术要求
1.锐边倒角C0.5。
2.虎钳安装后，用手转动螺杆，应能灵活旋转。
6 开槽沉头螺钉 2 45 GB/T68—2000,M4×8
5 底座 1 Q235
4 滑板 1 Q235
3 螺杆 1 45
2 内六角平端紧定螺钉 1 45 GB/T77—2000,M4×8
1 活动钳口 1 45
序号 名称 数量 材料 备注
小虎钳
图号 (图号) 数量 1
材料 45钢 比例 1:1
制图 (姓名) 2020-01-18
审核 (姓名) 2020-01-18
柳州职业技术学院

图 13-49

参考文献

[1] 北京兆迪科技有限公司. UG NX8.5运动分析教程 [M]. 北京：机械工业出版社，2014.
[2] 石皋莲，吴少华. UG NX CAD应用案例教程 [M]. 2版. 北京：机械工业出版社，2017.
[3] 张晋西，张甲瑞，郭学琴. UG NX/Motion 机构运动仿真基础及实例 [M]. 北京：清华大学出版社，2009.
[4] 北京兆迪科技有限公司. UG NX8.5快速入门教程 [M]. 北京：机械工业出版社，2013.
[5] 刘鸿文. 材料力学：I [M]. 6版. 北京：高等教育出版社，2017.
[6] 金桂霞. 机械设计 [M]. 北京：电子工业出版社，2009.
[7] 韦林，林泉. 机械结构分析与设计实践教程 [M]. 北京：北京理工大学出版社，2012.
[8] 成大先. 机械设计手册 [M]. 6版. 北京：化学工业出版社，2016.
[9] 范顺成. 机械设计基础 [M]. 5版. 北京：机械工业出版社，2017.
[10] 郭谆钦，金莹. 机械设计基础 [M]. 青岛：中国海洋大学出版社，2011.